游戏设计专业"十二五"规划教材

# 游戏心理学

陈京炜 著　何晓抒 插图

中国传媒大学出版社
·北京·

# 目 录

# 前 言

追求快乐是人类的天性。无论在世俗生活中有多少差异,我们在享受快乐的时候,总是平等的,我们会通过各种方式和渠道来追求快乐,游戏就在漫长的人类文明发展史上占据着不可替代的位置。通过游戏,我们学会交流,学会技能,学会解决问题,学会了太多在游戏之前我们本没有打算去学习的东西;通过游戏,我们感受快乐,感受挫折,感受成就,感受了太多在游戏之前我们难以获得的东西。

喜爱游戏又希望研究游戏的读者朋友们一定看过很多关于游戏设计、策划等方面的书籍和访谈文章。成功的设计师和制作人会把自己的经验与读者分享,而通过研究他们的心得,我们又会发现,他们走过的这些看似不同的路,总是殊途同归,都被某种规则所指引。这种规则就是在游戏中蕴含的心理学原理。

有人类的地方就有游戏,有人类的地方就有心理学。拨开迷雾看清游戏的重要一步,就是理解我们因何快乐,以及如何获得快乐。抱着这样的希望,我们尝试将游戏中玩家的心理作为研究中心,以系统的心理学知识而非碎片化的搜索结果作为脉络,为读者展现一系列完整而又有针对性的交叉研究成果。

然而需要明确的是,游戏心理学不是万能药。虽然它帮助我们将创意以科学而又符合人类接受能力的形式展现出来,帮助我们提升游戏黏性、增进用户体验,但它并非教条刻板的“公式”。游戏需要的永远是在创新中前进而不是在复制中停滞,是在质疑中修正而不是在赞美中沉沦。

本书附录中所列的书籍和网站，既是参考书目，也是推荐的扩展阅读，希望深入了解心理学和游戏学的读者可以据此进一步阅读和学习。游戏心理学的建构和完善，也期待各位读者的参与。在阅读本书之余，真诚欢迎您与我们联系：cjwcuc@qq.com，将您的意见和建议发给我们，指出我们的疏漏，帮助我们继续推进游戏心理学的研究。

陈京炜

2015 年夏

# 第一章　导论

■ **本章要点**

1.心理学的定义

2.游戏心理学的定义

3.心理学中的批判性思维和科学思维

■ **关键术语**

游戏、心理学、批判性思维

## 第一节　心理学

心理学(Psychology)是一门研究心理过程和行为及其如何受有机体的生理、心理状态和外部环境影响的科学。[①] 心理学不是常识的代名词,心理学分为基础心理学和应用心理学。基础心理学研究的目的在于描述、解释、预测和控制行为,应用心理学还有第五个目的:提高人类生活质量。

从亚里士多德到琐罗亚斯德,历史上许多伟大的思想家都思考过现在我们称为心理学范畴的东西,想对人类的行为进行描述、预测、理解和修正,以便丰富人类的知识并使人们能够变得更加快乐。

在这些探索中有后来被证明是错误而被推翻的。比如19世纪早期广为流行的颅相学认为不同性格的人格特质可以用大脑的不同部位来解释,而从头盖骨隆起的状况就可以判断一个人是吝啬还是虔诚。他们认为窃贼的耳朵上方有一块大隆骨即“窃骨”。

---

① 〔美〕卡萝尔·韦德、卡萝尔·塔佛瑞斯:《心理学的邀请》(第3版),白学军等译,北京大学出版社2006年版,第4页。

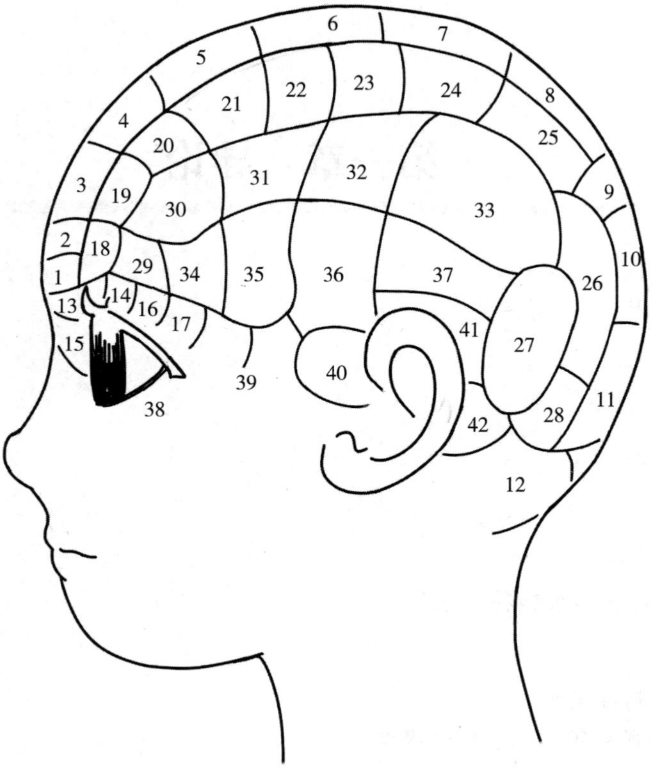


颅相学

1.个性
2.不测事件
3.比较
4.人性
5.仁爱
6.崇拜
7.坚定性
8.自尊心
9.持续性
10.居住性
11.双亲的爱
12.情爱
13.大小
14.重量
15.形状
16.颜色
17.次序
18.位置
19.原因追究能力
20.愉快
21.模仿
22.高尚的精神
23.希望
24.谨慎
25.满意
26.友谊或善交际
27.好斗
28.婚姻
29.时间
30.欢乐
31.理想
32.刚烈性
33.细心
34.曲调
35.建设性
36.获取性
37.不坦率
38.语言
39.计算
40.营养
41.破坏性
42.活力

**图 1–1　颅相学**

当然,也有富有远见而被后来的研究所证实的先驱理论。比如现代医学之父——希腊医生希波克拉特通过观察脑部受损的病人,推断出大脑是我们愉快、喜悦、欢乐以及痛苦、悲伤、忧虑的根源。斯多葛学派的哲学家通过观察发现,人类生气、悲伤、忧虑的原因不是因为事件本身,而是因为他们对事件的看法和解释。

心理学的不同研究取向最终形成了当代心理学的主流理论观点。这些观点探讨了人类行为的不同方面,并对大脑如何工作提出了不同假设,更重要的是,它们对人类行为的原因作出了不同的解释。

**表 1-1　当代心理学理论观点**

| 观点 | 对人性的看法 | 决定行为的因素 | 研究焦点 | 基本研究主题 |
| --- | --- | --- | --- | --- |
| 生物学观点 | 被动的<br>机械论的 | 遗传<br>生物化学过程 | 脑与神经系统过程 | 行为与心理过程的生物化学基础 |
| 心理动力学观点 | 本能驱动 | 遗传<br>早期经历 | 无意识驱力<br>冲突 | 把行为作为无意识动机的外显表达 |
| 行为主义观点 | 对刺激可反应<br>可改变的 | 环境<br>刺激条件 | 特定的外显反应 | 行为及刺激的原因和结果 |
| 人本主义观点 | 能动的<br>潜能无限的 | 潜在自我管理 | 人的体验和潜能 | 生活模式<br>价值<br>目标 |
| 认知的观点 | 创造性能动<br>刺激反应性 | 刺激条件<br>心理过程 | 心理过程<br>语言 | 通过行为的显示推断心理过程 |
| 进化的观点 | 适应性的，已解决更新世期间的问题 | 为生存而适应环境 | 进化的心理适应性 | 按照进化出的适应性功能发展出的心理机制 |
| 文化的观点 | 可被文化改变 | 文化规范 | 态度和行为的跨文化模式 | 人类文化的普遍方面和特殊方面 |

# 第二节　游戏心理学

## 一、游戏心理学元素

杰西·谢尔(Jesse Schell)在 *The Art of Game Design*:*A Book of Lenses* 中指出，玩游戏只是一种带着娱乐态度解决问题的活动。生活就是解决问题和竞争，而游戏也不外乎如此。高度的相似性让我们无法不重视在游戏中探寻心理学的踪迹，以期更好地创造为我们生活带来更多乐趣和益处的游戏。

心理元素的第一大优势是它的内在理解性。漫长的进化与生存需要使人类之间总能够相互理解，就像我们不用看说明书就知道什么是欺骗，几乎不用练习就知道如何欺骗别人。如果这是游戏机制，那么完全不用为此担心，玩家肯定知道如何玩，这是一种可理解的直觉型游戏机制。

心理元素的第二大优势便是跨度广，既能够作用于初级游戏，也能够影响高级别的游戏。在最高级别的扑克游戏中，玩家总是努力猜测对方隐藏在心里的“秘密”。当一方玩家变得越来越善于找寻“秘密”之时，对手也越来越善于隐藏这种“秘密”。

就像那些资深玩家有时候也会模仿新玩家常犯的错误，将自己伪装成新玩家来欺骗对手。我们会反反复复地进行欺骗行为。比如你只有一手差牌，但却能够假装自己拥有满手的好牌，而当我们真正拥有一手好牌时，又可以伪装自己真正拥有这些好牌，在对方认为我们现在又在假装时亮出自己的一手好牌，这比单纯猜测对手手上的纸牌有趣多了。而这种欺骗所引起的猜疑链又令每一次游戏难以复制，令人着迷。

心理元素的第三大优势便是它会经常发生变化。游戏的时间、地点，以及玩家身体状态都会影响游戏的结果。如果每一位玩家都将这些因素用于分析游戏对手中，那么游戏将更加变幻莫测。

心理元素的第四大优势是它永远不会过时。预测玩家心理或使玩家互相猜测，是不会过时的游戏机制，所以如果一款游戏包含心理元素，那么它就能够经受时间的考验。

心理元素的第五大优势是乐趣。游戏中我们并不是与沉默的机器人进行交流，而是在接触真实的人类，我们猜测着彼此是谁，会做些什么。而如果我们因为看到了对方的人性并就此进行思考判断而最终获胜，便能够感受到在普通电脑游戏中所无法获得的特殊体验。①

而心理学在游戏中的应用还远不止如此。实际上，当开发者苦思冥想消费者喜欢什么样的游戏时，其实是在琢磨游戏心理学。现在学者们正在开展新一轮针对电子游戏的心理学研究，以期给开发者提供新的有价值的参考。网络心理学家伯尼·固德（Berni Good）认为游戏心理学研究的不只是玩家体验，还有伦理和责任，以及游戏如何运用于治疗等问题。在游戏开发过程中利用心理学理论有重大意义，比如，我们可以借助心理学理论来掌握玩家的心理，增加玩家的忠诚度和沉浸感，或者利用心理学更好地理解如“流状态”和“角色依恋”等概念。现在，游戏心理学更加强调实用性，将心理学的理论模型与游戏设计过程中的实际执行相结合，研究人类游戏的内在动机、需求和决策的自决理论。

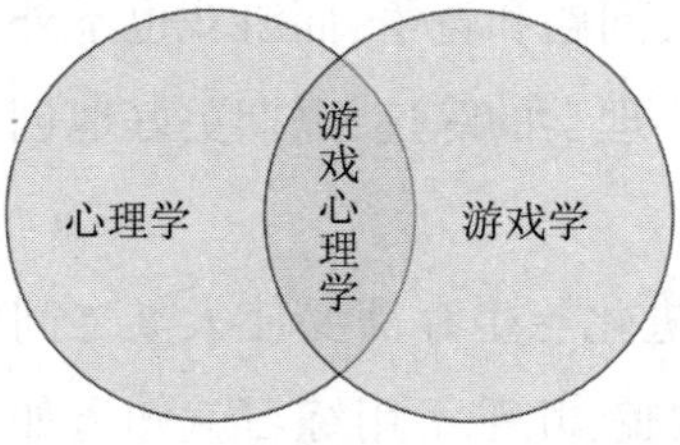

**图 1-2　游戏心理学**

因此，我们将游戏心理学界定为对游戏玩家的行为及精神过程的科学研究（图 1-2）。其中，玩家的行为包括游戏忠诚度、游戏黏性、玩家参与性等；玩家的精神过程包括沉浸、玩家动机和消费心理等。游戏心理学贯穿于游戏创作的各个环节，所涉及的心理学研究领域也非常广泛（图 1-3）。

---

① Michael Parker, *Adding Psychology to Multiplayer Games - Why?* http://www.gamasutra.com/blogs/MichaelParker/20110901/2740/Adding_Psychology_to_Multiplayer_Games__Why.php.

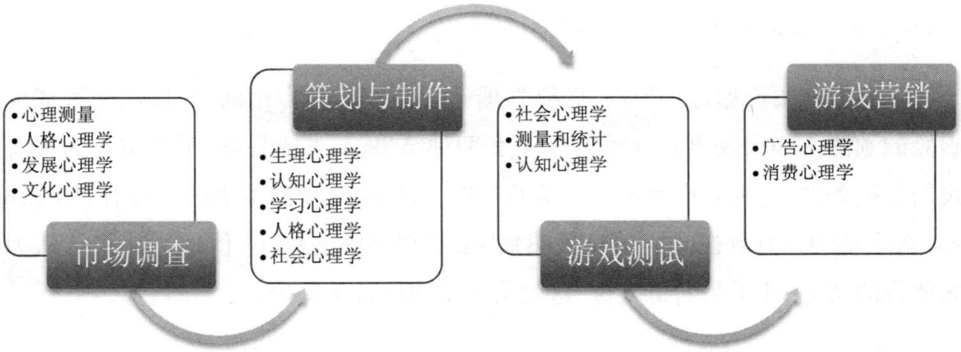


**图 1-3 游戏心理学参与的环节**

## 二、心理学中的批判性思维和科学思维

在本书后面的各个章节中，将结合游戏学与心理学探讨科学理解和运用游戏心理学的方法。我们需要训练自己运用批判性思维和科学思维来思考问题，将真正的心理学同伪科学区分开。要做到这一点，需要遵守 8 条基本原则。[①]

### （一）保持提问与求知的欲望

好奇心、求知欲和善提问是创造性思维的引擎，在学习心理学时，要能够不断对书中的理论和研究成果提出质疑。

### （二）定义术语

提出问题之后，还需要用清楚、具体的术语来界定它。一项研究通常从假设开始，然后根据一系列方法对这一假设进行证实。

### （三）检验证据

“不管你说什么，我只知道这是真的。”“这是我个人的观点，不会变。”在毫无证据的条件下接受一个结论或期待他人也这样做，是惰性思维的表现。比如儿童自闭症是一种严重的精神错乱。患儿通常生活在自己孤寂的世界中，与外界联系极少。受到著名精神分析学家布鲁诺·贝特尔海姆（Bruno Bettelheim）的影响，很多临床医生认为儿童自闭症是由自身就有问题的患儿的父母造成的，但实际上 Bettelheim 仅研究了少数几个案例就推广了研究结果。之后人们通过大量实践研究发现，患儿父母与其他儿童的父母心理一样健康，自闭症是由于患儿自身的神经问题（某种基因会增加发病概率）造成的。

---

① ［美］卡萝尔·韦德、卡萝尔·塔佛瑞斯：《心理学的邀请》（第 3 版），白学军等译，北京大学出版社 2006 年版，第 14 页。

(四)分析假设和偏见

科学研究需要遵循证伪原则,即科学理论必须作出相当精确、足以经受否证可能性检验的预测。如果提出假设后会有A、B两种结果,A支持假设,而B被作为不符合假设的前提条件,这种假设就不是科学的假设。比如18世纪本杰明·拉什(Benjamin Rush)医生认为只有放血才能治疗黄热病,虽然很多病人死了,但他仍然坚持认为治好是放血的功劳,死了是病情太重,这就是典型的伪科学理论。

(五)避免感性推理

在今后的课程中,有些研究结果可能令你无法接受,但我们需要把感性推理和事实证据区分开来。

(六)切忌过分简单化

以偏概全、地域偏见、职业偏见都是过分简单化的体现。

(七)考虑其他可能的解释

批判性思维者所阐述的假设是富有创造性的,能够为相关事物提供合理的解释。因此,当要对某些行为进行明确的解释时,不能随意排除其他可能的解释。比如研究"慢性抑郁症患者更容易得癌症",在得出"抑郁导致癌症"之前,要考虑其他因素,比如吸烟、酗酒等,研究中抽样的被试可能是由于其他疾病导致的癌症。

(八)容忍不确定性

在科学研究中,对不确定性的容忍意味着在其他科学家没有对自己的研究进行重复验证并得出相同结果之前,研究者应力图避免作出确定的结论。接受一定量的不确定性的最大障碍不在于持有某种观点,而在于拒绝接受比之前更好的观点。

批判性思维是指导我们探索和追求知识的工具,它不仅是一种思维技巧,同时也是一种思维态度。正如哲学家理查德·保尔(Richard Paul)所说,真正的批判性思维是"渗透于日常生活中心的公正思想"。

# 第二章　心理学的生理基础

## 本章要点

1.心灵的本质

2.感觉系统的工作原理

3.游戏中的感官协作

## 关键术语

脑、神经、感觉、认知

无论是观看还是体验,我们或多或少都接触过含有"变身"要素的游戏。玩家控制角色的变身能够为游戏带来更丰富的变化和探索空间;NPC(Non-Player Character 非玩家控制角色)的变身带来的是某些值得探索的故事,比如最常见的 BOSS 变身往往带来的是更大攻击力与防御力的挑战。

在观看或游戏时,我们似乎完全没有因为自身或他人形态的改变而困扰,而是很轻易就相信并赞同了这样的设定。甚至有时候我们也会希望自己在现实生活中能够亲历变身或"穿越"的超自然体验——只要不像格里高利先生一样变成大甲虫就好(《变形记》)。

从我们日常的语言中可以发现,无论是否学习过生理方面的知识,是否信仰宗教,我们都会认同"我的心灵/灵魂是自由的""艺术作品要有灵魂"之类的表达。在我们语言体系长达千年的传承之中,早已深植于其中的是"心之官则思",直到李时珍提出"脑为元神之府",而彻底否认心是思维器官则要等到王清任提出"灵机记性不在心在脑"了。人类的心理活动如此复杂,心理学流派也纷繁庞杂,但从总体上看,心理学的基本问题无非是研究心(Mind)、身(Body)、物(Matter)三者的关系。而本章要向大家介绍的就是心理学研究中的生理学基础,包括感觉、知觉和认知过程,这些生理学特征使我们能够作为独立个体存在,使我们能够察觉和分辨危险,追求感官的满足感,使我们成为我们自己。

图 2-1　游戏中的变身

## 第一节　脑与神经

### 一、二元论

提到勒奈·笛卡尔(Rene Descartes),我们能马上想起平面直角坐标系、动量守恒定律、天体演化说,以及那句著名的“我思故我在”。

图 2-2　笛卡尔的二元论

我们通常所说的一元论认为世界的本质或者是唯物质的,或者是唯意识的。而身处启蒙运动时代的笛卡尔相信存在两种实体:物质实体与精神实体。他认为所有物质的东西(包括人类身体),都是为同一机械规律所支配的机器;除了机械的世界外,还有一个精神世界存在,只有人拥有处于精神世界的灵魂,才会思考,因此人是一种二元存在物,其他动物只能算是物质世界中的一元存在物。笛卡尔认为物质的本质属性是广延,心灵的本质属性是思维。他所理解的“我”不是物质实体,而是一个思维者。思想是“我”的属性,思想多久,“我”就存在多久。笛卡尔把上帝看作造物主,在哲学上是二元论者,但在自然科学范围内却是一个机械论者。他熔唯物主义与唯心主义于一炉，在当时很有进步意义，也在哲学史上产生了深远的影响，无愧为“现代哲学之父”。

如果抛开历史意义和局限不谈，最支持笛卡尔二元论的恐怕莫过于宗教了。人类对于生的渴望激发了我们自身和绝大多数宗教对身体消亡而灵魂不灭的追求。对于死后去向的不同解释，成就了不同文化和宗教——上天堂、下地狱、投胎、轮回，以及其他精神世界。

笛卡尔之后的理性论大师弗里德·莱布尼茨（Gottfried Leibniz）及其学派也有其特殊的二元论，他们把世界分成现实的和可能的，同时认为我们这个世界是所有可能世界当中最好的一个世界。

你看，二元论是多么“好用”，多么善于激发艺术家想象力和创造力的本体论！如果我们的世界并不是唯一的，那么平行世界中的我们又会是什么样子？假如我们的灵魂与肉体相互独立，那么我们可以将灵魂寄托于任何形式的生物甚至山川河流，我们敬畏鬼狐野怪和德鲁伊的存在，相信身边的青蛙也许是位某位王子，期待五百年前佛前结缘的对象转世，探索存在互换身体和穿越的可能性。

事实上，游戏设计师们早已这样做了——游戏中总能构建不受现实规则束缚的神奇世界。

## 二、惊人的假说

然而现实世界远没有游戏世界那么精彩和危险。诺贝尔生物学奖得主弗朗西斯·克里克（Francis Crick）告诉我们：“你，你的喜悦、悲伤、回忆、抱负，你对自我人格的感知，你的自由意志，都只不过是大量神经细胞集与其缔合分子的生理反应而已。”（《惊人的假说》，1995）

事实上，没有另一个“你”可以与你的物质实体——确切地说是与你的大脑相分离，尽管它只有一个柚子那么大。你不能拥有没有大脑的思想，但可以拥有没有思想的大脑。人类的大脑重 1.4 千克左右，由大约 1000 亿神经细胞构成，每个神经元都差不多相当于一台小型计算机的处理能力。在高倍显微镜下观察大脑，就像进入了纵横交错的蜘蛛网，密布着细细的纤维和一些透明的小球，所有东西都浸泡在一个运动着的化学物质海洋中，你甚至还能看到四处飞驰的生物电脉冲。生物电奔驰于神经元之间，每一个神经元都连接着大约 15000 个神经元，这个网络使我们能够学习和保存大量知识（Damasio，1994；Edelman，1992）。不过也不要过分高估大脑的能力，它并不擅长做某些计算机擅长的工作。所以如果要求平方根，还是求助于简单的计算器吧，它胜过 1000 亿个神经元。

我们生活在千变万化的世界中，每时每刻都在感受光、热、力和其他物理能量的刺激。感觉让我们能够安全生存，进而享受感官刺激带来的快乐。感觉就是感受器

(眼、耳等感觉器官中的结构)受内、外刺激所产生的神经冲动的过程。

我们通过感觉器官接收外界信息,感觉器官是如何将信息传递给大脑的呢?作为人类,我们的感觉器官能够探测到的物理能量是有限的,我们在看到刺眼阳光时会采取收缩瞳孔、抬手遮挡等反应来躲避对视觉产生危害的刺激,但原子辐射、X 射线等能量因为我们没有相应的感受器来感受,因此在遇到此类危险时也就浑然不知,无法躲避了,而如果我们拥有能感受它们的感受器,或许人类世界就不会是现在的模样。因为人对客观世界的意识是从感觉开始的,人对宇宙的概念是从感觉开始的,人的一切有意义的活动都是从感觉开始的。没有感觉,我们就难以认知世界。

我们之所以被称为"智人"(Homo sapiens),正是由于卓越的思维过程将我们与其他动物区分开来。在研究人类认知的过程中,信息加工法(Information Processing)逐渐成为了认知心理学中占据支配地位的研究方法。1966 年,索尔·斯滕伯格(Saul Sternberg)描述了一个实验范式并对其作出了很有影响的理论解释。在斯滕伯格范式(Sternberg paradigm)实验中,给被试呈现如"3、9、7"这样的少量几个数字并要求被试记住。然后给他们看一个探测数字,问他们这个探测数字是否在其所记忆的数字组中,要求他们尽快作出回答。斯滕伯格将记忆组中的数字的数量从 1 变为 6,测量被试作出判断的速度。记忆组每增加一个数字,被试将多花大约 38 毫秒的判断时间。同时如果降低探测数字的显示质量,也会使被试花费较多时间才能作出判断。斯滕伯格假定被试看到一个探测刺激(如 9)时,会经历一系列信息加工步骤,即经典的、抽象的信息加工所使用的方法,将一个认知任务分解成一系列抽象的信息加工步骤。

现在,你可以用这个理论来解释我们在玩《连连看》《找你妹》等游戏时所经历的信息加工过程么?在这类游戏中,什么因素会影响玩家的游戏速度?如何进行难度的平衡设计?

从广义上讲,知觉是指理解环境中客体和事件的总过程,我们对于知觉的研究一直有着坚实的生理学基础。唯物主义和遗传这两个概念是当代心理学的生物学理论基础。心理具有生物性的基础理论能够应用于行为的某些方面,心理和身体的相互作用又对生物理论提出了挑战。

如果我们只不过是一堆神经元,那么"心理"在哪儿?"自我"又在哪儿?

多数人将"大脑"与"心理"等同起来的认识只能说是部分正确,"心理"是心理学概念而非生理学概念,常常被认为是意识所处的位置而非生理结构。目前的知识表明,大脑的确涉及我们的意识经验,但没有人可以确定意识是怎样产生的或是否意识的产生只涉及大脑。我们都有意识,但意识和行为之间的联系极其复杂。比如,当你看书或吃饭的时候,你在呼吸吗?如果没有意识到呼吸的过程甚至没有意识到它的存在,那这意味着心理和身体的分离,还是其他什么原理?

科技的进步和医学的发展,总向我们提供最新的研究成果,又不断推翻先前的假设。比如谈到多巴胺，回到30多年前，研究人员认为多巴胺是关于乐趣和奖励的；而20世纪90年代更多人认为多巴胺将帮助动物学习且知道在哪里获得奖励；基于现在的科学，多巴胺似乎又与“想要奖励”更加贴切，这并不是一种主观感受或像“我想要看完这本书”这样的认知，而是一种获得奖励的动力或愿望。所以这并不是关于“喜欢”和乐趣的感受，而是推动着我们去做某事的需求和动力。

尽管现阶段我们不能对所有问题都提供最后的准确答案，但我们将检验生理系统的结构及其对于行为的影响。

## 三、神经系统

神经系统是一个统一完整的结构。为了便于理解，我们通常把它分为中枢神经系统（Central Nervous System，CNS）和外周神经系统（Peripheral Nervous System，PNS），①如图2-3所示。

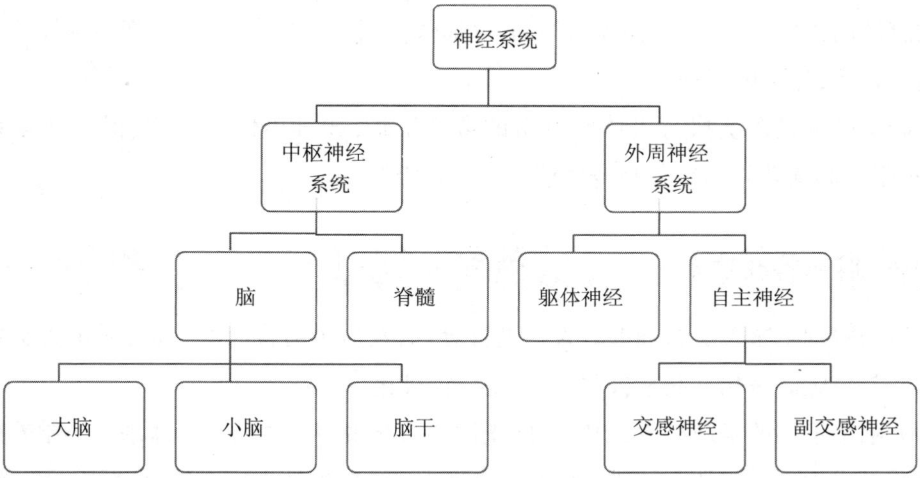


**图2-3　神经系统结构**

CNS的工作在于整合协调全身的功能，加工全部传入的神经信息，向身体不同部位发出命令。CNS发出和接收神经信息是通过脊髓实现的，脊髓将脑与PNS联系起来，从脊柱的每对脊椎骨之间穿出，将分布于全身的各种感受器、肌肉和腺体联系起来。脊髓协调身体左、右侧活动并负责不需要大脑参与的快速、简单的动作反射。也就是说，脊髓与脑分割开的机体也会出现因刺激而收缩肢体的反射。而脊髓的神经受损，就会出现腿或躯干的麻痹，截瘫病人的麻痹程度就取决于脊髓受损的严重程度。

尽管CNS处于领导地位，但当与外界直接联系受损时，它也会无计可施。PNS的

① 〔美〕理查德·格里格、菲利普·津巴多：《心理学与生活》，王垒、王甦译，人民邮电出版社2003年版，第52页。

功能正是把眼、耳等感觉器官的信息传递给 CNS,并传递大脑对躯体器官和肌肉的命令。PNS 又由两套神经纤维组成:躯体神经系统(Somatic Nervous System)和自主神经系统(Automatic Nervous System)。

躯体神经系统调节身体骨骼肌的动作,在你玩游戏的时候,大脑会发出指令控制你的左手按键“WSAD”操纵游戏角色在游戏中前后左右移动,同时手指给大脑发回位置和运动信息。当你按键出错,躯体神经系统就会通知大脑,大脑再发出纠正错误的指令,只需零点几秒就能完成这一过程。

自主神经系统是全天候工作的系统,它维持着机体的基本生命过程,一般情况下不需要你有意识控制(有的甚至无法自主控制),比如呼吸、消化、瞳孔的缩放等。自主神经系统处理两类生存问题:一是机体受到威胁,二是维持常规状态。为了执行这些功能,自主神经系统进一步分为交感神经系统(Sympathetic Nervous System)和副交感神经系统(Parasympathetic Nervous System)。

交感神经系统支配紧急情况的反应,唤起大脑去战斗或逃避危险,停止消化,血流从内脏转向机体头部,氧气传递增加,心率加快。当危险过去之后,副交感神经负责减缓这些过程,让机体安静下来。

副交感神经系统执行机体非进击的常规维护,如排出体内废物、保护视觉系统(通过眼泪和瞳孔收缩)、保持身体能量持久稳定等。

## 四、脑结构及功能

早期解剖学家曾从物理上对大脑进行分区,然后尽力推断其功能,假定大脑特定的功能与特定区域相互联系,即脑功能定位说理论。

大脑由不同的半球组成,中间由胼胝体联系起来,左、右两个半球基本控制着躯体的对侧。当你专注于从右耳或右侧视野获得信息时,你的左脑会更加活跃。同样,当你专注于从左耳或左侧视野获得信息时,你的右脑会更加活跃。通常认为左脑更具语言天分和数学天分,而右脑更敏感也具有更高的空间认知能力。我们可以尝试利用两侧脑不同的优势来接收不同信息:为了判断音乐节拍,你可以用右耳来听;为了感受一幅画面,可以把它放在左视野的位置。同时罗杰 · 德拉科(Roger Drake)发现,左半球更倾向于作出冒险性的决定,右半球更倾向于使用谨慎的认知模式。因此当你希望玩家作出冒险性决策时,可以把挑战放在视野右侧;当你希望玩家更加谨慎时,可以把挑战放在视野左侧。会有预期的效果吗? 你可以试试看。

如果用大脑皮层表面的沟壑加以区分,大脑可以分成更小的区域,即脑叶。除了占据整个皮层一半位置,用于整合其他区域信息的联合区以外,我们还发现了 4 个具有特殊功能的区域,如图 2-4 所示。

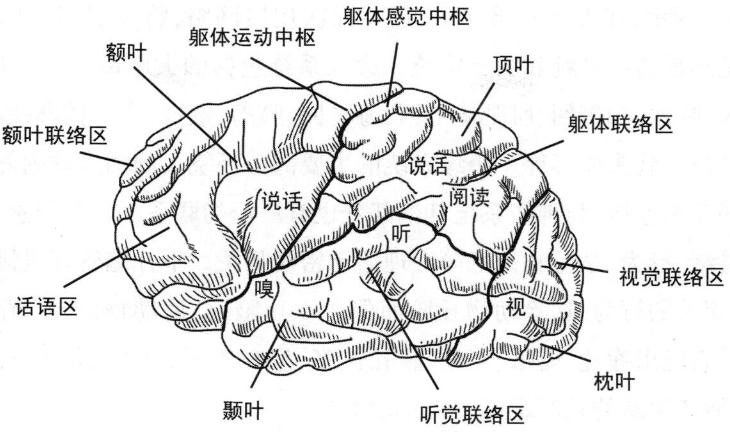


**图 2-4　大脑功能区**

额叶位于中央沟之前、外侧裂之上,控制肌肉的自发运动,包括手和嘴唇的精细运动。同时也具有进行认知活动的功能,包括筹划、决策、目标设定等。

顶叶位于中央沟之后,主要功能是引起触觉、痛觉、温度觉等躯体感觉。

枕叶位于大脑皮层后部,是视觉信息到达的部位。

颞叶位于外侧裂下部,负责听觉过程和记忆。这部分皮层中有一个区域与语言产出有关,有一个区域与语义理解有关。

大脑的这些区域是如何统一工作的? 比如你要大声念出一张纸上所写的词语时,脑内究竟经历了怎样的过程?

我们来试试看"宝箱"这个词。首先,视觉神经刺激双眼视网膜内的视觉神经细胞,将神经脉冲送入视皮层。随后,视皮层将神经脉冲送到颞叶后部一个我们称之为角回的区域,在那里对词的视觉编码与听觉编码进行比较。一旦找到适当的听觉码就会传送到称为韦尼克区(Wernicke's Area)的听皮层,并在那里解码为:"哦! 是'宝箱'!"然后,神经脉冲被送到布洛卡区(Broca's Area)。最后,信息传送到运动皮层,刺激唇、舌、喉协调发音,使你读出"宝箱",如图 2-5 所示。

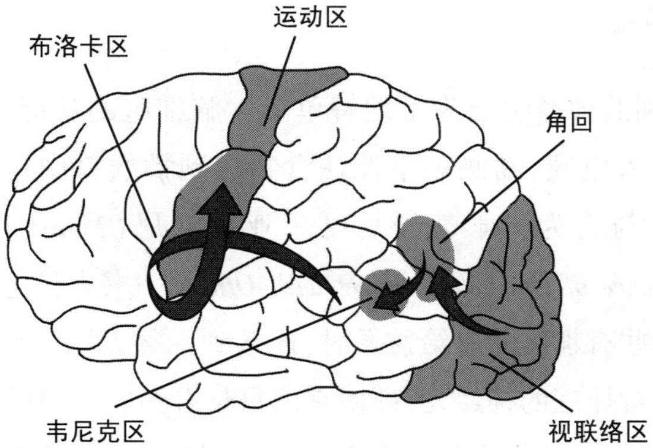


**图 2-5　读出书面语**

如图 2-6 所示,在大脑皮层之下,还存在次皮层网络,将皮层与大脑的其他区域联系起来,尤其是边缘系统和脑干系统。边缘系统包括的大脑部位相当广泛,如梨状皮层、内嗅区、眶回、扣带回、胼胝体下回、海马回、脑岛、颞极、杏仁核群、隔区、视前区、下丘脑、海马以及乳头体等等。边缘系统的主要部分环绕大脑两半球内侧形成一个闭合的环,内部互相连接,与神经系统其他部分也有广泛的联系。它参与感觉、内脏活动的调节,与情绪、行为、学习和记忆等心理活动密切相关。下丘脑管理饥饿、干渴、性和其他与驱力相关的行为,切除动物丘脑而保存下丘脑,会使动物出现“情绪呆板”,一触即怒,或是表现出挣扎、露爪、竖毛、瞳孔扩张、怒叫等明显的情绪反应;海马体受损的病人则不能产生新的长时记忆(Milner,1965)。

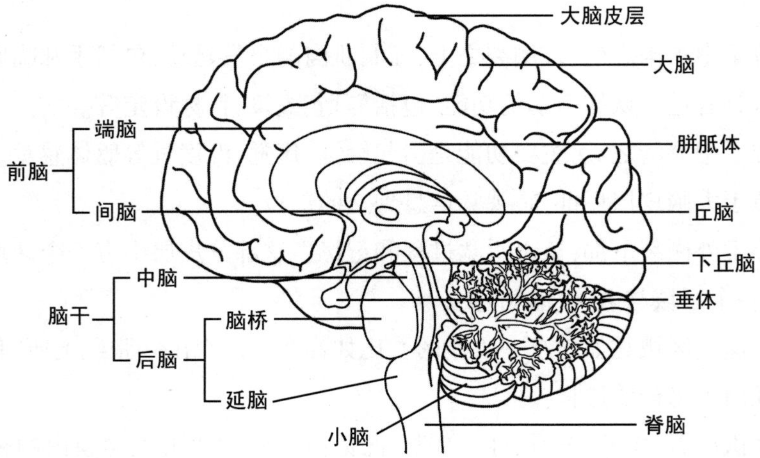


**图 2-6 大脑结构**

了解了大脑的基本功能之后,让我们来设想一个科幻题材的故事:你的大脑被人从颅骨中取出来,浸泡在营养液中,它连接着一台计算机。当你醒来时,会有什么感觉?不妨看看电影《源代码》(*Source Code*)。

(一)镜像神经元

多年前,意大利的神经学家为了理解单个大脑细胞的功能,对猕猴进行了实验。他们在其大脑中植入电线,勘测关于抓住食物送到猕猴口中这类功能的细胞活动。2008 年,精神病学与行为科学教授马可 · 亚科波尼(Marco Iacoboni)在 *Mirroring People:The New Science of How We Connect with Others* 一书中描述了实验的过程:当测试人员伸手抓起一些有趣物品递给猕猴时,连接到猕猴大脑的设备显示,测试人员的行为激活了猕猴负责抓握的神经元,即使它们只是看到抓起的行为。这种现象十分奇怪,此前没有人知道执行动作或是观看别人采取同样动作会激活神经元。而此时,静坐观看的猕猴却有了先前只与机械动作有关的激活神经元的反应。①

于是,我们首次发现了行为中的镜像神经元,与大脑中的其他神经细胞不同,镜像神经元属于运动细胞。它们会向肌肉发送信号,移动身体,采取动作。然而,它们又有别于运动细胞,因为它们能通过看到他人行为而被激活。亚科波尼进一步利用精密设备监视被测者在观察不同面部表情后的大脑活动发现,此时镜像神经元区域与边缘系统通通被激活。简言之,只要看到面部表情,便会激活镜像神经元,好像被测者也在作出同种表情,接着触发大脑情绪中心的活动,结果被测者就会真切地体会到这种情绪。

不少研究人员都相信,这可能是引发我们同情《行尸走肉》中 Lee 与 Clementine 处境的重要因素。《行尸走肉》善于引发情感共鸣的一个原因在于:它会频繁地近镜头特写角色的各种表情,促使我们投入大量精力识记并信以为真。因此并不是僵尸引发了我们的恐慌感,而是像 Kenny 在听到 Lee 述说自己正艰难地在家人之间作出抉择时露出的神情,让我们难以自持。

可以看到,镜像神经元在连接人类经历与虚拟角色中起着非常重要的作用。当游戏拥有较强的移情元素时,添加镜像神经元便非常重要。换句话说,玩家将真正进入游戏,并与游戏主角融为一体。在大多数三维场景的电子游戏中,当玩家在三维空间中移动时便会触发空间定向镜像神经元。在《寂静岭》游戏系列中,相同的游戏机制(如玩家需要将手伸到洞里拿出东西或需要将某样东西从马桶中取出来)能同时引起玩家的焦虑与恶心,而这种感觉正是恐怖游戏的共同之处。尽管不同的恐怖游戏提供了不同的视觉特征、世界观设定,但是对于玩家心理的影响却始终保持不变。那么游戏产业是如何利用人类的这种恐惧心理,并将恐惧与游戏玩法融合在一起而最终创造出一款成功的游戏的?

如果不谈突然跳出的恐怖画面造成的“震你一下”的惊恐,恐怖游戏最先让我们感到的其实是焦虑,然后才开始害怕。如果说恐惧是对于逼近的威胁的反应,那么焦虑便是对于潜在威胁的反应。正如前面提到的,人类的交感神经会在危险慢慢逼近时产生焦虑,并且为了应对潜在危险而提高自己的注意力,使敏感度保持在唤醒状态。这就意味着玩家在游戏中感受恐惧与危险的同时也在解决着每一个谜题。回想我们自身的游戏体验,当身处一个危险的环境下解决谜题时,我们的恐惧感是否也会随之上升?《寂静岭》就是非常善于通过谜题突出这种恐惧的游戏。

我们还会注意到,玩家在恐怖游戏中总会面临一些可怕且无法逃避的环境,同时也缺少足够的自我防御措施。换句话说,玩家总是会在游戏中面临极端无助的境况。无助是一种非常强烈的感受,当任何动物在面对让它们倍感无助的环境下总是会产生强烈的恐惧与焦虑,并由此引发攻击、逃跑或其他行为,在电子游戏中亦是如此。

---

① Jamie Madigan, *The Walking Dead*, *Mirror neurons*, *and Empathy*, http://www.gamasutra.com/view/news/184807/The_Walking_Dead_mirror_neurons_and_empathy.php.

环境对于我们在认知恐惧并加强惊吓的反应中起着非常大的作用,它同时作用于游戏内部和外部。在游戏外部,现实中的气氛能够加强玩家的游戏体验,比如在一个黑暗的房间,戴上耳机玩游戏更能让玩家有身临其境的感觉。而在游戏内部有效地利用人类的神经生物学原理创造一个合适的环境也非常重要,例如我们对于黑暗的恐惧是源于不断进化的日夜节律,即白天与黑夜的循环让我们在夜晚显得较为脆弱,而夜间活动的动物在见到光时也会常常呈现出类似惊吓的反应。

(二)生物节律

生物体内相对有规律的波动周期就是生物节律(Biological Rhythms),有些生物节律是具有心理意义的。比如有些生物节律以 24 小时为周期,被称为生理节律(circadian rhythms),它们反映了进化过程中有机体对地球自转引起的变化的适应,最广为人知的生理节律就是睡眠。①

此外,人类的情绪也会受到四季变化之类的长期节律的影响。“自古逢秋悲寂寥”,我国古诗词中不乏悲秋之作。如果结合生物学理论认为,白天变短,日照减少可能会使人抑郁,因此诗人的悲秋不能单纯归结为颓废,其实也是受到生物节律影响的正常反应。

时间是人类刻画世界最重要的、也是与人们生产和生活联系最密切的计量系统之一。同时,时间又是相对比较抽象的计量系统,人类无法利用感觉器官直接感受时间的长短、快慢,只能凭借经验或利用工具测定时间、确定时刻。

在游戏中,时间限制因素被广泛使用。时间压力对决策影响明显的例子有《樱花大战》《行尸走肉》等游戏,它们在游戏机制中通过特定对话将其运用到了极致。系统会要求玩家制定一个决策,并给予一些选择。在玩家决定的过程中,系统会进行倒计时,如果不进行选择就会得到默认结果(可能还是一个糟糕的选择),这会迫使玩家凭直觉而非理性思考作出判断。这会造成玩家在短时间内产生高度紧张感甚至恐惧感。《超级马里奥》的屏幕右上角也有一个计时器,但多数时候它的意义不大,因为玩家总有足够的时间完成一个地图的基本任务。但这个时间也是经过测算而得出的,如果玩家希望收集一个关卡中所有的隐藏要素,就会发现时间其实很紧迫。

游戏还提供了其他类型的时间限制:在《格斗之王》中,按键的节奏以及即将被击中时采取反应的速度;在《合金装备》中被敌人发现时从地图一端奔向另一端的时间等等。这些时间压力迫使玩家快速思考,作出反应动作,而不鼓励玩家长时间思考或制订创意解决方案,事实上玩家会利用游戏以外的时间反思和回顾,为重新挑战制订计划,并再次挑战游戏。1993 年,杰罗姆·布斯迈尔(Jerome Busemeyer)和詹姆斯·汤森德(James Townsend)提出了“决策场理论”,他们探讨了人们如何根据现成的信息

---

① 〔美〕卡萝尔·韦德、卡萝尔·塔佛瑞斯:《心理学的邀请》(第 3 版),白学军等译,北京大学出版社 2006 年版,第 184 页。

和时间等因素制定决策。我们的大脑会通过所有现成信息过滤一系列选择，随着时间的推移，每个选择的制胜概率也会发生变化，直到时间耗尽时你的脑中就会只剩下一个选择。时间压力对制定决策的一个关键影响在于改变制定决策所需的时间量，就可以极大改变结果。

图 2-7 中，最后一条垂直线段显示的是按照 2 秒的实际时间需求所完成的决策，此时 A 选择是最被认可的。但如果将决策时间减半，C 就会成为更受欢迎的选择。

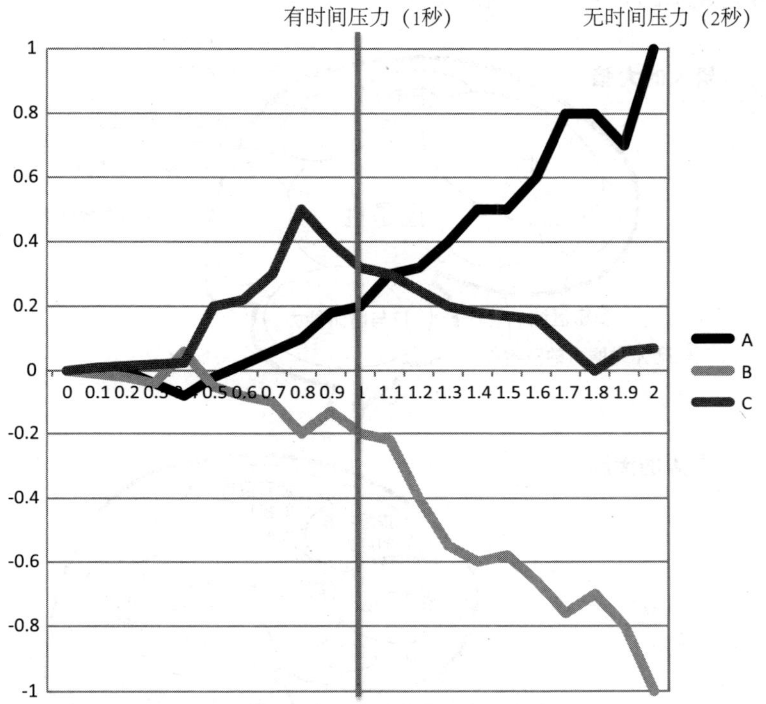


**图 2-7　决策场理论**

除了时间因素，另一个制定决策时需要考虑的因素是我们如何看待问题。雅可夫·筹普（Yaacov Trope）和尼尔·利伯曼（Nir Liberman）在 1998 年发布的“临时解释理论”中指出，人们会因自己对某项事件的心理距离而对其产生不同看法：与该事件距离越远，解释或认知水平就越抽象；与该事件越近，其解释或认知水平就越具体。因为离事件越近，该事件就越具体和现实，我们就不会再去想为何要做此事，而是去想如何去做。当玩家得到一个非限时任务时，就有足够的时间考虑“为何要做”这种抽象问题。玩家可以排除选择，提出新想法，迭代旧理念。而越接近制定决策的点，玩家的关注点就会逐渐转移为“如何完成给定的任务”。因此在游戏中，我们可以利用时间因素实现游戏的目标导向。如果想鼓励人们提出大量实用的方法，就要缩减给予的时间；如果想鼓励人们发挥创意，提出更抽象的想法，就要给予更多时间。

(三)大脑性别差异

性别差异是指男女心理和行为上的实际差别:女性在要求言语流畅、速度和注意细节等测验项目上的成绩占优势,而男性在空间能力的测验项目上占优势;男性在自然科学领域有较强的创造想象能力,而女性则在文学艺术上表现出更多创造想象能力;男性偏向于理智而女性靠直觉行事,等等。图 2-8 可能会击中你的笑点,但我们不得不认可它显示的差异切实存在。

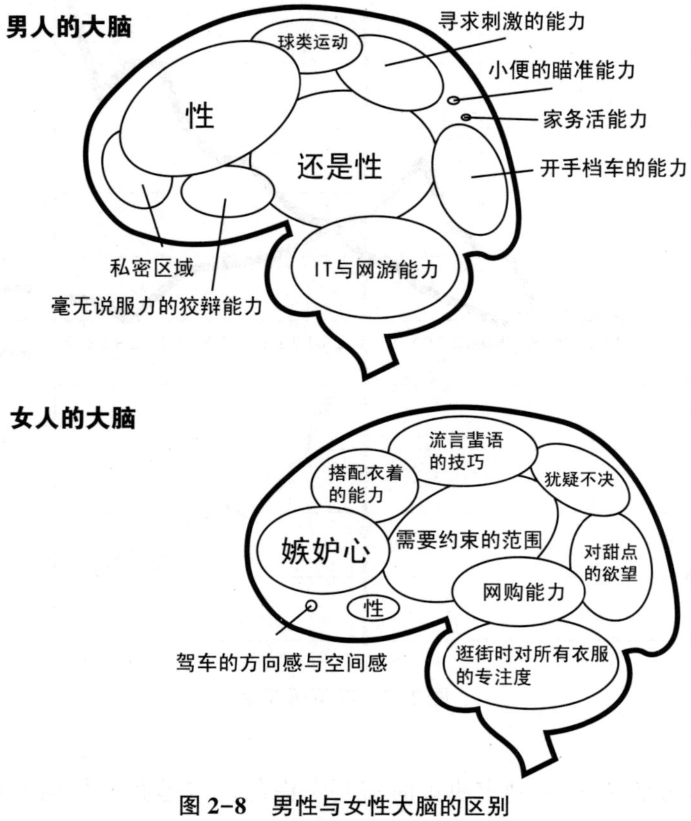


**图 2-8　男性与女性大脑的区别**

这些差异让人们总想找到其根源,但很多研究在尚未成熟之时就被公之于众,而现代传播的选择性使我们更多关注和了解自己相信的和想要知道的,忽略那些自己不想承认的信息,所以谣言总是比辟谣来得凶猛。1982 年,两位人类学家对男女大脑进行解剖并比较形态结构之后发现,女性的胼胝体较男性大,这可能意味着女性连接两侧大脑半球的神经纤维比男性多(de Lacoste Utamsing & Holloway,1982)。这个发现在还没被验证之前就很快被印到了报纸、杂志甚至教科书上。然而十年后对当时文献严格检查后发现,当时的研究成果只是个例外,之后的 21 项研究都发现男女的胼胝体大小和形状没有任何差异(Byne,1993)。但时至今日我们在互联网搜索类似信息的时候仍会发现,有不少文章仍在引用较早的片面成果,片面地选择它们需要的“证据”。

还有很多有趣的研究不断提出其他方面性别差异的报告：女性的神经元比男性多11%(Witelson, Glazer & Kigar, 1994)；功能磁共振(FMRI)显示，测试收听恐怖小说时，男女被试除了左颞叶同样活跃之外，女性右颞叶也相当活跃(Phillips 等, 2001)；而女性中风后语言能力受损的程度比男性要小似乎也说明女性更倾向依赖双侧半球；女性大脑灰质比例高于男性(Gur 等, 1999)；男性将悲剧电影的记忆储存在杏仁体的右侧，而女性则将其储存在左侧(Cahill 等, 2001)，等等。

尽管如此，两性的共性仍远多于差异，目前并没有实验能够完全证明生物学上的差异与行为或表现上的差异存在必然联系。同样，大脑的性别差异很可能是行为差异的结果，而非原因。比如音乐家大脑中与音乐创作有关的区域会大于非音乐家，这是后天行为差异造成的。

## 第二节　人类感觉

### 一、视觉系统

如果不依赖视觉呈现，电子游戏就无法存在。人眼就像一架照相机，具有收集和汇聚光线的能力——光线进入眼角膜，经过眼前房和瞳孔，通过调节晶状体厚度进行聚焦，再穿过玻璃体投射在视网膜上(图 2-9)。视网膜不同区域的视敏度不同，其中，中央凹区域的视敏度最大。视网膜上的光感受器包含 1.2 亿个视杆细胞和 700 万个视锥细胞。在黑暗中，不能辨认颜色但对光极其敏感的视杆细胞帮助我们辨认物体的轮廓和明暗；在光照充足时，产生颜色感觉和精细感觉的视锥细胞帮助我们仔细观察这个缤纷的世界。

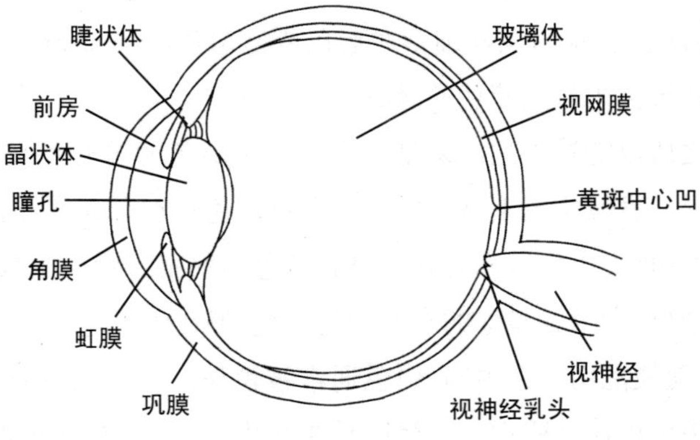


**图 2-9　眼睛结构**

现在利用图 2-10 来做个小实验:双手拿书,伸直手臂,闭上右眼,用左眼注视宝箱,慢慢把书移向自己。对宝箱的迷恋是否使你在某一时刻完全无视了宝箱守卫的存在?放心,这并非是你太贪婪,而是宝箱守卫落在了你的盲点上。盲点,就是视网膜在视神经离开视网膜的部位没有视觉感受细胞,物体影像落在该处不能引起视觉反应。在特殊条件下我们才能察觉到盲点的存在,下面请注视图 2-10 中的"+",当把书慢慢移近的时候,你是否发现原本断开的线段连在了一起?

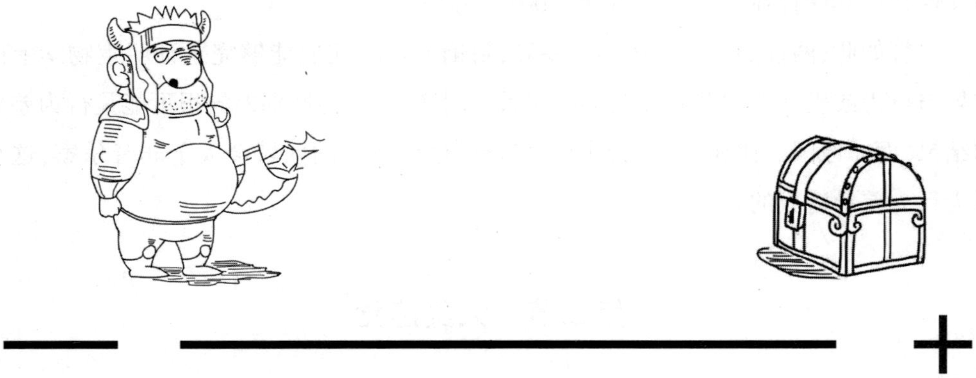

**图 2-10 发现盲点**

(一)颜色视觉

在我们生活的空间里充满了电磁波,包括光和其他能量,其中从 400nm 到 700nm 波长的光组成了可见光谱,使人类产生对红、橙、黄、绿、蓝、靛、紫等基本颜色的辨识。颜色的三个物理属性——色调、饱和度和亮度决定了我们看到的颜色究竟是什么样子。

你认为什么颜色最亮?依据经验,我们可能马上会说红色最亮。实际上,视锥细胞与视杆细胞答案是不一样的。在光照充足时,产生颜色感觉的视锥细胞告诉我们,黄绿色(Yellowish Green)是最亮的,因此城市中道路作业的工作人员要穿黄色背心;而在夜间,不产生颜色感觉的视杆细胞对蓝色或蓝绿色(Aquamarine)最敏感,这就是为何飞机跑道的两排标志灯是蓝色的缘故。

色彩心理学之所以能够独立出来是因为附着于颜色的符号意义几乎都是文化适应性所产生的结果。发源于黄土高原的中国人对黄色特别有好感,而黄色在西方则象征着背叛、卑鄙——犹大出卖耶稣时就是身着黄色的衣服。紫色在西方宗教世界中是一种代表尊贵的颜色,大主教身穿的教袍就是紫色,但在伊斯兰教国家,紫色却是一种禁忌的颜色,不能随便乱用。在中国,白色通常被视作哀伤色调,用于代表死亡,而西方国家则倾向采用黑色代表死亡。在穆斯林文化中,绿色通常具有正面含义,而在美国,绿色通常会让人联想到贪婪。

颜色是我们获取图像信息的基本方式之一,因此游戏设计师有必要为玩家创建自己的文化参照。色彩心理学的影响同情境相关,因此我们能够创造游戏情境,在情境中通过颜色传情达意。由于玩家注意广度有限,游戏复杂性也越来越高,所以我们非常有必要充分利用颜色工具提高信息沟通的有效性。在多数情况下,用颜色传达意义主要基于用户界面(UI),而非游戏本身,例如《上古卷轴:湮没》,不仅通过色彩带动气氛,还用其描绘游戏空间,取得了很好的效果。

(二)视觉信息加工

通过视觉感受器和大脑,我们能够看到很多东西,但如果没有视觉信息加工,我们还是无法正确认知外部世界。在这个过程中,我们需要将环境中的边缘和直线从二维模式构建成三维表征。由于两只眼睛所接收到的外部世界的映像略有不同,所以我们在深度判断上还依靠立体视觉。当你闭上一只眼睛,只用一只眼睛判断距离时总会产生误差,比如现在你可以试着闭上一只眼睛,然后用手指碰触面前有一定距离的物体,结果它很有可能会在你预期的位置更近或更远的地方。3D 眼镜等设备能够过滤来自单个二维光源(屏幕)的光线,使到达每只眼睛的光信息不同,以达到逼真的三维结构视觉。有关三维结构的另一特点是运动视差,你可以单眼观察远处树上的树叶,由于没有立体视觉信息,你会看到十分平面的图像,但当你慢慢转动头的时候,树的三维结构会变得越来越清晰,使你真切地看到树叶和树枝的相对位置。

(三)物体知觉

当我们感知外部世界时,一个主要问题就是物体的分割。仅仅知道直线和线段在空间的位置还不够,我们需要将它们组合在一起形成物体。格式塔心理学家马克思·惠特海默(Max Wertheimer)等人最先提出"格式塔组织原则"(Gestalt Principles of Organization),认为整体不同于部分之和,强调结构的整体作用和产生知觉的组成成分之间的联系,换言之,我们观察世界加工后得出信息不是简单的 1+1=2。研表究明,汉字的序顺并不定一能影阅响读,比如当看你完这话句后,才发这现里的字全是都乱的。

1.图形与背景的关系原则

在我们看到的所有画面中,总有一些对象突现出来形成图形,而另一些对象退居到衬托位置成为背景。一般来说,图形与背景的区分度越大,图形就越能突出成为我们的知觉对象。我们所看到的很多游戏和电影海报都是遵循这个原则来设计的(如《蜘蛛侠》的电影海报)。

2.接近性原则

在空间或时间上越接近的元素越容易被当作一个整体。如图 2-11 所示,我们会把这些满是圆的画面看作正方形和三角形。

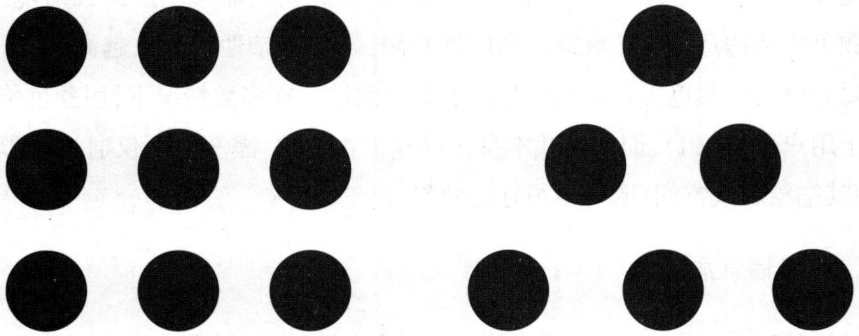

图 2-11 接近性原则

3.相似性原则

在物理特点方面(比如形状、大小、颜色等),相似的元素更容易组织在一起形成整体。如图 2-12 所示,等距排列的圆会因为大小和颜色的不同而被我们认为是不同的整体。

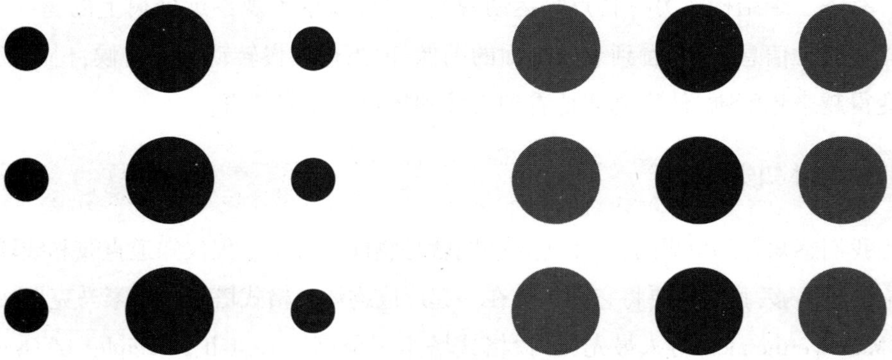

图 2-12 相似性原则

4.连续性原则

沿着一条直线或简单的曲线排列的元素,一般被认为是一个整体。如图 2-13 所示,我们会把这些圆看作是线段。

图 2-13 连续性原则

5.完整倾向原则

有些图形是没有闭合的、残缺的,如图 2-14 所示,但我们有一种使其闭合的倾向,即在心理上自行填补缺口而把它认为是一个整体。

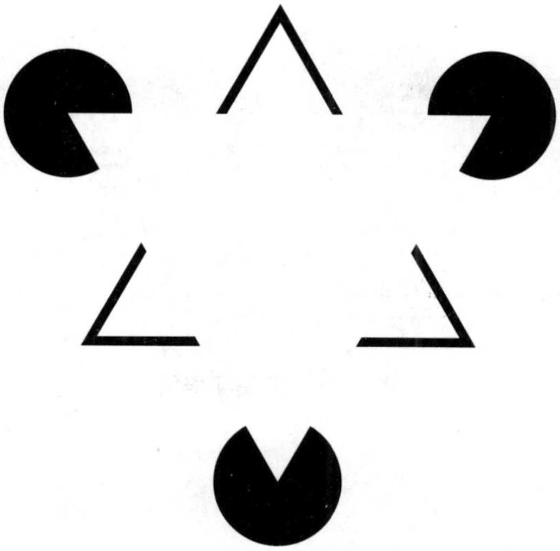

**图 2-14　完整倾向原则**

6.知觉的理解性

在知觉加工的过程中,我们以已有的知识经验为基础去理解和解释事物,使它具有一定的意义。如图 2-15 所示,同样的符号,当它前后符号为 A 和 C 时,我们会认为它是 B,而当它前后符号为 12 和 14 时,我们会认为它是 13。同样,在游戏中,我们希望传达给玩家的图形信息有时候会让玩家不明所以,作为制作者的我们总是找不到问题所在,明明是一眼就能看懂的图形啊……这是因为作为制作者,你的先验①让你能够准确理解图形,而作为玩家,如果缺乏必要的整体性提示,是很难与你“心有灵犀”的。

**图 2-15　知觉的理解性**

7.知觉的恒常性

纹理梯度②使我们在感知空间时会考虑大小等因素,同样,感知物体的大小时我们也会考虑距离等因素。正因为如此,我们会被距离愚弄,而对大小感到困惑。如图 2-16 所示的埃莫斯房间(Ames Room),左边的人看起来是不是比右边的人小很多?

---

① 由个体身上的共通感引发出来的经验。

② 视野中的物体在视网膜上的投影大小和投影密度发生有层次的变化。

图 2-16 艾莫斯房间

8.语义饱和

语义饱和也叫完形崩溃,当我们对一个字盯了一段时间后,大脑会不由自主地就仅仅注意字的某一部分,从而丧失了对这个字的整体感觉,继而对这个字的读音和意义的记忆也会变得模糊。这种大脑的行为不是人为可以控制的,因为在盯着一个字看了太久之后,会自动引起神经活动的抑制,形成联想阻断。无论是中文还是英文,这种饱和阻断现象均发生在字形到语义的连接过程中。因此,我们先会对字音感到困惑,继而失去对字义的联想能力。据说“粉”“若”“借”三个字最容易产生完形崩溃,你不妨试试看。

(四)错觉

错觉不是幻觉,而是我们在观察物体时,由于物体受到形、光、色的干扰,加上我们自身的生理、心理原因,而产生与实际不符的判断性视觉误差。如图 2-17 就是大脑的一些经典错觉。

缪勒-莱耶尔错觉:也叫箭形错觉。两条长度相等的直线,如果直线 A 的两端加上向内的两条斜线,直线 B 的两端加上向外的两条斜线,那么我们会感觉线段 B 要比线段 A 长,而实际上它们是相等的。

奥尔比逊错觉:将一个正方形放在有多个同心圆的背景上,其对角线交叉点与圆心重合,这个正方形的四条边看起来向内弯曲。分别将不同的几何形状(如圆形、方形、三角形等)放在线条背景上,看上去均会出现形状错觉。

松奈错觉:当数条平行线各自被不同方向斜线所截时,看起来即产生两种错觉:一是平行线不平行;二是不同方向截线的黑色深度似不相同。

垂直-水平错觉:两条等长的直线,一条垂直于另一条的中点,那么垂直线看去比水平线要长一些。

多尔波也夫错觉:两个面积相等的图形,被大圆包围的显得小,被小圆包围的显得大。

很多艺术家在作品中以错觉为表现手法表达思想感受,其中莫里茨·埃舍尔

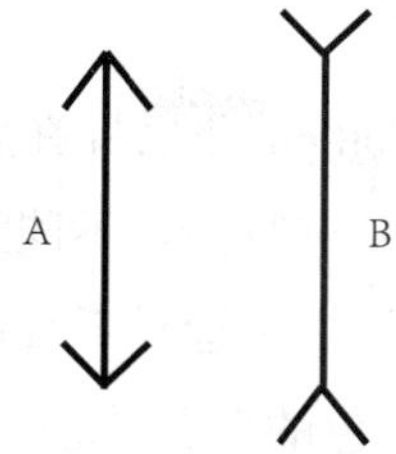


缪勒-莱耶尔错觉

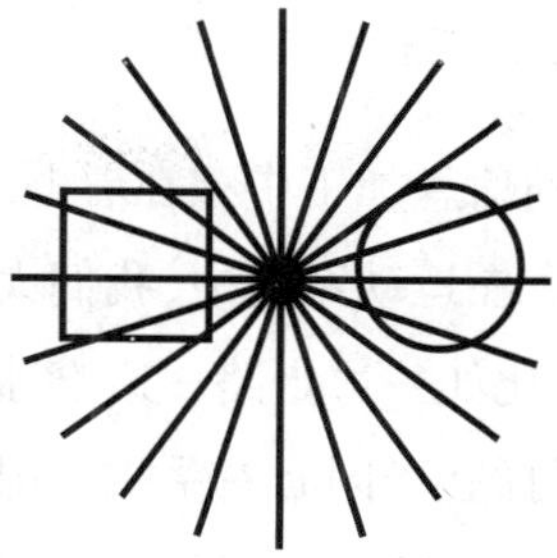

奥尔比逊错觉

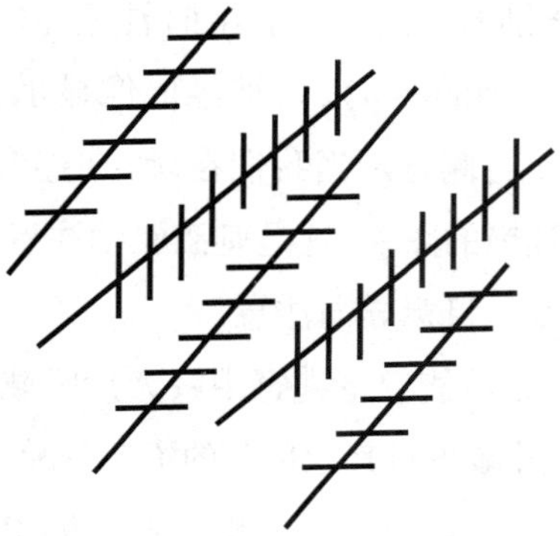

松奈错觉

垂直-水平错觉

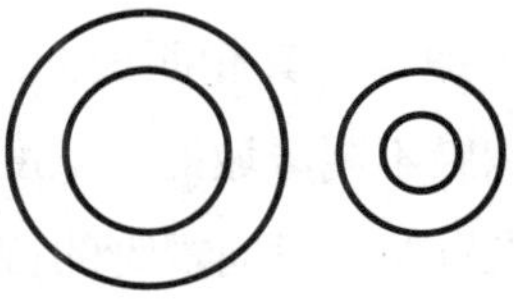

多尔波也夫错觉

**图 2-17　经典错觉**

(Maurits Escher)的《手画手》十分著名(图 2-18)。在游戏界,2008 年 SCE Japan Studio 的《无限回廊》则是直接运用错觉作为游戏核心玩法的创意游戏(图 2-19)。

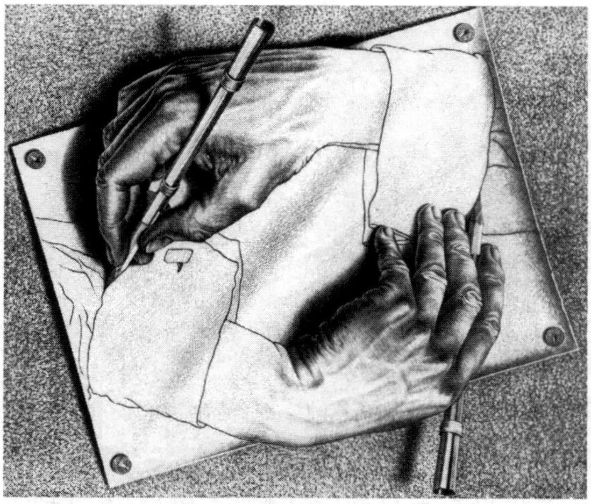

**图 2-18　埃舍尔《手画手》**

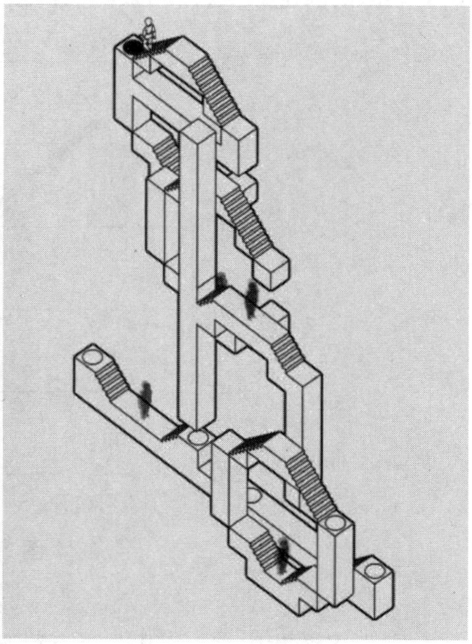

**图 2-19　《无限回廊》**

### (五)视觉注意

在人类的信息加工中存在着顺序瓶颈(Serial Bottleneck),即在此处无法平行加工所有的事情。在运动系统中,我们大多数人都能同时进行涉及不同运动系统的彼此不相关的运动,比如一边走路一边吃冰淇淋。而当需要一个运动系统同时做两件事就很难,比如左手揉肚子同时右手拍大腿,如果你不是出色的架子鼓手,就很难避免其中一个动作失控,作为普通人,我们能找到的"作弊方法"就是减慢拍打的速度,并在拍打的间隙揉肚子,让这两个动作稍稍错开。

在一定程度上,不同的人脑系统分别控制着目标导向注意(Goal-Directed Attention)和刺激驱动注意(Stimulus-Driven Attention),而神经成像显示,目标导向注意系统更偏左侧化,刺激驱动注意系统更偏右侧化。当我们在玩《连连看》时,开打游戏最先看到的会是显眼的对象,比如色彩鲜艳的图块,这是刺激驱动注意;随后我们的注意力会变为搜寻与其相匹配的图块,这就是目标导向注意。

由于视网膜不同区域的视敏度不同,人眼虽能记录视野中一大片区域的信息,但大部分视觉加工资源会投向视野的特定部分,并减少对其他部分的资源分配。所以我们在阅读本书时,会移动眼睛以便注视正在阅读和注意的词句。波斯纳等人(Posner,Nissen,&Ogden,1978)实验让被试注视一个固定点,然后向他们呈现位于这个注视点左侧或右侧70度处的一个刺激,告诉被试刺激可能出现在哪一侧,但这些提示有80%的提示是正确的,另外20%与真实的信息相反。结果如图2-20所示,当刺激出现在预期位置时,被试对刺激的反应较快;当刺激出现在意外位置时,被试对刺激的反应较慢。

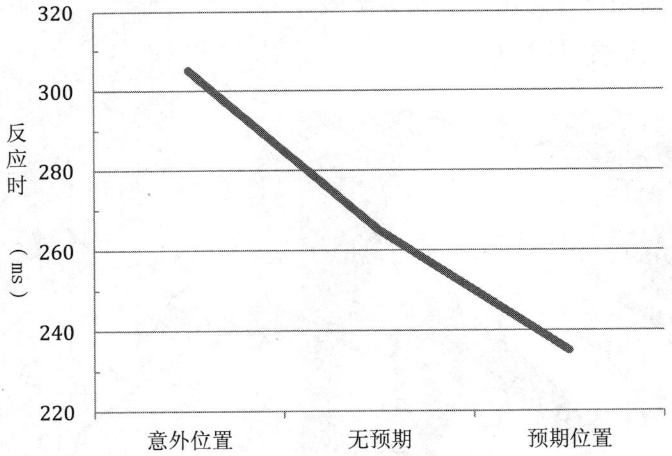


**图2-20 视觉注意**

在很多游戏中,我们很难持续阅读大量的文字,而只是从中挑选关键词,在这种时候就有可能产生歧义。比如文本中想要表现幽默反语,可能由于玩家只阅读关键词而没有理解这个反语。

著名游戏公司 Zynga 在游戏开发过程中会不断制订计划然后进行一些焦点测试以及大量的内部测试。测试以一些对试验过程至关重要的用户为对象,他们基本不看文字,每次向他们呈现文字时就会遇到问题。刚开始试验十分被动,后来研究者发现最佳方案是采用言简意赅的文本,并使用一些恰当的措辞,被试就能很快理解信息。

（六）视觉搜索

再次回想玩《连连看》的时候,当被寻找的图像不具备独有的视觉特征时,我们会进行逐项搜索视觉阵列,直到找到所需要的对象。而在这个过程中我们还会注意到,当我们刚刚搜索过某一区域之后,不会马上回去再看这一区域,这就是返回抑制(Inhibition of Return,IOR),即对原先注意过的物体或位置再进行反应时所表现出的滞后现象。采用突然变暗或变亮的方法,对空间某一位置进行线索化,会使对紧接着出现在该位置上的刺激的反应加快,产生易化作用。如果线索呈现的时间间隔(Stimulus onset Asynchrony,SOA)大于 300ms,则易化作用会被抑制作用取代。

此外,我们对事物的表征注意比对特征缺失的注意要更有效,如图 2-21 所示,我们更容易在一群"O"中很快找到"Q",而不容易在一群"Q"中找到"O"。在单腿站立测试中,注视远处某个物体比注意所站位置更容易使人达成平衡,因为我们是基于物体而非空间关注。

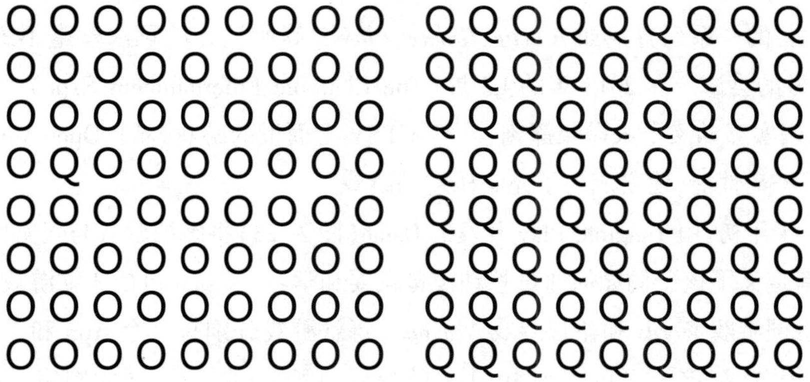


**图 2-21　视觉搜索**

（七）视觉仿真

随着技术的进步,电子游戏界的视觉仿真变化日新月异。1996 年 Id Software 制作的《雷神之锤》推动了三维游戏的进展:玩家形象和怪物都是三维模型而不是以往的二维图形,游戏世界也是作为真正的三维空间被创造,而不是将拥有高度信息的二维地图渲染成三维图像。同时,它也组合了光照贴图(Lightmap)和动态光源(Dynamic

Light Sources)，而不使用过去游戏中的顶点静态光照(Sector-Based Static lighting)。时至今日，各大引擎在视觉仿真方面的努力仍然集中在光照算法等方面，三维世界的仿真主要是针对我们认知线索的模拟：物体的纹理和光影。

1.增强现实

增强现实(Augmented Reality，AR)是在虚拟现实(Virtual Reality，VR)的基础上发展起来的技术，也被称为混合现实。它是通过计算机系统提供的信息增加用户对现实世界感知的技术，将虚拟的信息应用到真实世界，并将计算机生成的虚拟物体、场景或系统提示信息叠加到真实场景中，从而实现对现实的增强。在虚拟现实不能完全以假乱真之前，增强现实或许是提升游戏沉浸感的较好选择(图 2-22)。

**图 2-22　头盔式 3D 显示器**

被玩家戏称为“技术帝”的 Sony 公司在增强现实应用于游戏的方面作出了各种尝试。从 PS2 时代开始，Eye Toy[①] 就作为 Sony 的正式产品出现在了市场上。2004—2005 年发售的一系列游戏如 *Kinetic*、*Groove*、*Play* 3 等所设计的玩法丝毫不逊于如今 Kinect 所做的尝试。在 2013 年的 E3 展(The Elatronic Entertainment Expo)上，PS4 手柄的增强现实互动又令人印象深刻，同年在 PSV 上面世的游戏《箱！Open Me》则很好地发挥了 PSV 性能，使之成为了充满乐趣的游戏。

2014 年年初，由 Tangible Play 开发的 Osmo(图 2-23)将虚拟游戏与现实世界结合起来，重新定义了孩子们如何通过移动设备玩耍和学习。Osmo 包括 3 款游戏，分别是七巧板、拼词游戏 *Words* 和益智游戏 *Newton*。每款游戏分别有一个 App 和一些材料。打开七巧板游戏，孩子可以根据 iPad 上的提示，摆出无数种不同的图案。在 *Words* 中，孩子们可以分成红、蓝两队，根据屏幕上显示的图片和字母数量，快速找出相应的字母，拼出单词，进行比赛。当然，也可以一个人玩。程序会自动计算正确的单词并给出分数。而在 *Newton* 中，屏幕上方会掉下小球，游戏的目的是通过画线改变小球掉落的方向，让它砸中特定的目标。孩子不需要在 iPad 屏幕上勾画，而是利用纸笔画出路径，甚至可以通过钥匙、笔、玩具、手指等来改变小球的运动方向。App 能够实时地识别物品的轮廓，并应用到游戏中。

---

① 为 PS2 游戏主机推出的动作感应控制装置。

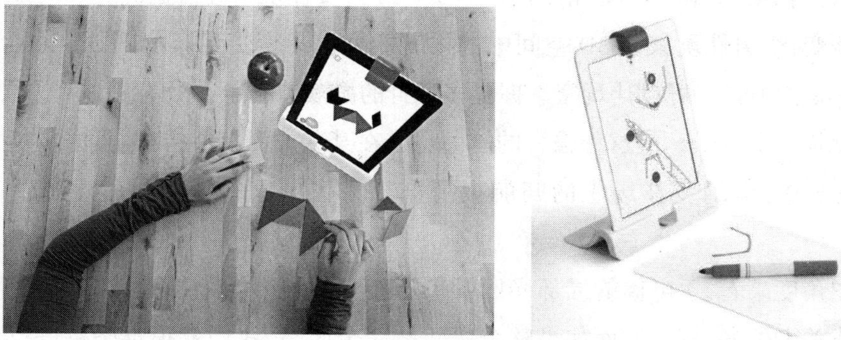

**图 2-23　Osmo**

2.视觉空间与游戏难度

在三维仿真游戏中,游戏难度和玩家情感状态会受到其身处三维空间的视觉感受影响。

以 FPS 游戏为例,可改变难度的主要度量就是玩家的视野和视线。玩家视线越远,就对环境形势越了解,也就越能够提前作好计划;而削弱玩家视线将使其处于不利形势,因为他们对周围环境所知甚少,也没有足够时间应对问题。我们用几何视野所形成的角度(Geometric Field of View,GFOV),以及图像分辨率保真度来衡量视线,让玩家可以看到更远的东西。

处理三维空间渲染问题时,我们主要考虑几何视野。几何视野是最基本的视野度量类型,这个视野就是玩家的摄像镜头。其广度就是衡量截头锥体水平跨度的角度,远处的截面就是游戏引擎可以停止渲染的结束点,这就是所谓的“绘制距离”。较少被人提及的概念是显示视野(Display Field of View,DFOV),这个视野是由玩家到显示器之间的距离,以及他们所玩游戏设备的显示器大小所决定的。DFOV 在导航以及三维空间的后续难度中发挥了很重要的作用,但这仅针对女性玩家而言(图 2-24)。

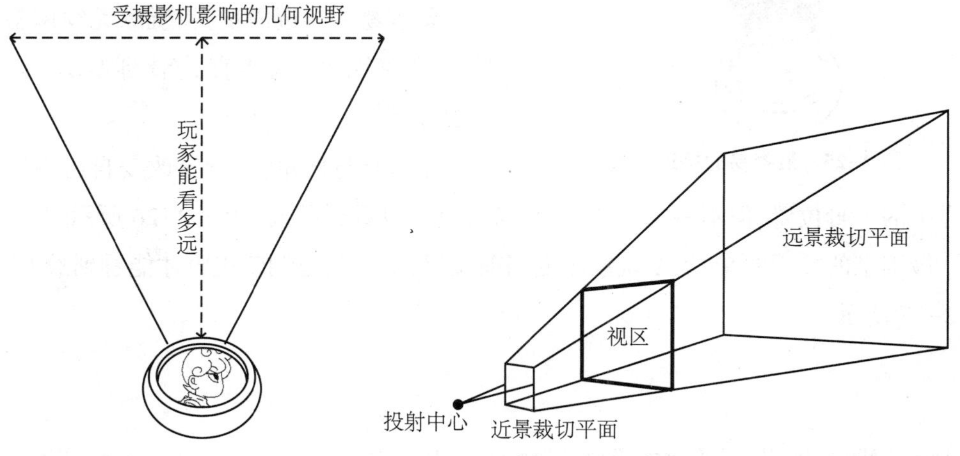


**图 2-24　几何视野与显示视野**

据调查结果显示,当 DFOV 和 GFOV 角度比例为 1 : 1 时,女性玩家会占据优势。而即使这一比例显著变化,男性玩家在 3D 空间中的导航能力也甚少受到影响(Tan, Czerwinski & Robertson, 2006)。可以让玩家掌握更多视野的游戏装备也十分有用,扩增视线的狙击步枪就是一个例子。但这种强大的能力也会在某些方面打些折扣:狙击步枪会减少玩家的 GFOV;虚幻竞技场中的归航火箭则容易让玩家在使用过程中遭受攻击。

从立体视图角度来看,手电筒的局部光照效果让小空间被人为地扩大了,并促使玩家探索房间或关卡的各个部分,而如果整个房间被完全照亮,我们就很难坚持进行这种地毯式搜索。从表面上看,《毁灭战士 3》的关卡设计与其早期版本相比极为线性化,但玩家却能在狭小的空间中逗留更久,因为这种封闭设计迫使玩家必须花更长时间熟悉每个房间的情况。《寂静岭 2》所使用的浓雾可用于减少玩家视线,从而让他们提高警惕。这种效果通常还有重要的技术意义,因为它可以减少制作大型、开放式场景所需的绘制距离,但同时又能给人造成一种大场景的感觉。

当空间与玩家视线结合起来时,就产生了很多调整难度的机会。从难度的度量分级来看,游戏中搭建的虚拟空间的大小居于次位,毕竟玩家最终是通过摄像机系统来感知游戏世界的。玩家所能看到的世界是设计师希望玩家看到的世界。我们需要考虑视线、虚拟空间和敌人接近向量之间的关系,而接近向量的难度取决于敌人是否占据玩家当前视野的截锥,玩家是否需要移动视野,或者他们是否需要移动视野并改变所处位置与敌人交战。当一个敌人接近向量需要玩家改变视野和所处位置时,玩家就有犯错的可能,这也就增加了游戏难度。①

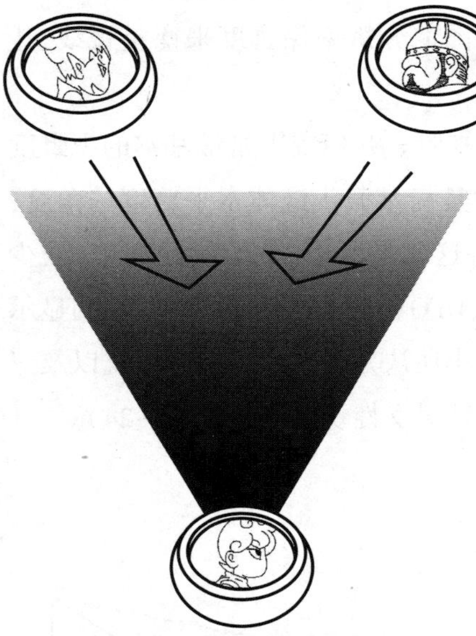

**图 2-25 最容易的接近向量**

最容易的接近向量:指玩家无须调整所处位置或视野,就能直接看到敌人,如图 2-25所示。

中级接近向量:指玩家改变自己在三维世界中的视野位置,但不一定改变所处位置,就可以看到敌人,如图 2-26 所示。

最困难的接近向量:需要玩家改变当前位置,最大化地调整视野才能看到敌人,如图 2-27 所示。

① Luke McMillan, *The Metrics of Space: Tactical Level Design*, http://www.gamasutra.com/view/feature/176933/the_metrics_of_space_tactical_.php? page=1.

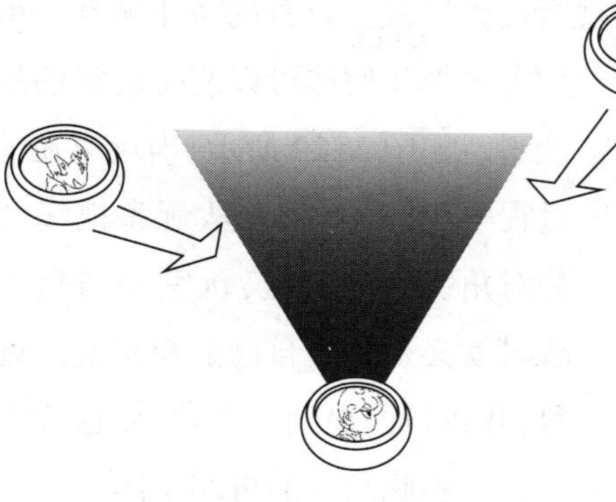

图 2-26　中级接近向量

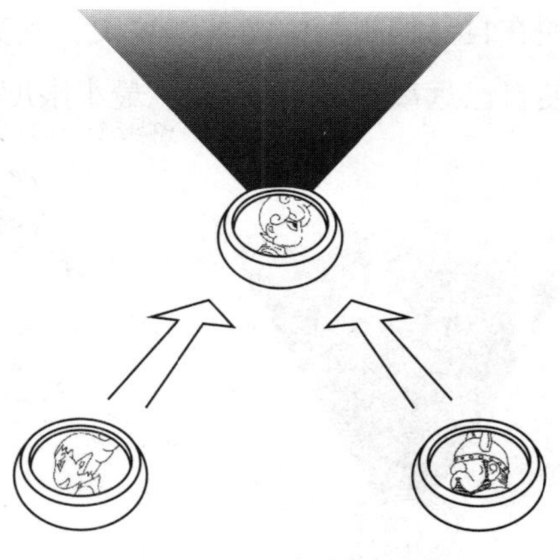

图 2-27　最困难的接近向量

在生活中,我们总是通过重复猜测——观察——更正的办法来解决问题,这种方式自然而近乎本能,我们很少注意或反思它。比如我们要拿桌上的一杯水,就得移动手,观察它所在位置,然后更改移动向量以拿到水。在达到目标之前,这个过程每秒都会发生多次,速度快得难以觉察。

在游戏中,我们越是要求玩家更改所在位置或视线,玩家就越需要执行大量矫正循环。而矫正循环次数越少,玩家就越容易直达目标。假如目标突然对玩家作出回应,并且试图通过扫射而逃脱,玩家就需要极大更正自己的猜测,考虑更多可能性,因此就增加了游戏难度。

在开放空间中,玩家有更多被敌人夹击或接近的可能性,但同时也有许多脱险的机会。在图 2-28 中,玩家的优势在于所掌握的逃脱向量要多于敌人的接近向量。

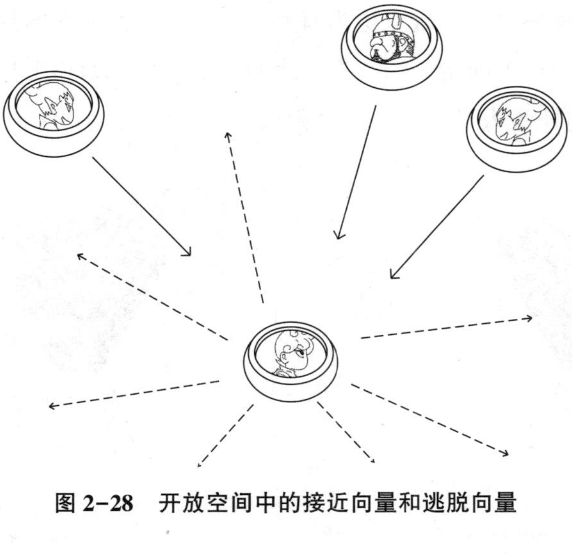

图 2-28　开放空间中的接近向量和逃脱向量

在多数情况下,玩家在第一人称视角的游戏中会首先调整自己的所处位置,以便将大量敌人尽收眼底。回想我们自己玩 *CS* 的经验就会发现,玩家通常习惯于后退,以便在自己的视野中能看到敌人。改变所处位置是优于改变视野的策略,因为后退能够使自己远离对方视线,也能最小限度地改变视野位置以减少自身的矫正循环。引入特定水平几何体可以改变玩家的战略计划。如图 2-29 所示,当玩家在前行过程中,有两个敌人从玩家视线之外的对角线方向接近,玩家要与敌人交战时就必须改变自己的视野或所处位置,并将自己逼到一个角落,这样等于减少了逃脱敌人的可用空间。

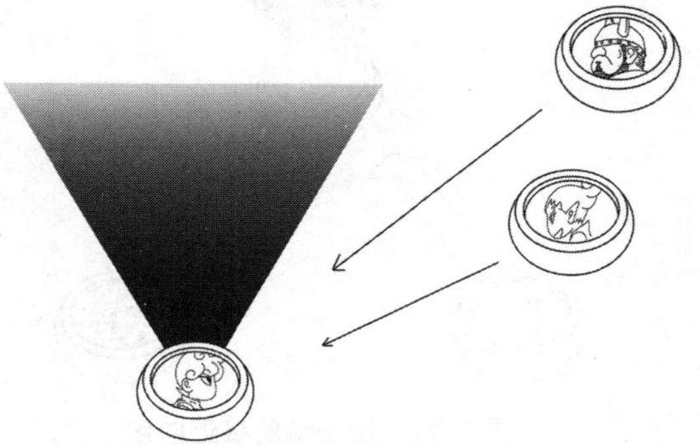

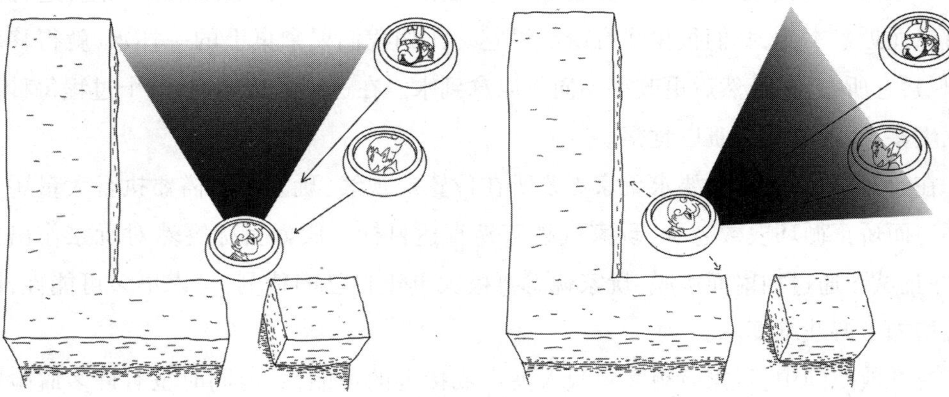

**图 2-29 地形对于玩家的影响**

迫使敌人穿过障碍总会对玩家更为有利。图 2-30 的玩家更具有战略优势,因为玩家有两个可监视的接近向量。当只有一个敌人时,他可以使用任意一个接近向量作为逃脱向量,从而迫使敌人进入另外一个障碍。

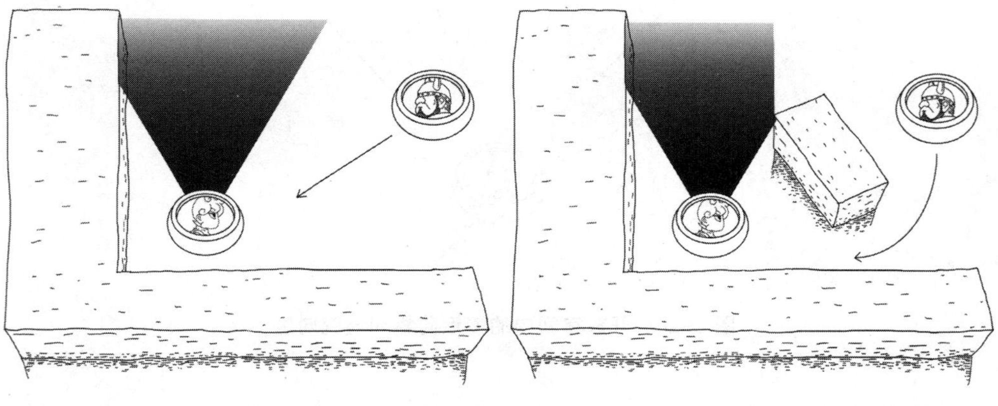

**图 2-30 玩家处于有利局面的情况**

利用空间中同一水平的几何体进一步转换，如添加额外障碍（图 2-31）等会对玩家造成不利局面，因为此时有更多可能的接近向量，从而难以兼顾（敌人可能在各个方面出现）。

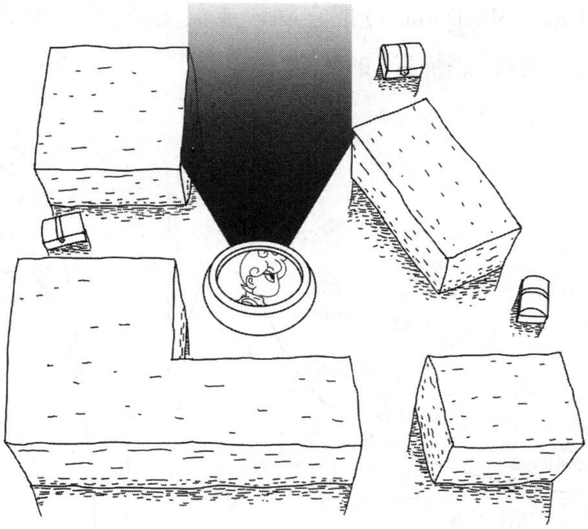

**图 2-31　玩家处于不利局面的情况**

高度元素也会影响空间度量。虽然玩家所拥有的逃脱向量较为有限，但图 2-32 中所描绘的高台却有利于玩家扫射处于较低位置的敌人。而玩家靠近这个高台边缘时，他们对自己上方位置的视野就会极大受阻，要想改变这种不利条件，唯一可行的方法就是后退。而越是后退，就越容易撞上敌人的枪口，因为此时敌人瞄准玩家开火所需的矫正循环次数会越来越少。

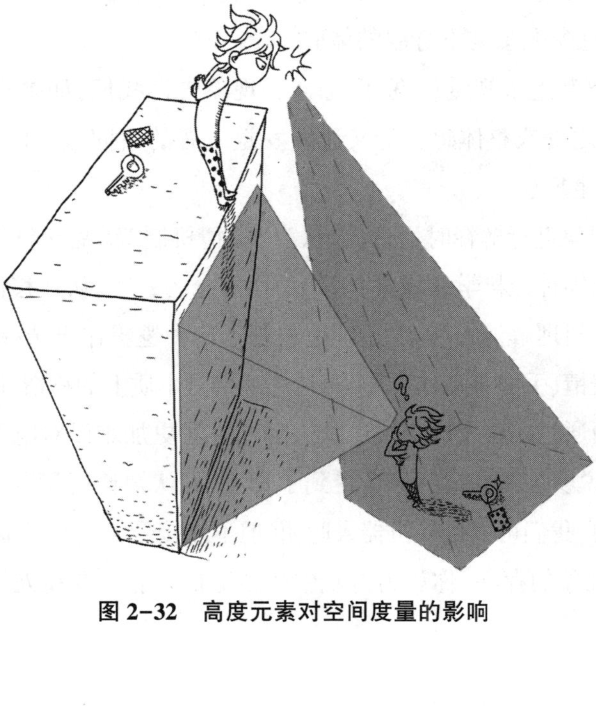

**图 2-32　高度元素对空间度量的影响**

3.恐怖谷

1970 年,日本机器人科学家森政弘(Masahiro Mori)发表论文提出了恐怖谷(Uncanny Valley)理论(图 2-33)。其后数十年都没有在日本之外受到关注。直到 2005 年卡尔·麦克多曼(Karl MacDorman)把它翻译成英文,它的影响力才扩展到更多领域,也促使更多人投入到对"恐怖谷"的研究。

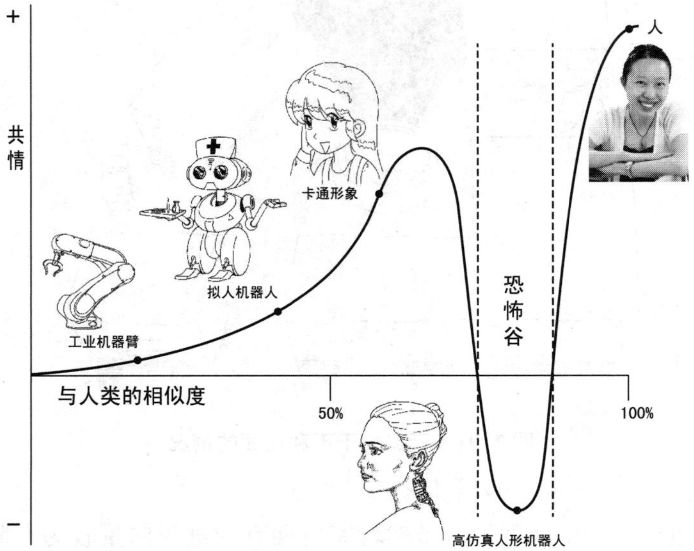


图 2-33 恐怖谷理论

对于恐怖谷现象我们并不陌生,2001 年的《最终幻想:灵魂深处》拖垮了 Square 公司,2004 年的《极地特快》票房惨淡,或许真的是电影里使用电脑特技制作出的形象吓跑了观众。不仅在电影界如此,在游戏中,我们也有过觉得《哈利波特》系列游戏或《鬼武者》中的角色令人感觉不舒服的体验。

我们固然在不断追求视觉仿真,但恐怖谷现象告诉我们,如果把虚拟角色做得太像人类,但在细微之处或整体感觉上又让人发觉二者的不同,这种时候就可能会使人觉得诡异,进而产生反感。

在对恐怖谷现象进行解释时,研究者认为"移情机制"错乱现象是导致恐怖谷出现的原因之一。在认知神经科学领域,移情作用通常分为三类:认知移情、运动移情、情感移情。认知移情是指理解他人观点,了解他人基于何种逻辑作出选择的能力;运动移情是指人模仿他人表情、手势等动作的能力;情感移情是本质上的移情,即与他人感同身受的能力。麦克多曼通过实验发现当被试跌入恐怖谷时更加难以对电脑合成角色的情感状态作出判断,这说明被试的情感移情受到了抑制,而认知移情和运动移情活动则均表现正常。换句话说,我们可以接受机器人聪明,但不能接受它们有感情。

介于恐怖谷现象的存在,你认为游戏中的视觉仿真有必要在人类角色的仿真上有所顾虑吗？或者说，游戏中的恐怖谷要如何避免？

即使单纯谈论人工智能（Artificial Intelligence，AI），创建一个出色的AI也异常困难。不但制作一个符合最低标准的AI很难，即使真的设计出一个极为智能的AI也并不意味着它就是一个优秀的AI。无论是希望在游戏中体验角色扮演还是追求挑战的玩家，都不希望面对一个自己完全没有胜算的对手。如果玩家不能从AI中获得乐趣，那么它编写得再好也不会有游戏应用价值。如果玩家认为AI太随机或太愚蠢，那么这个AI设计也是失败的，因此，单纯靠随机的AI是很难成功的。

因此，我们要降低AI的随机性。当然，我们还要注意在让AI降低随机性的同时，让AI保持一定的预见性和突变性。是在战斗开始的时候通过玩家的数值确定所有AI单位的进攻强度，还是AI每回进攻的时候就制作一个随机强度？这是值得开发者考虑的，但最终选择哪种方式则要取决于游戏目标以及设计师想要游戏呈现的感觉。

优秀的AI一般都不笨，那我们又该如何制作“聪明”的AI？从玩家的角度考虑，我们需要的是看起来简单但又有过人之处，然而在某些方面又有漏洞可寻的AI，而非各个方面都无懈可击的AI。AI是游戏开发中少数几个崇尚简捷的环节之一，目的通常是让AI尽量快速地执行简单的任务。而神经网络和基因算法等高级AI技术极为强大，甚至可以模拟人类，但并非每个游戏都适用，控制不好反而会成为败笔。

## 二、听觉系统

我们在对世界的体验中，听觉与视觉起着相互补充的作用。尽管我们对进入视野中物体的视觉辨认优于听觉，但往往我们在看见相应的刺激之前就已经听到了它的声音，尤其当声音从我们身后或不透明物体的另一侧发出时。

物体振动时产生的能量传递到周围介质中，推动介质中分子前后运动，导致正弦波从振动物体上扩散出去。正弦波的两个基本物理属性决定了声音的形式：频率决定音高，振幅决定响度。而反映复杂声波成分的音色则能使我们区分声音究竟来自钢琴还是口哨。

尽管我们无法像蝙蝠和海豚那样回音定位，却可以通过对到达每只耳朵的声音的相对时间和强度进行测量，并依此来判定物体在空间中的位置。

在很多游戏中，尽管视觉要素仍然占据最重要的地位，背景音乐和音效也同样不可忽视，尤其是恐怖游戏或其他需要依靠声音进行气氛渲染、位置判定和预警的游戏，声音元素更是格外重要。2013年，Pixel Heart出品了一个名为《消逝》的IOS游戏，让玩家置身于一个没有光的世界，利用IOS的重力感应器，指南针和触屏作为交互手段。玩家在游戏时摇晃手机作为攻击，通过指南针调整方向，滑动屏幕向前走。这款游戏本身虽然较为简单，但却是与以往游戏截然不同的尝试，因为它缺乏视觉要素的支持，使所有关于这个游戏世界的事物都只存在于玩家的想象中，它带来的是沉浸感的缺失还是更投入的游戏体验呢？

（一）听觉注意

双耳分听任务（Dichotic Listening Task）是研究听觉注意的典型方法之一。被试戴着一副耳机，同时收听两条信息，每条信息各传入一只耳朵。要求被试复述两条信息中的一条而忽略另一条。

围绕双耳分听任务进行的研究发现，未注意信息中仅有少量信息得到了加工。被试在听完信息后，能够分辨出他们未注意的信息是噪声还是人声、是男声还是女声等极其有限的信息，此外不能听到的是哪种语言也记不住任何词汇。

选择性注意最有名的例子就是“鸡尾酒会效应”。即使人声嘈杂，我们仍可以与对面的人交谈，或有意偷听旁边人的谈话。这又回到了目标导向注意和刺激驱动注意的问题上，重要的刺激信息能够干扰我们的目标。当我们专心听某个人讲话时，如果在周围其他未注意信息中听到了自己的名字，就很难再把注意力放在原先的对话上。

（二）中枢瓶颈

在大多数情况下，我们一次只能追随一条思路，一次只能加工一个语言流，一次只能用一种方式移动双手，这种中枢认知中的瓶颈被称为中枢瓶颈（Central Bottleneck）。

我们能否同时对两个数进行乘法和加法运算？我们来改造一下迈克·伯恩与约翰·安德森所做的实验（Byrne & Anderson，2001），在看到图 2-34 中数字串（比如“3 4 7”）之后你需要完成两个任务：

（1）判断前两个数字相加是否等于第三个数字，是举右手，否举左手。

（2）口头报告第一个数与第三个数的乘积。

| | |
|---|---|
| 3 4 7 | 2 7 8 |
| 3 3 9 | 5 2 9 |
| 4 1 6 | 7 3 4 |
| 2 3 5 | 3 2 6 |

**图 2-34　中枢瓶颈**

你会发现，同时处理这两个任务，你会花费比单独处理乘法或加法耗费更多时间，无论如何你都要选择一个任务先做，另一个任务后做。

在大多数游戏中，我们会使用双手操作。或者两只手操作手柄的按键，或者左手操作键盘右手操作鼠标。这种行为看似是在执行不同的行为，但其实都是在控制游戏人物的行为,因此在练习了一会儿之后我们就几乎感觉不到中枢瓶颈的存在。

2007 年 SCE 出品的 PSP 游戏《啪嗒砰》首开先河将节奏游戏与战斗结合在了一起。在亲身体验游戏之前我们会心存疑虑:有节奏地按键产生声音指令,观察我方与敌方位置并制定下一步策略,这两件任务真的可以完成吗?试玩一下你就会发现,游戏要求玩家在以 4 拍为节奏单位的时间内按键,再空闲 4 拍进行观察和战术制定,接着再次按键输入节奏,再空闲 4 拍进行观察和战术制定……游戏巧妙地避开了中枢瓶颈,但又强调短时间内不同形式的信息加工转换,既有难度又并非不可能完成。

在最近游戏专业的学生作业中,有同学在实验类似双手同时画方画圆的任务挑战,如果能够利用有效手段顺利通过中枢瓶颈,应该也会成为值得期待的作品。

在我们的生活中,骑自行车等任务当你学会之后就很少甚至不再需要思考也会骑,这种任务就是自动化加工任务。自动化加工任务极少需要中枢认知,且很难阻止。但当人们对某一特定刺激作出反应时,如果受到某种因素的干扰,被刺激者还是有可能难以集中精力作出正确的反应,这就是斯特鲁普效应(Stroop Effect)。在网上搜索“斯特鲁普效应”,试试看彩图中的文字,尽快说出每一个字的颜色,哪些容易读对,哪些容易读错?

### (三)游戏中的声音

游戏中的声音能够对游戏产生很大影响,但通常声音都不是游戏中最受重视的元素。但同时,听觉很难被欺骗,如果声音做得不好,玩家便会很容易察觉。他们可能并不会明确意识到究竟是哪方面出了问题,却知道肯定有什么地方不对。与视觉感知相比,大脑可以对声音做更加彻底的分析,这使得玩家很难受到声音的欺骗。

声音能够不经觉察地将玩家的临场感通过听觉带到更为逼真和投入的心理层面,这就意味着脱离游戏情境的闭门造车并不能找到游戏中最能提升玩家感受的旋律,甚至还可能出现因理解偏差造成游戏缺乏声音的辅助而失去表现力。比如玩家突然从密室里逃出来的那一刻初见阳光的那种雀跃和安全感,或者身处一个萦绕着低沉痛苦的呻吟的阴暗空间时那种毛骨悚然的心慌,如果类似这样的极端感受被无限循环的单调背景音乐一带而过,这种违和感可以深刻到让玩家主动逃离游戏。①

为了证明这种影响,雷蒙德·亚瑟(Raymond Usher)进行了一项实验,比较研究参与者在有音频和无音频的环境下玩相同游戏的情况。参与者对游戏的生理反应被记录下来,包括呼吸波动、心率、呼吸频率和皮肤温度。图 2-35 显示的是两组被试在玩《失忆症:黑暗后裔》期间的心率对比。因为游戏过程中没有敌人也没有战斗,只有探索的内容,结果显示音频能够增加玩家在游戏中的沉浸度。

---

① 郑金条:《声效表达在游戏沉浸方面的影响力》,《程序员》2012 年第 6 期。

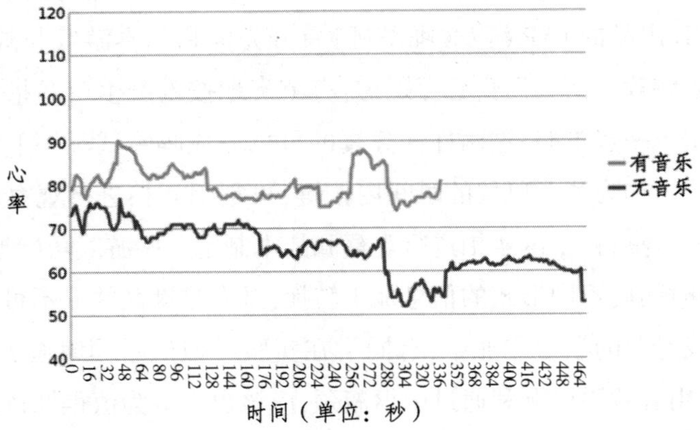


图 2-35 音乐对心率影响的对比

此外，在消费电子行业中有个极为著名的研究，通过单纯改变声音质量就能影响人们对电视画面的感受。研究者选取了两个完全相同的电视片段，只是音频效果不同而已。当被试被问及对视频质量的感想时，较多的人认为音频更好的电视更加好看。这个测试也可以应用到游戏中，检验是否可以通过改善音效来提升玩家对游戏图像的感受。

结合前文视觉仿真章节所提到的真实感设计，在听觉设计上，我们也可以制作真实感，比如当玩家生命值较少时，降低 3D 效果，应用低层次的过滤器，可以使玩家产生一种清晰度下降、视觉和听觉都越来越模糊的效果。

## 三、嗅觉和味觉

气味与鼻腔顶部的嗅细胞接触产生神经冲动，神经冲动再将嗅觉信息传递到位于感受器上方和大脑中前额叶下部的嗅球时，我们就闻到了气味。我们至今仍不能准确知道对于不同气味的感觉是如何产生的。

味觉感受细胞叫味蕾，大部分位于舌头上部，也有一小部分位于口腔内其他地方，舌头的不同区域对于不同味觉的敏感性是不同的。

在游戏中目前还没有对于嗅觉和味觉的实验，但嗅觉技术在多媒体时代已经不是新鲜事物了。不仅 4D 电影院引入了嗅觉设备，甚至早在 1960 年，伊丽莎白 · 泰勒主演的电影《神秘的味道》就已经引入了嗅觉元素。20 世纪 90 年代，美国 Digiscent 公司开发了一个名为 iSmell 的电子产品。只要把产品与电脑相连，当用户上网时，就可以根据屏幕图像闻到不同的气味。2008 年，荷兰 Philips 公司下属 amBX 公司开发了一项技术，将嗅觉引入游戏。他们在原有的 amBX 系统中，将触发点与外部产生气味的硬件设备相连，点击时可以产生气味，这样玩家就可以在《使命召唤》中闻到真的火药味了。不过，在房间里产生气味很容易，问题在于怎样让一种气味很快消散以便引入另一种气味。

## 四、肤觉和触觉

皮肤是一个多功能器官，除了保护我们免受表面损伤，保持体液，帮助调节体温，还具有能感受疼痛和冷热的神经末梢。

随着科技的进步，游戏硬件的发展越来越注重以提升感官刺激的真实度来营造游戏的沉浸感。在环绕立体声、头戴式3D显示器纷纷家用化之后，穿戴设备也越来越普及，已经有很多作品在想象能加深沉浸体验设备的存在了。

比如刘慈欣的科幻小说《三体》中，就描述了游戏玩家穿戴一种名为“V装具”的设备进行游戏的场景：“汪淼敲门，门没锁，开了一个缝，他看到申玉菲正坐在电脑前玩游戏，令汪淼惊奇的是她竟穿着一套V装具。这是目前在游戏玩家中很流行的玩意儿，由一个全视角显示头盔和一套感应服构成，感应服可以使玩家从肉体上感觉到游戏中的击打、刀刺和火烧，能产生出酷热和严寒，甚至还能逼真地模拟出身体暴露在风雪中的感觉。……荒朦依旧，但V装具感应服中的压缩机咝咝地启动了，汪淼感到一股逼人的寒气。”

“V装具”的设想体现了玩家对于游戏深度沉浸和真实感的需求，这或许是未来游戏发展的一种趋势。

## 五、前庭觉和动觉

前庭觉和动觉并没有像眼睛、耳朵、鼻子这样可以直接看到的感受器，但也是我们不可或缺的感觉。前庭觉告诉我们身体——特别是头部如何根据重力作用确定方向。内耳迷路中的球囊和小囊负责直线上的加减速运动，三个相互垂直的半规管能够告诉我们正在哪个方向上移动。

动觉为我们提供运动过程中身体状态的反馈信息，精确地告诉我们当前身体各部分位置和相互关系的信息，帮助我们协调很多自主的运动。

很多移动设备的重力感应装置其实就是前庭觉的仿生设计，利用重力感应，我们可以依靠倾斜设备和摇动设备进行游戏操作，比如非视觉游戏《消逝》。不仅如此，Wii的衍生设备Wii Fit也是类似的仿生产物。它是一个压力感应型平衡板，四方形类似鱼鳞状，看起来很像白色的家用小体重秤。玩家站在上面，配合相应的游戏，就可以做俯卧撑、跳舞、玩呼啦圈等，甚至可以在它的指导下练习瑜伽。它将游戏和健身很好地结合在一起，是上班一族可选择的便利运动器材。

## 六、感觉适应

我们的每一种感觉都是持续而活跃的，但我们会发现，当刺激没有变化时就会出现感觉适应。嗅觉感受器的感觉适应发生得最快,进入厨房时我们可能会对油烟味感到不适应甚至难以待在里面,但在里面做饭的人却好像根本闻不到那些浓烈的味道。同样,在你聚精会神进行游戏操作时,你可能不会分心注意游戏音乐的旋律,但一旦它停止或变化,你就会很快意识到。当你或坐或站阅读本书时,压力和触感一直存在,但如果别人不说,我们是不会注意到的——当我们有意识地将注意力集中于特定的感觉时,会排除对其他感觉的注意,我们大脑对输入的感觉信息有选择和转换的能力。

## 七、心理物理学

对于我们本身习以为常的感觉系统而言,其自身存在不同的限制。因此,我们需要测定导致感觉发生变化的绝对最小物理量是多少,即需要测量感觉体验的强度。德国物理学家费希纳(Gustav Fechner)提出了心理物理学的概念,并提出测量物理刺激强度(用物理单位测量)和感觉体验大小(用心理单位测量)之间关系的方法(Fechner,1860)。这一测量方法对所有刺激(光、声、味、触等)都是一样的:研究者可以确定阈限并建立感觉强度和刺激强度之间关系的心理量表。

### (一)绝对阈限

感官能够觉察到的最小刺激量是多少,可以用刺激的绝对阈限——产生感觉体验需要的最小物理刺激量来解答。我们都曾经测查过听力,这就是一种绝对阈限测验。

绝对阈限研究的结果为心理测量函数(Psychometric Function):表示每一种刺激强度(横坐标)下刺激被觉察到的百分数(纵坐标)曲线。图 2-36 就是典型的绝对阈限心理测量函数。

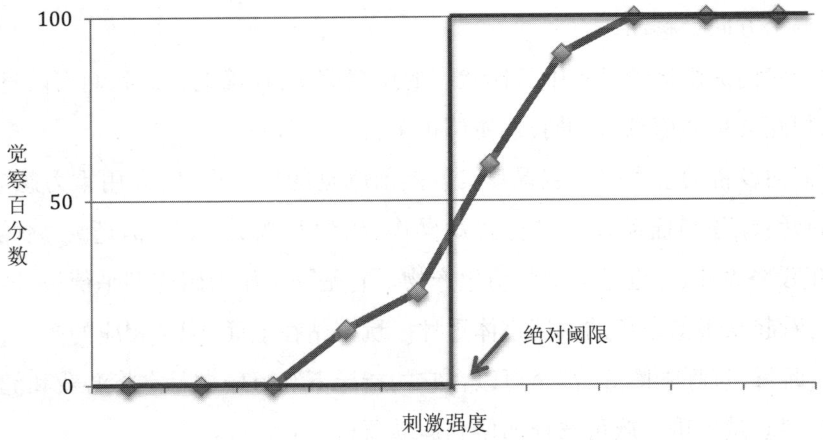


**图 2-36 绝对阈限心理测量函数**

不同感觉通道的阈限可以通过调整刺激强度来测量。表 2-1 为不同感觉通道对几种熟悉的普通刺激的绝对阈限。

**表 2-1　感觉阈限列表**

| 感觉通道 | 觉察阈限 |
|---|---|
| 视觉 | 晴朗夜空里,9 米左右一支点燃的蜡烛 |
| 听觉 | 安静环境中,6 米左右手表的滴答声 |
| 味觉 | 一勺糖溶解在 9 升水里 |
| 嗅觉 | 一滴香水扩散到 3 室 1 厅的房子中 |
| 触觉 | 一只蜜蜂的翅膀距脸颊 1 厘米处落下 |

### (二)知觉防御

人与人之间在感觉的绝对阈限上是有差别的,即使在同一个人身上,感觉阈限也会随时间和环境的变化发生变化。一个饥饿状态的人在进行词语辨认时,会辨认出更多与食物相关的词语。同时,情感因素也会成为重要的影响,这种对不良刺激的阻抗称为知觉防御(Perceptual Defense)。实验显示,当被试对速示器呈现的字词进行辨认时,辨认脏字比辨认中性词所需的时间要长;情绪好的新生儿母亲比情绪压抑的新生儿母亲在辨识与怀孕、出生以及孩子有关的词汇时所需的时间较少。人的信息加工并不总是在同一水平上进行,当遇到可能引起焦虑、不舒服或烦恼的信息时,人会采取某种知觉防御。

### (三)阈下知觉

任何低于正常意识阈限的知觉信息加工都被称为阈下知觉(Subliminal Perception)。前面提到的情绪引起知觉阈限变化就是一种阈下知觉现象。在对阈下知觉研究的实验中,被试需要对屏幕上出现的人物图像的感觉进行描述。而在人像出现之前,屏幕会以极快的速度在被试来不及辨认清楚的前提下闪现图像,图像中有令人舒服的图像(比如美丽的花朵),也有令人不舒服的图像(比如脏乱的垃圾桶)。在接受了不同的信息刺激之后,观看舒服图像的被试对随后出现的人像评价多为正面,而观看不舒服图像的被试对随后出现的人像评价多为负面。

20 世纪 50 年代,以阈下知觉为基础的阈下说服技术一度成为广告界的热门话题。美国新泽西州的一家电影院经理声称,他们在电影中每隔 5 秒就以 1/3000 秒的速度闪现“吃爆米花！喝可乐!”等文字广告,在观众意识不到的情况下进行阈下说服广告。广告连放 6 周后统计结果显示,爆米花和可乐的销量分别提高 57%和 18%,这一结果造成了人们的恐慌,有些州甚至快速通过法案禁止使用“不可见广告”来控制人们的行为。

而几年之后,报道者承认他们的报告从头到尾都是编造的,目的是为了夸大自己广告的影响作用。后来的众多实验陆续证明阈下广告基本是无用的。控制完好的实验结果证明,阈下知觉是存在的,但阈下刺激都是很弱的刺激,其效应也有限。

即使如此,人们对于阈下说服的迷信也未停止。2000 年美国总统竞选时,在支持共和党的广告中,民主党(DEMOCRATS)中“胡说”(RATS)被轻微加亮,希望能暗示观众把民主党和胡说联系起来。结果布什代表的共和党竞选胜出,这或许又让人对阈下说服心存期待了。

## 第三节 游戏中的感觉应用

### 一、认知地图

表象是在没有外在知觉信息来源的情况下,对类似知觉信息的加工。[①] 表征是指信息或知识在心理活动中的表现和记载方式,表征是外部事物在心理活动中的内部再现。[②]

我们对世界的表象、表征就构成认知地图(Cognitive Maps),在认知地图中可以明显展现出表象与行动之间的联系。比如计划从 A 地到达 B 地,我们经常会发现自己在想象周围的环境。我们在大脑中可以得到行进图(Route Maps)和俯瞰图(Survey Maps)。在游戏中,如果 NPC 告诉我们要去找铁匠需要出门左转,走到第二个路口右转……这时玩家可以依照指令找到铁匠,但并不知道铁匠铺到底在哪里,而游戏中提供的俯瞰图则会帮你构建视觉表象。

当我们需要把多种不同的空间表征结合在一起时,寻路的难度也随之增大。我们经常会需要将自己看到的空间——自我中心表征(Egocentric Representation)与物理地图——他我中心表征(Allocentric Representation)结合起来。一起做个游戏,回答问题:

(1)蓝色圆圈在你前方,黄色圆圈在你右侧,黄色方块在黄色圆圈右侧。那么黄色方块在你右侧吗?

(2)蓝色三角在绿色方块的左侧,绿色方块在黄色三角的上方,黄色三角在红色圆圈的右侧。那么,蓝色三角在红色圆圈的上方吗?

在游戏中我们很少看到如此直接的信息,但自我中心表征与他我中心表征不同的表达会对玩家的关注点产生影响——关注自身,还是关注全局?

---

① 〔美〕约翰·安德森:《认知心理学及其启示》,秦裕林、程瑶、周海燕、徐玥译,人民邮电出版社 2012 年版,第 101 页。

② 〔美〕约翰·安德森:《认知心理学及其启示》,秦裕林、程瑶、周海燕、徐玥译,人民邮电出版社 2012 年版,第 116 页。

## 二、用户界面

用户界面(User Interface,UI)是用户与电脑之间的沟通桥梁,负责传输二者之间的信息。设计师通过 UI 输入信息,又通过 UI 获得反馈。

用户界面分为叙事化和非叙事化两类。叙事化是指包含在游戏世界中的界面,可以被游戏角色看到和听到,比如《死亡空间》中的全息界面;非叙事化是指游戏世界之外的界面,只能被现实世界的玩家看到和听到,比如平视显示器(Head Up Display,HUD)。

早期游戏对于 UI 的考虑是很少的。最早版本的 *Pong* 甚至连双方比分都不会显示,这对游戏玩家来说极为不便。发现这个问题之后,设计师很快进行了改进,将 HUD 整合到升级的游戏中。HUD 是从军事领域起源的技术,旨在将重要的战术信息显示在战斗单位正常观察方向的视野范围内,既不影响战斗单位对于环境的注意,也不需要战斗单位转移视线去专门观察仪表板上的指针和数据。游戏设计师借鉴这个概念,把与游戏相关的信息以类似 HUD 的方式显示在游戏画面上,让玩家可以随时了解最重要、最直接的内容。虽然在游戏中,玩家获得信息可以有别的方式,比如菜单,有专门的界面,可以容纳更大的信息量,却不能和游戏画面同时出现。调出菜单意味着中断游戏进程,HUD 则在提供必要信息的同时避免了中断的问题。

传统的 HUD 设置是尽量保持 UI 的透明度,让玩家可以充分沉浸到游戏中。近年来有很多游戏制作者认为应该摆脱传统的 HUD,将界面放入游戏世界。但能不能抛弃传统的 HUD,其实很大程度上取决于游戏的类型。

2008 年 Ubisoft 出品的《孤岛惊魂 2》是在界面叙事化取得极大进展的 FPS 游戏实例(图 2-37)。《孤岛惊魂 2》中使用的主要叙事化方法是让游戏内置道具与 HUD 界面关联,比如通过手表来呈现时间,通过 GPS 和实体地图来完成导航。需要注意的是,即便地图在游戏世界中被实物化,上面的图标和指示器的移动却仍然是以游戏玩法为基础的。同时,游戏中也有用传统的非叙事 HUD 来展示弹药、生命值等内容,与其叙事化界面相结合。这个 HUD 非常传统,但这些不受玩家控制的非叙事元素通过淡入和淡出的呈现方式使其干扰性降至最小。《孤岛惊魂 2》所呈现的问题其实是 FPS 游戏中玩家需要更大视野面积与界面占用面积之间的矛盾。同时,镜头无法支持以叙事化方式呈现某些元素,尤其是在科幻现实主义题材游戏中,制作 100%叙事化界面的游戏似乎是难以实现的。

图 2-37 《孤岛惊魂 2》

2008 年 EA 出品的《死亡空间》是全叙事化界面实例(图 2-38)。与多数游戏相比,《死亡空间》有个明确的特征:所有界面元素都位于游戏世界中。游戏界面使用的是经过大量修改的传统 HUD 系统,通过玩家所控制角色的太空服产生的全息图像被嵌入到游戏中,在这个解决方案里,界面不仅可以被玩家所见,同时也可以为游戏角色所见。由于过肩镜头的特殊视角,可以将健康值设计成一条顺着人物脊柱的管道,玩家随时可见,很适合叙事化第三人称游戏。使用玩家化身作为背景,在上面绘制 UI 元素,这是一种改善沉浸感的绝妙方法,但对场景和第三人称镜头有很大依赖性。《死亡空间》利用其科幻场景来让界面得到合理的叙事化呈现,但仍然是以非典型的方式呈现典型的 UI。毕竟所有的界面元素还是传统的 HUD,只是将它们加以合理化运用,并没有真正改变传统设计方式。

图 2-38 《死亡空间》

2004 年暴雪出品的《魔兽世界》率先了发布 UI 代码供第三方使用，如图 2-39 所示。游戏不仅允许玩家在屏幕上移动各种 UI 窗口，还允许创建新的 UI 元素，甚至是那些默认 UI 所无法显示的全新数据。暴雪开创了庞大的“插件”系统，帮助玩家根据具体的目标来创建独立的 UI 元素。自定义界面显著提高了玩家对传统 HUD 元素的容忍度。占用游戏画面、充满干扰性的非叙事化界面反而帮助玩家更好地完成了任务，玩家的沉浸感被排除在界面设置的考虑之外，《魔兽世界》的案例值得研究沉浸形式的开发者深思，实践证明玩家更喜欢这种看似乱糟糟的界面，而不是简单的默认界面。

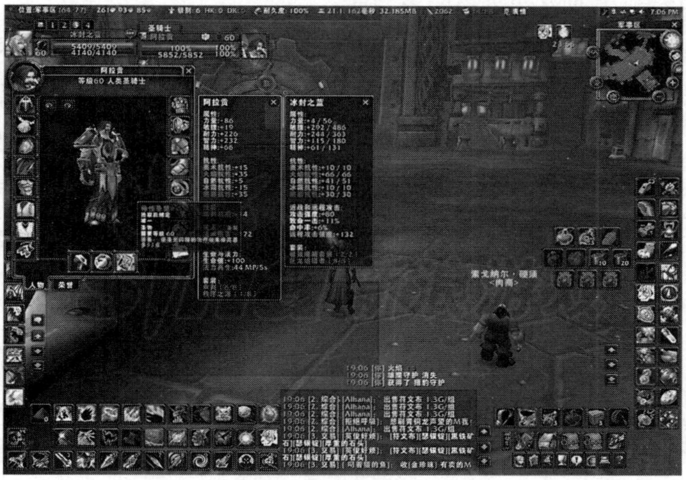

**图 2-39　《魔兽世界》**

另一个值得探讨的问题是透明化用户界面到底是不是必须的？有人认为标准的 HUD 界面设计法阻碍了玩家融入游戏世界，也有人认为没有 HUD 界面设计，玩家将无法及时获得有效信息，HUD 并不会损害用户黏性，反而会帮助用户更加理解和融入游戏世界。这两个极端之间还有一个中间观点，认为游戏用户界面的设计目的是把必要信息以明确统一的方式传递给玩家，同时使用户界面美观易读，与游戏环境融为一体。①

卑尔根大学高级讲师乔根森（Jorgensen）以四种类型的游戏（《暗黑破坏神 2》《模拟人生 2》《孤岛危机》《命令与征服 3：泰伯利亚战争》）为核心，研究了 22 名玩家对相关游戏用户界面的态度后发现，游戏界面的接受程度与个人的偏好和游戏类型有关。一些类型的游戏允许玩家把 HUD 当成故事情节的一部分，属于客观存在于游戏环境中的事物。未来游戏和科幻主题游戏通常允许玩家将 HUD 当成人物在科技发达的世界能够看到的东西。而在其他类型的游戏里，玩家就很难将 HUD 理解成虚拟环境的

---

① Marcus Andrews：*Game UI Discoveries*：*What Players Want*，http://www.gamasutra.com/view/feature/4286/game_ui_discoveries_what_players_.php.

一部分，如战略类和模拟类游戏。在《模拟人生 2》中，大部分玩家只把用户界面组件当成为玩家提供信息的工具，而不是游戏人物能感觉到的东西。

其实，用户界面的存在并不会彻底破坏玩家对游戏的沉浸感和参与感。游戏世界并不像电影、小说之类的传统虚拟世界。因为游戏世界是交互的，游戏世界针对特定玩法而设计，玩家对游戏环境有其他期待，不同于玩家对电影或文学作品的期待。玩家如此容易接受用户界面的原因是电子游戏当中不存在"第四堵墙"①，这意味着游戏用户界面设计者不必太担心覆盖于游戏世界之上的用户界面和可视组件与游戏环境在视觉上的不相融，从而破坏玩家的参与感。

探讨用户界面应该如何在游戏中体现，还必须考虑游戏类型和特殊的游戏机制。在 FPS 游戏中，把 HUD 整合为游戏人物服装的一部分比较容易被玩家接受；而在大型多人网游中，如在公会活动和玩家与玩家对战(PvP)情况下，因为查看许多实时操作至关重要，所以大量信息界面可能更合适。用户界面融合度会提升游戏的易用性，用户界面可以为玩家与游戏世界的互动提供更多的选择，而不是消除玩家的沉浸感。

## 思考题

1.二元论在游戏中有哪些应用？

2.我们在玩《连连看》《找你妹》等游戏时所经历的信息加工过程是怎样的？什么因素会影响玩家的游戏速度？如何进行难度的平衡设计？

3.神经系统的结构是怎样的？

4.玩家在恐怖游戏中的经历和感受是怎样的？

5.有时间限制的游戏会给玩家造成怎样的影响？

6.男性与女性的大脑存在哪些差异？

7.在游戏中，你阅读文本的习惯是怎样的？

8.游戏中是否存在恐怖谷现象？

9.游戏中如何提升声音的真实感？

10.不同类型游戏的用户界面设计有哪些侧重？

---

① 第四堵墙是由戏剧表演引申而来的，指想象中的"墙"。

# 第三章　游戏即学习

**本章要点**

1.行为主义心理学的基本概念和发展

2.游戏中的失误与学习

3.游戏中的强化计划

4.游戏玩家的行为塑造

5.游戏化学习的实现方法

**关键术语**

行为主义、学习、记忆、严肃游戏

《超级马里奥》(图 3-1)是游戏史上的经典之作,我们都记得第一次踩到敌人,第一次顶碎(多年以后我才知道其实是用拳头打碎)砖块时的快乐,也记得为了通过某一个难关而付出数次甚至百次努力的艰辛。而当我们掌握了规律和技巧之后,这些难题就不再是难题,因为我们“习得”了这种情境下解决问题的方法。这是一种典型的“试误学习”,相比传统教育观点强调的“努力学习”“用心记忆”,这种学习并不强调学习者的主观学习意愿,而是将学习行为变得更加系统和“隐蔽”,游戏化的学习借由我们自己发现问题进而解决问题,在此过程中的种种努力和思考,都可以为我们带来更深刻的领悟和记忆。

2013 年,卡内基梅隆大学博士汤姆·墨菲(Tom Murphy)编写了一个可以玩通《超级马里奥》前两关的人工智能程序,它的算法是机器学习的一种。墨菲通过记录游戏主机内存在游戏中的变化,以提升游戏分数为目标,训练人工智能作出正确的选择。从掉落陷阱碰见敌人,到吃蘑菇变大、吃花发子弹,从只知道“勇往直前”不知道绕过障碍,到发现可以“用头干掉敌人”的 bug,人工智能的迭代就像在重复我们人类玩游戏的经验一样。它甚至会在玩《俄罗斯方块》即将失败的时候暂停游戏,用它认为最

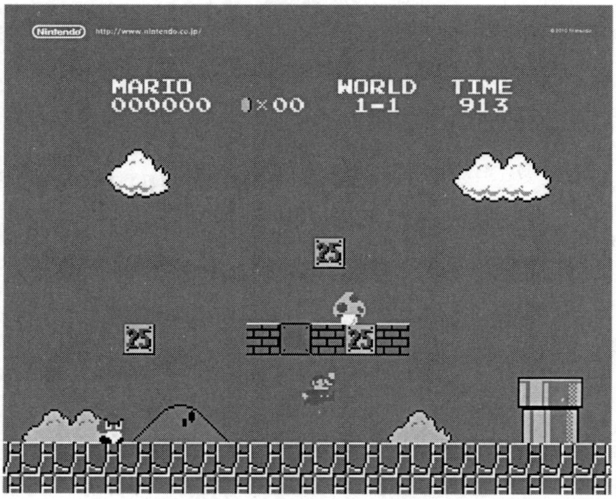


图 3-1 《超级马里奥》

好的方式——耍赖——来避免失败。①

如果机器和人类一样能够思考和学习，笛卡尔会不会陷入思辨“我思故我在”的深渊？

幸好，在进行《超级马里奥》游戏的时候，我们和机器都不会思考“我是谁？”之类的终极问题，我们思考的只是如何获得更长的游戏时间，获得更高分数和评价，获得更大的满足感。实际上，这就是我们下面要研究的“行为主义”。

# 第一节 行为主义心理学

## 一、行为主义的历史背景

科学心理学诞生之后，一直把意识作为研究对象。但围绕着意识所展开的各心理学流派之间的争论对解决当时社会问题完全束手无策，对意识心理学不满的心理学家开始对此进行深入反思。威廉·麦独孤(William McDougall)在 1905 年出版的《生理心理学》一书中，把心理学定义为一种“生物行为的实证科学”，在之后的《社会心理学导论》中，再次重申“心理学一定要成为行动或者行为的实证科学”。在意识心理学的危机之下，行为主义在 1913 年的美国诞生并迅速遍及全球，成为一个重要心理学流派，被称为西方心理学的“第一势力”。尽管行为主义的创始人约翰·华生(John Watson)反对哲学，拒绝以任何形式的哲学作为自己理论的哲学基础，但实际上，机械唯物主义、实证主义和实用主义哲学都对行为主义有着深刻的影响。

① 优酷搜索视频：人工智能玩任天堂经典游戏。

## 二、行为主义心理学创立

行为主义心理学的诞生是以华生 1913 年发表的《行为主义者心目中的心理学》为标志的。

“在行为主义者看来,心理学纯粹是自然科学的一个客观的实验分支,它的理论目标就是预测和控制行为。内省并不是其方法的主要部分,其资料的科学价值也不依赖于这些资料是否可以运用意识的术语来解释。行为主义者努力想把动物的反应纳入一个统一的系统,证明在人与动物之间并无分界线。”“人的行为尽管有其细致性和复杂性,但也仅仅是行为主义者总研究的一部分而已。”(Watson,1913)这段话既界定了心理学的性质,又规定了心理学的研究对象:

(1)心理学是纯粹的自然科学。

(2)心理学的研究对象是行为,可以从外部公开观察。

(3)人类行为与动物行为都是心理学的研究对象。

### (一)习惯化

华生认为:“人格是我们习惯系统的最终产物。”

习惯化是基于经验的学习方式,是通过经验改变思维方式的方法。习惯化是最简单的学习形式,即由于重复暴露在刺激环境中,而造成对该刺激反应倾向的降低。这是一种非常重要的学习方式。如果我们无法习惯任何事情,那么即使是打呵欠、打嗝之类的事情也会成为我们生活中令人惊恐的事件。

习惯化是非常有用的适应机制,它让我们注意到新鲜事物,确认其是否会对自己造成伤害,以及如何应对这个新鲜刺激。如果这个新鲜事物反复出现,并且毫无危险,人们就不会再注意它,而危险的刺激则会持续吸引人们的注意。心理学家理查德·所罗门(Richard Solomon)提出的对抗作用理论(Opponent-Process Theory)指出,如果一种刺激引起了一种强烈的情绪,那么在这种刺激结束时,就会出现一种相反的情绪后效应。根据这一理论,当一个刺激反复出现时,人的反应会减弱并出现习惯化。

回想一下你在诸多游戏中的体验吧,一个新出现而又面貌凶恶的 NPC 总会让你第一时间就注意到。面对这个新鲜刺激的时候,你往往不会贸然上前:有的人会做好战斗准备然后再跑过去尝试,有的人干脆在攻略中找答案或与其他玩家交流经验。而一旦确认这个 NPC 并不存在危险时,这个刺激就仿佛消失了。这就是游戏中的某些更新让玩家无法觉察的秘密所在,换言之,如果你希望玩家注意到某些新的要素,就要把新刺激放在新的位置或设计成危险元素;反之,如果你不希望玩家那么容易发现某些元素,最好的办法就是把它放到那些玩家早已习以为常甚至不再理睬的对象中去。

### (二)一打婴儿

华生还有一句广为人知的名言:“给我一打健康的小孩和合适的条件,我可以把他们培养成任何人:医生、律师、艺术家、企业家,甚至乞丐和小偷,而无须考虑其天分、倾向、能力、祖先的职业与种族。我承认这超出了事实,但是持相反主张的人已经夸张了数千年。”(Watson,1930)华生的最后一句话在引用时总被忽略,这让他看起来比事实上更加激进。实际上华生早年并不否认本能,但随着研究的深入又完全否认了本能。在他看来,遗传的只是身体结构而非心理特质,所谓能力、才能、气质、性格等,都是后天训练的结果。

作为极端平等主义者,华生认为个体的差异源自受到的不同教育和待遇。在他1928年出版的《婴儿和儿童的心理学关怀》中,他倡导了一种行为矫正式的儿童养育体系,把孩子当作机器一样训练、塑造和矫正。华生认为对待儿童要尊重,但是要超脱情感因素,以免养成依赖父母的恶习。这本书改变了美国整整一代儿童的养育实践,包括他自己的孩子,都是在这种教养实践中长大的。他的一个儿子对华生的描述是这样的:“没有同情心,情绪上无法沟通,他不自觉地剥夺了我和我兄弟的感情基础。”就在华生在学术圈名声大噪之时,他痛苦的大儿子却背叛了行为主义,转而从事精神分析研究,成了精神分析学家。也许是童年情感匮乏得太严重,精神分析也未能拯救华生的大儿子,他曾多次自杀,后在三十多岁时自杀身亡。

至此,我们可以看出行为主义的观点其实极端却又有趣:

(1)强调学习的作用:一切都是经验的产物,人具有无限可塑性。

(2)反心理主义:沉迷在科学里,认为内在的东西都是不可见的、不科学的。

(3)生物种群不存在太大差异,由此得到一个研究方法:如果人与动物并无差异,就能通过研究非人类动物的学习过程来研究人类的学习过程。

行为主义扩大了心理学的研究领域,却又缩小了心理学的研究范围,它强调“刺激——反应”的行为公式虽矫枉过正否认人性,但最终目的却是在于使心理学成为一门能预测和控制人类行为的“真正的自然科学”。

### (三)学习恐惧

1920年,华生和罗莎莉·雷纳(Rosalie Rayner)进行了一个实验,训练小阿尔伯特(Albert)害怕他原本喜欢的小白鼠。他们将小白鼠的出现与一个令人讨厌的东西——锤子敲击钢条所产生的噪声相联系,对有害噪声的无条件惊吓反应和厌恶情绪是小阿尔伯特对小白鼠的出现产生恐惧反应的基础。仅仅经过7次实验,小阿尔伯特的恐惧便形成了。当小阿尔伯特学会逃避恐惧刺激时,情绪条件作用便扩展到了行为条件作用,小阿尔伯特的恐惧后来泛化到了其他有毛的东西上,如兔子、小狗、圣诞老人的面具,甚至华生的白头发。不幸的是,华生和雷纳失去了同小阿尔伯特的联系,因此他们无法消除这种条件反射,我们也无法知道小阿尔伯特后来究竟怎样。(如果你在互联网上搜索相关信息,会发现有关小阿尔伯特身份的考据和争论)

(四)逆条件反射

1924 年,华生与玛丽·琼斯(Mary Jones)成功消除了一个名为彼得(Peter)的三岁幼儿对兔子的恐惧。这种方法被称为逆条件反射(Counterconditioning),是将条件刺激和能诱发与非期望反应不相容的反应相结合。在彼得这里,是将兔子(条件刺激)与牛奶、饼干相结合,点心产生了与恐惧这种条件反应不相容的愉快情感。最初,研究者把兔子放得离彼得远一些,使他的恐惧保持在较低水平,以免彼得因为对兔子的恐惧而学会对牛奶饼干的恐惧。随着实验的推进,研究者把兔子放得越来越接近彼得,最终彼得消除了对兔子的恐惧,开始喜欢兔子,甚至能让兔子坐在自己腿上,一只手和它玩,另一只手吃东西。这种程序的变式叫作系统脱敏,后来被设计用于调节成人的恐惧症。

## 三、经典条件反射:学习可预期的信号

如果你曾有玩恐怖游戏的体验,那么请你回想一下:当你随身携带的收音机发出沙沙声(《寂静岭》),当原本清晰的背景音乐(BGM)逐渐淡去,你就能意识到危险即将来临,要做好随时迎战的准备。与此同时,你会发现自己的心跳加快了,并且可能全身紧绷,呼吸急促。这正是因为你的身体已经以某种方式学会了应该产生的生理反应,这是一种由一个刺激或事件(声音的变化)预示另一个刺激或事件(怪物的袭击)到来的基本学习方式,即有机体学习在两个刺激——一个先前不能诱发反应的刺激和一个天生能诱发反应的刺激之间形成一种新的联想。

19 世纪初,俄国生理学家伊万·巴甫洛夫(Ivan Pavlov)用条件反射实验法研究大脑皮质的机能,创立了以条件反射形成为基础的高级神经活动学说,即“经典条件反射学说”。而这第一个严格的经典条件反射研究,其实是源于心理学史上著名的一次意外事件。

巴甫洛夫原本的研究方向是生理学,继研究血液循环和神经系统作用之后,他将研究方向逐渐转向消化系统。为了更好地进行消化系统的研究,巴甫洛夫发明了新的实验方法,不用被麻醉的动物做急性实验(实验完成后动物死亡),而用健康的动物做慢性实验,以长期观察动物的正常生理过程。当时巴甫洛夫正在通过慢性实验法研究狗唾液腺的分泌:在狗的唾液腺位置连接一根导管引出唾液,并用精密仪器记录唾液的分泌量。为了让狗分泌唾液,巴甫洛夫的助手会给狗提供食物,刺激狗分泌唾液。在实验进行一段时间之后,巴甫洛夫发现,狗起初是在吃进食物之后分泌唾液,随着实验的推进,它会在闻到食物或见到食物之后开始分泌唾液,到后来它甚至会在听到助

手开门的声音，甚至助手的脚步声时，就开始分泌唾液了。

敏锐而严谨的巴甫洛夫准确捕捉到了这个难以解释的现象，并开始针对这一现象进行严格的探索。当时著名的生理学家查尔斯·谢林顿（Charles Sherrington）曾劝告他放弃对这种“心理的”分泌进行愚蠢的研究，但巴甫洛夫认为这种“灵魂分泌液”比唾液的化学成分更加有趣，于是他改变了研究焦点，放弃了对消化系统的研究，结果却无意中永久性地改变了心理学的研究进程。

巴甫洛夫设计了一个简单而有效的方法来实验他的狗有条件地分泌唾液情况。在实验的开始阶段，他首先呈现给狗各种与分泌唾液无关的刺激，比如铃声。我们可以想到，如果只有铃声响起，狗对声音仅仅会产生定向反应，即竖起耳朵，转动脑袋，对声音进行定位。如果在铃声响起之后再提供食物，狗则会对食物产生非条件反应，分泌唾液。当这种匹配反复进行多次之后，定向反应停止，唾液分泌反应出现：即使不提供食物，只呈现铃声，狗也会如期分泌唾液。巴甫洛夫随后又用其他相对于唾液来说是中性刺激的各种刺激，如灯光和节拍器，证明了这种效应的普遍性。

如图 3-2 所示，经典条件反射的核心是反射性反应，我们由此可以总结经典条件反射的主要特点。

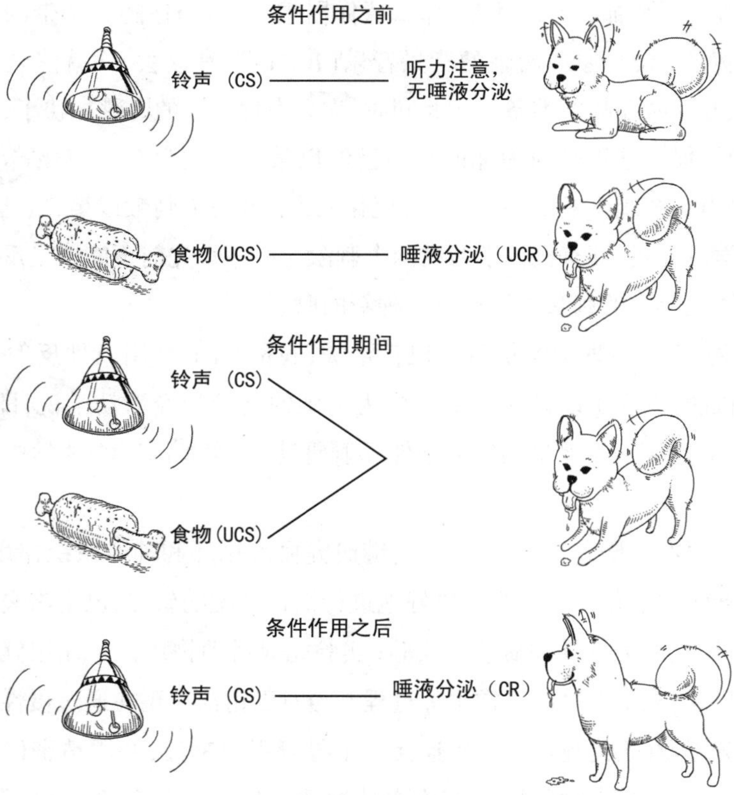


**图 3-2 经典条件反射**

反射是无须学习的反应。

无条件刺激(Unconditioned Stimulus,UCS)是任何能够自然诱发反射性行为的刺激,如刺激唾液分泌的食物、刺激瞳孔收缩的光亮、刺激呕吐的药物等。

无条件反应(Unconditioned Response,UCR)是由无条件刺激诱发的行为,如唾液分泌、瞳孔收缩、恶心呕吐等。

条件刺激(Conditioned Stimulus,CS)是原本在UCS-UCR反射中无任何意义,但经过反复与UCS匹配后可以预言UCR出现的刺激。

条件反应(Conditioned Response,CR)是经过反复匹配后,由CS引发的反应。

我们现在可以做个简单而直观的经典条件反射实验,请你做如下准备:

(1)一个铃铛,或者其他可以简单、稳定发声的道具;

(2)一面镜子,能清晰看到自己的眼睛;

(3)一间关灯后一片漆黑的房间,作为你的临时实验室。

正如前面章节所讲过的,我们无须操心自己的瞳孔放大还是缩小,这是副交感神经纤维支配的运动。而相对地,我们也无法有意识地控制它。瞳孔会在我们进入黑暗环境时自主放大,在我们进入光亮环境时自主缩小。因此,光线减弱导致瞳孔放大就是无条件刺激导致的无条件反应。

下面我们开始实验:

请在开灯状态下摇铃,随即关灯,等待15秒,开灯,等待15秒。

如此反复。将条件刺激(铃声)与无条件刺激(黑暗)构成的联系重复20—30次,在此过程中请确保铃声只在黑暗前极短时间内出现。

接下来,在开灯的情况下,用镜子仔细观察自己的眼睛。现在摇响铃声,你会看到即使黑暗没有出现,你的瞳孔也会轻微放大——铃声成为了条件刺激,瞳孔放大成为了条件反应。

条件反应的建立需要一定条件,其中最主要的就是与反应无关的条件刺激必须与无条件刺激在时间上结合起来。这种时间上的结合即为强化。强化次数越多,条件反射就越巩固。

当条件刺激不再预示无条件刺激时,条件反应会随着时间的推移变得越来越弱,最终不再出现。当出现条件刺激而不再产生条件反应时,我们就说消退过程已经发生了。因此,条件反应并不是永久性的内容。而当再次恢复配对,即进行消退后训练时,条件反应会迅速恢复,也就是说再次习得某一反应比初次习得该反应时所需的时间要少——这也正是你时隔多年重新玩起《拳皇》或《劲舞团》时,能够在简单尝试之后很快再次做到华丽连击的原因。

巴甫洛夫的经典条件反射学说是支撑现代心理学发展的基础理论之一,它可以解释人类许多行为。比如我们为什么会害怕某些东西?为什么不喜欢某些食物?为什么考试前会感到焦虑？广告如何发生作用？同时我们也在很多文艺作品中看到它的影子，比如《三国演义》中的“望梅止渴”，《发条橙》中的厌恶疗法（图 3-3），等等。

**图 3-3 《发条橙》**

## 四、操作性条件作用：对行为结果的学习

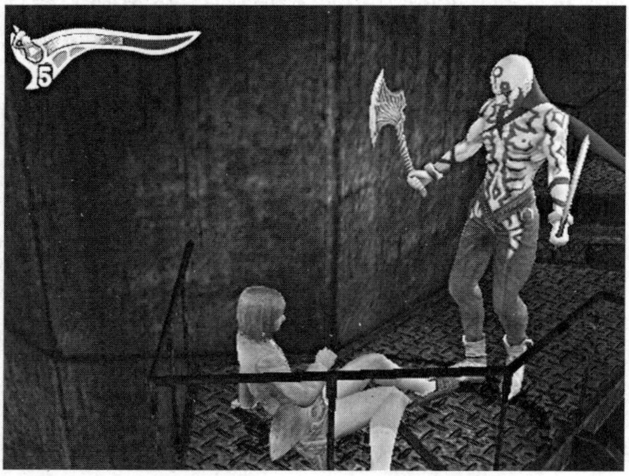

**图 3-4 《钟楼》**

请再次回想自己的恐怖游戏经历，当你被《钟楼》中神出鬼没的剪刀人（图 3-4）追杀，感到身心俱疲再也不想尝试，直接关掉游戏机电源的时候，你可能会想：“我真的不适合玩恐怖游戏啊……”你的结论是否正确尚需验证，但在此时此刻，你确实通过之前的行为得到了这个结论。那么，这是怎样的一种学习呢？

### （一）效果律和练习律

几乎在巴甫洛夫运用经典条件反射实验他的狗的同时，爱德华·桑代克（Edward Thorndike）正在观察他的猫如何尝试从迷笼中逃脱。桑代克认为在迷笼中，猫进行着某种学习。最初，猫只是胡乱抓、咬、拍打笼子的各个部分。几分钟后，它偶然获得了成功的反应——拉动了绳子或碰到了按钮，并冲出笼子获得了放在门口的食物奖励。当猫重新被放回笼子后，它逃离所耗费的时间少了一些，几次尝试之后，它学会了直接进行正确的行动，而不再胡乱尝试。“所有其他未成功的冲动消失了，导向成功的特定冲动则因为愉快的结果而保留了下来。”（Thorndike，1898）

桑代克分析，学习是情境中的刺激和动物学会作出的反应之间建立的一种联想：刺激—反应联结（Stimulus-Response Connection，S-R Connection）。因此，猫学会了在这些刺激情境(迷笼)中作出一种能够导向预期结果(逃脱并获取食物)的适当反应(拉绳子或按按钮),如图 3-5 所示。

桑代克的 S-R 联结学习是随着动物通过盲目的尝试错误体验实现的,是以一种机械的方式逐渐产生的。桑代克将这种行为与结果之间的关系称为效果律(Law of Effect):得到满意结果的行为以后出现的概率会越来越大;得到不满意结果的行为以后出现的概率会越来越小。同时他还提出练习律(Law of Exercise):已形成的可变联结,若加以应用就会变强;已形成的可变联结,若许久不应用就会变弱。综合这两条学习定律即可知:所有 S-R 联结都以应用和满足而增强,以失用和烦恼而减弱。①

**图 3-5　桑代克迷笼**

如此看来,在玩密室逃脱游戏的人类又何尝不是迷笼中的猫呢?游戏本身就应该是一个不断犯错,而后在错误中不断学习的过程。

(二)试误学习

除了迷笼,桑代克还创造了迷路圈、迷箱等实验工具,试验鱼、鸡、猫、狗等动物的学习。根据这些实验,桑代克认为动物的学习并不具有推理演绎的思维,也不具有任何观念。动物的学习方式是试误式的,即动物是通过反复尝试错误而获得经验的。

这种学习方法在红白机时代的游戏中已经被应用得淋漓尽致。本章开头所提到的《超级马里奥》并不像当下流行的游戏一样,为你提供"How to play"的新手引导,游戏开始之后你面对的就是蓝天、白云、马里奥和游戏不断倒计时的压力。你就像迷笼

① 〔美〕理查德·格里格、菲利普·津巴多:《心理学与生活》,王垒、王甦译,人民邮电出版社 2003 年版,第 173 页。

中的猫一样,尝试按动手柄上的按钮,上下左右,A 和 B。你观察到马里奥在你的按键下左右移动并跳跃,你因此学会了移动。当你向左移动到画面最左端发现无法继续前进(不满意的结果)时,你会折返向右移动,并在发现画面向右卷动(满意的结果)时理解了这个游戏是横版并需要玩家向右移动的。在这之后,出现了会移动的蘑菇敌人。如果玩家径直走过去碰到敌人,那么马里奥就会丢掉一条命(不满意的结果),继而重新开始游戏。再次回到游戏中,玩家遇到敌人,会躲闪以避免因为之前的错误而失去游戏的机会。在失误中,玩家学会了游戏的方法,继续游戏。玩家偶然撞到出现增大蘑菇的砖墙,偶然撞到可以不断跳出金币的砖墙,偶然发现变大之后可以撞碎砖墙,偶然发现踩到乌龟壳会导致乌龟壳的移动反弹……诸多意料之外的试误结果让玩家在不断游戏中总结规律、预测结果,进而选择自身所要采取的行为。这种看似会令玩家挫败和沮丧的学习方式,恰恰让玩家从中得到了自主学习的快乐——发现并采取正确的行为可以延续游戏时间,提升游戏分数。

我们不禁会想,时下诸多网页游戏和移动端游戏中所提供的新手引导(图 3-6),是在帮助玩家学习游戏,还是代替玩家进行游戏?所谓的"以玩家为中心"的体验设计,是把玩家当成需要手把手指导的傻瓜,还是把玩家当成拥有学习能力的孩子?

**图 3-6 游戏新手引导**

无论是什么游戏,都有可能让我们体验到失败的滋味,大多数玩家失败后会产生消极情绪。然而,玩家对死亡的感觉却各不相同,有些玩家会觉得难过,有些玩家会感到焦虑,有些玩家却满怀希望。失败本身并不会损害游戏体验的乐趣,但导致失败的游戏情境决定了玩家会产生什么样的情绪。

有些游戏机制导致的失败,并不是源于主要玩法。比如《龙之信条》中,玩家有可能作出导致游戏结束的剧情选择。作为一款动作游戏它几乎不允许玩家干涉剧情,所以对剧情的选择并不是游戏的主要玩法,但切实地导致了玩家的失败。此时玩家对游戏的控制感就会降低,从而很快产生失落和挫败感。

为了避免失败所带来的挫败感,从而消除失败的可能性是不是就会获得玩家青睐?2008 年的《波斯王子》尝试了这个办法,但并没有成功。玩家在战斗中濒死时总会被救重回战斗时发现;敌人的生命值也恢复了大半。结果是战斗变得索然无味,那些不费吹灰之力就能取得的胜利,远不如屡败屡战才能获胜的游戏那样充满魅力。

休闲游戏(如《愤怒的小鸟》,图 3-7)中的失败即使出现多次,还是受到全世界玩家的欢迎。因为休闲游戏的关卡短,重开速度快,使玩家因游戏失败而损失的时间非常少,因此得以保持挑战性。也正因如此,玩家非常容易上瘾:当想到"再玩一关就不玩了"的时候,往往在这个念头重复了十几次后才真正停止。《愤怒的小鸟》中小鸟撞到障碍会粉身碎骨,而哼哼唧唧的敌人猪头却可能在城堡的残骸上毫发未损,这种形式使失败本身也变成了一种乐趣。

图 3-7　《愤怒的小鸟》

在极端情况下,玩家从游戏的失败中得到的乐趣反而比按游戏的"标准玩法"玩要多。《横冲直撞》系列的乐趣来自赛车碰撞之后产生的各种夸张震撼的效果,玩家可以从那些夸张的丰富的碰撞机制中体验到现实生活中不可能体验到的刺激。《侠盗猎车手》(图 3-8)中,玩家本应尽量避开警察以保证游戏的持续进行,但许多玩家的乐趣却来自引发暴动和看警察以各种不可思议的方式把玩家制伏。相当少的玩家会把整个《侠盗猎车手》玩通关,但相当多的玩家从搞破坏中获得了意外的乐趣。

图 3-8　《侠盗猎车手》

在大多数网络游戏中,玩家的角色数据保存于服务器,且不可反复存盘、读取,这使得在单机游戏时代盛行的"S2 大法"(反复保存、读取数据以获得最佳结果)不再有效。可能出现的永久性失败使玩家的行为变得更有意义,并使玩家所在的游戏世界显得更真实。玩家在游戏中冒着巨大的风险,随时可能因为一着不慎,满盘皆输,这就产生了一种真切的紧张感。虽然这种永久性失败通常并不有趣,甚至会使玩家损失惨重,但它使玩家的每一步行动都变得分量十足。玩家在游戏中要竭力生存,最终无论是失败或成功,结果总是相当激烈,这种体验甚至让玩家毕生难忘。

而失败并不一定会让玩家觉得沮丧,玩家对失败的接受度是视具体情况而变化的。

玩家对游戏必须有控制感,当玩家死亡时,如果觉得自己其实是有办法避免死亡的,其感受就会积极很多。避免出现看似随机的快速反应事件(如《猎天使魔女》),没有预兆的情况下不要突然强力攻击,不要"规则突变"(比如无攻击性的敌人突然产生攻击性)。

死亡也可以是有趣的,在严肃题材的游戏中不适合喜剧化的死亡方式,但其他游戏可以通过死亡创造更多乐趣。添加一些喜剧元素，当玩家失败时，让玩家得到情绪上的补偿；当角色死亡时，让玩家不那么难受。

挑战和失败需要平衡，不同类型的游戏可以尝试不同的平衡办法，休闲游戏通常更强调挑战性，而硬核游戏更讲究让玩家产生一定的挫败感。①

（三）斯金纳箱

弗雷德里克·斯金纳（Frederic Skinner）受到桑代克的启发，对更复杂的行为进行了详细说明并扩展了巴甫洛夫和桑代克的研究。斯金纳认为行为主义应该聚焦于行为及其后果，避免桑代克"令人满意的"或"令人讨厌的"等涉及有机体感受的术语，而应更关注有机体外部的东西。

同时，斯金纳的分析是实验性的而非理论性的。为了实验分析行为，斯金纳发展了操作性条件作用（Operant Conditioning）程序，操纵有集体行为的结果，考察它们对后来的行为有何影响。操作性行为是指有机体自发的，能按照它作用于环境可观察的结果来描述它的特点的行为，而非由特定刺激所诱发的行为。

为了实施新的实验分析，斯金纳发明了一种能让他操纵行为结果的装置——斯金纳箱。如图 3-9 所示，实验者先设定一种适当行为（如按压杠杆），当这种行为出现后，该机械装置便释放一个食物。这个实验允许实验者决定让动物（老鼠或鸽子）学习或不学指定的行为。比如必须向右转一圈再压杠杆才能获得食物，那么动物会很快学会这种行为。

**图 3-9 斯金纳箱**

---

① Cary Chichester：*The Fun and Frustration of Failure in Games*，http://www.gamasutra.com/blogs/CaryChichester/20130408/190009/The_Fun_and_Frustration_of_Failure_in_Games.php.

（四）强化与惩罚

在操作性条件作用的研究中，斯金纳发现反应可导致三种后果：

一是对后续反应没有影响的中性后果；

二是强化，加强反应或使结果更可能发生；

三是惩罚，减弱反应或使结果不太可能发生。

除去中性后果不在这里讨论之外，我们会发现某一行为和它产生的结果之间存在一致性关系。

1.正强化和负强化

在斯金纳箱实验中，为了增加某一行为出现的概率，我们会考虑使用强化物（Reinforcer），即与行为相依的一些刺激。而强化物所造成的强化又分为正强化和负强化两种情况。

正强化，即给予一个良性刺激。这在父母为了使孩子表现好，老板为了使员工努力工作而采取的手段中就能够看到很多例子。奖励的方式可能是一级强化物（满足生理需要的食物等），也可能是刺激强化物（金钱、表扬、赞赏等）。而无论是 100 分换来的礼物，还是加班得到的奖金，行为之后越早给出强化物，效果越好。在游戏中，我们习以为常的一些奖励其实都是正强化。比如完成任务时游戏币或装备的奖励，就是最直接的正强化，这些强化物使我们在付出辛苦之后得到了相应的满足，激励我们继续游戏。当你听到《暗黑破坏神》里熟悉的混合了珍贵的奖励和表示艰辛战斗结束了的“叮”的一声，那是怪物掉落戒指时发出的声音，你能抗拒那种感觉吗？此外，正强化已经被游戏设计所接纳的一个明显例子就是成就系统的广泛使用。成就系统是一种非常有趣的研究案例，因为除了成就本身之外，游戏实际上并没有提供什么实质的奖励。《魔兽世界》（图 3-10）便通过成就系统引导玩家尝试其他游戏模式，如探索或

**图 3-10　《魔兽世界》的成就系统**

PvP 模式。帮助玩家在他们所接触的游戏中找到更多乐趣,实际上就是一种正强化的运用。没有相应的正强化,玩家可能会局限在已经熟悉的游戏环境中,而有了正强化,玩家可能会由于刺激驱动,去尝试设计者希望玩家所尝试的行为,这种玩家行为的塑造我们在稍后会继续讨论。

负强化与正强化正相反,这种负面的刺激是为引发所希望行为的出现而设立的。在斯金纳箱的实验中,老鼠会为了避免遭受电击而按压杠杆。在现实生活中,较大一点的小孩如果有吸吮手指的习惯,家长应该做什么来帮他改正呢?从负强化的观点来看,家长应该在孩子吸吮手指的行为出现时进行指责,而最关键的是,一旦其不再吸吮手指了,就立即停止对他的批评。久而久之,孩子吸吮手指行为的频率就会渐渐降低直至消失。在某些游戏中,我们需要定期登录,以避免自己的房屋或装备损坏,避免宠物或伙伴的友好值降低(图 3-11)。比如在《网络创世纪》中,玩家需要定期访问他们的城堡和房屋,以努力维持建筑物的现状,否则这些建筑物便会逐渐破落。从游戏开发者的角度来看,这是一种成本较低的策略,因为他们无须不断给玩家提供新玩具或奖励。这与另一些游戏提供连续登录奖励的正强化可谓异曲同工——激励玩家登录游戏。

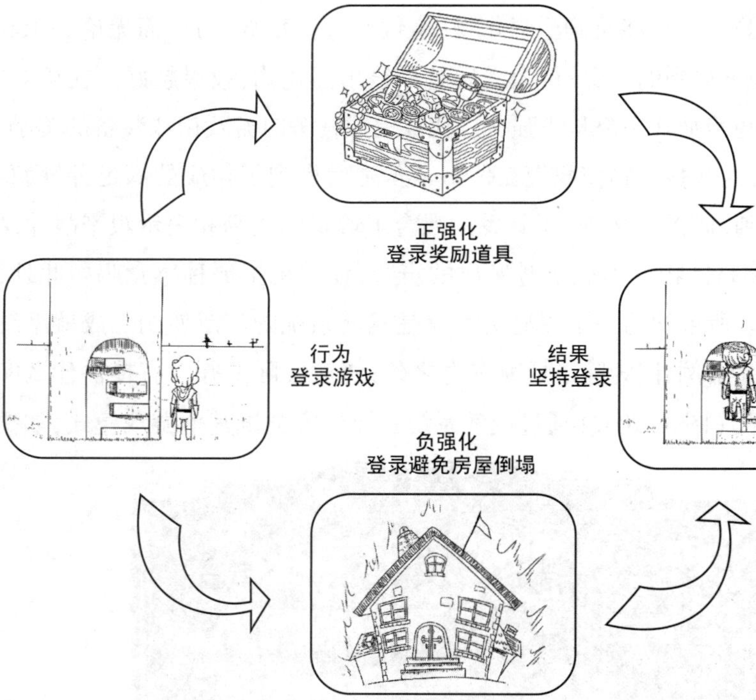


**图 3-11 正强化和负强化**

那么仅针对激励玩家登录游戏这一点来说,正强化和负强化哪一种更有效?你还可以列举其他游戏中的正强化和负强化手段吗?

2.正惩罚和负惩罚

我们都很熟悉用来降低某一行为出现概率的一种技术——惩罚,它是指任何一种能降低行为出现概率的刺激。它同样分为两种:正惩罚和负惩罚(图3-12)。

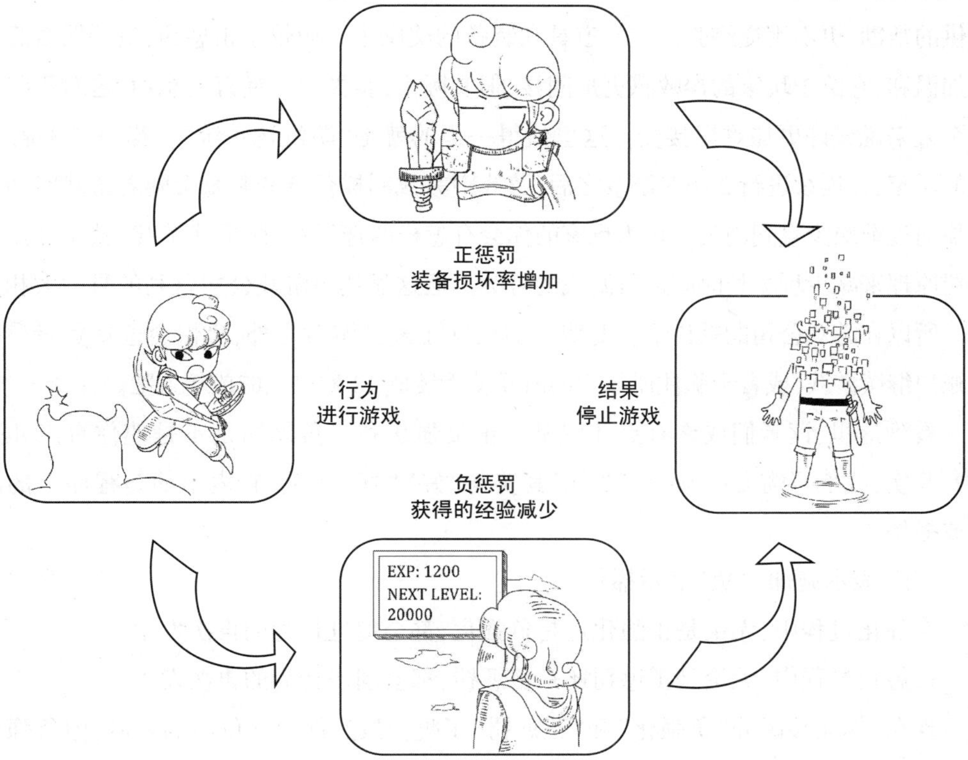


**图3-12　正惩罚和负惩罚**

正惩罚,是指施加一个负面的刺激。就是当不当行为出现时给予处罚的一种方法,往往是给对方一种使之感到不快的刺激,如严厉的批评、罚款等。如要想使一个经常说谎的孩子变得不说谎,就要在其说谎时给予严厉的惩罚。使他对说谎这一行为望而生畏,渐渐降低说谎行为的频率,直到消失。另外对于随地吐痰的人,立即罚款也是正惩罚的一个现实案例。但是这种惩罚必须注意,惩罚的是什么,意义要明确,时间要适当,强度要合适。在《水果忍者》中,我们深刻体会到切到炸弹所带来的正惩罚——结束游戏——是多么令人不快。即使不是结束游戏这样残忍的惩罚,我们在游戏中也会面临其他形式的正惩罚。比如在很多大型多人在线角色扮演游戏(MMORPG)中,对于杀人如麻的玩家会施加一个正惩罚——红名。它除了用于玩家间相互识别外,会给红名玩家增加游戏难度和失败成本:卫兵通常会攻击他们,如果在红名状态死亡,则需要付出的代价比非红名要高得多。由此可以看出游戏设计者所希望的玩家行为是怎样的,这也是涉及玩家行为塑造的技巧之一。

负惩罚,是指去掉一个良性的刺激,这种惩罚比正惩罚更常用。所谓去掉一个良性的刺激,就是指不当行为出现时,不再给予其原有的奖励。如果一个孩子贪玩,经常不完成作业。怎么来改正呢?就是告诉他:只有在完成作业后才允许他看最爱看的动画片,否则就不允许他看。这样他就会为看自己喜爱的动画片,而自觉地完成作业。这就像在游戏中,如果你选择不帮助 NPC 寻找其失落的道具,就不能再得到他曾经无私提供的帮助,更不用提经验、金钱、道具和装备的奖励了。相较于正惩罚,负惩罚看起来更加温和,它给予玩家的挫败感更加间接,但实际上,丧失曾经拥有的东西,这对于我们每个人来说或许更加难以接受。这里值得一提的就是"防沉迷系统"。当一个未满 18 岁的玩家,在连续进行 2 小时游戏之后,游戏中完成同样任务的奖励会随着游戏时间的增加而逐渐减少直到消失。作为玩家的你会有怎样的选择?"防沉迷系统"就是利用负惩罚原理来减少玩家长时间进行游戏的行为。但这显然与游戏公司营利的目的大相径庭。所以在游戏公司的默许下,"聪明"的你,除了离开游戏之外,恐怕会选择登录另一个账户继续游戏,或者干脆注册账户的时候就伪装成 18 岁以上的成年人吧。

看到这里,读者们或许有点儿混乱。正负强化和正负惩罚是不是使你有点儿迷糊?其实,我们只需要明确"正""负"其实与"好""坏"无关,它表示的是程序上的施加或撤销。

"正"表示施加,"负"表示撤销。

在强化过程中,无论是正强化还是负强化,都会促进行为的再次发生。

在惩罚过程中,无论是正惩罚还是负惩罚,都会削弱行为的再次发生。

现在,你能够区分"负强化"和"正惩罚"了吗?虽然都包含负面的刺激,但负强化是将这种一直存在的刺激撤销,而正惩罚是在没有刺激时施加一个刺激。

在游戏中,"负强化"和"正惩罚"经常同时存在。你可以举一些例子来说明吗?

### (五)强化计划

当你不想或不能对你的实验动物每次出现特殊行为都进行强化时,会发生什么情况?在斯金纳的一次实验中出现了这种情况,当时他没有足够的食物奖励给那些埋头苦干的老鼠,为了节省食物,他仅仅在经过某一时间间隔之后才给老鼠食物——无论这期间老鼠按压了多少次杠杆都不会得到更多奖励,即使如此,老鼠在这种部分强化计划(Partial Reinforcement Schedule)中的反应却丝毫不逊色于连续强化。而当消退训练(按压杠杆之后不会再给予食物)开始时,部分强化训练的老鼠甚至会比连续强化训练的老鼠坚持更长时间才会产生消退,在那之前,它们仿佛比以前更加不知疲倦地按压杠杆。

部分强化效果的发现,使研究者们更广泛地研究不同的强化计划对行为的影响。在研究中,强化物按照比率计划(以次数为参照),或间隔计划(以时间为参照)来施放。在每种情况下,既可以有不变的固定强化模式,也可以有不规则可变的强化模式。

2001 年,美国心理学研究者约翰·霍普森(John Hopson)的一篇文章 *Behavioral*

*Game Design* 引起了游戏行业的重视，时至今日我们已经找不到不重视内部奖励结构的游戏。十几年前，有些人认为游戏是否包含奖励机制，以及这些奖励的分配方式将影响玩家游戏体验的说法很荒谬。但现在看来，奖励已经成为游戏中一种不可或缺的内容。与此同时，针对游戏究竟是不是斯金纳箱的讨论也在悄然展开。在开始讨论之前，我们先来看一看以下四种强化计划以及它们在游戏中的体现（图 3-13）。

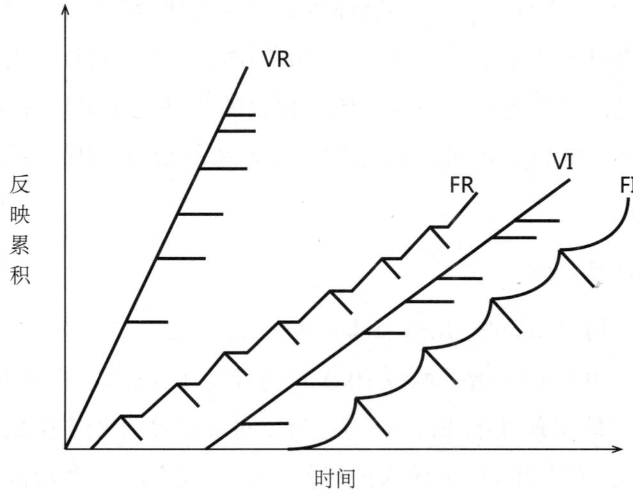


**图 3-13　强化计划**

1. 固定比率计划（FR）

在固定比率计划（Fixed-Ratio Schedule）中，强化物在有机体作出一定数量的行为后才出现。每次行为后都伴有强化时，我们称这种计划为 FR-1 计划，即最初的连续强化计划。而每经过 25 次行为后才给予强化时，这种计划则被称为 FR-25 计划。由于行为与强化直接相关，固定比率计划产生的行为速率很高——只要行为够频繁，那么老鼠可以通过按压杠杆得到与它劳动完全相符的食物。如图 3-13 所示，固定比率计划在每次强化之后都会产生一个停顿。行动速率越高，每次强化后的停顿越长。在没有事先训练动物作出大量行为时，通过增加每次强化所要求的行为次数，而过度延缓行为速率，会导致行为消退。

在现实生活中，绩效工资所要求的基础工作量就是对员工进行固定比率计划强化的例子。

而在游戏中，固定比率计划就是为玩家完成特定数量的行为后提供奖励。比如，《超级马里奥》中玩家吃到 100 个金币可以获得额外的生命。每次奖励所需收集的金币数量是相同的。

固定比率计划是游戏中最常见的强化手段之一，往往可以创造出独特的游戏效果。当玩家认为某个动作无法带来奖励并因此没有动力作出首次行为尝试时，就可能出现停顿。而一旦玩家决定继续向前,他们就会尽快作出行为来快速地获得奖励。

固定比率计划下的明显停顿是游戏设计师面临的一大问题。那段时间内,玩家几乎失去了玩游戏的动力,这很可能导致玩家离开游戏。几乎所有的 RPG 游戏中角色每次升级所需的经验值都会随等级的提升而逐渐增加,停顿的时间也会随之增加。当停顿变得非常长时,玩家就可能认为等待如此长的时间是没有必要的,那么就很可能会选择离开游戏。设计师当然不会让这种情况大量出现,在《魔兽世界》中,流行着一句话:“满级才是游戏的开始。”在游戏中,升级奖励已经不再是玩家追求的唯一目标,在满级之后玩家可以挑战的游戏内容和随之收获的奖励完全可以弥补无法升级带来的停顿感。而游戏不断地更新和开放级数,则是对核心玩家在固定比率计划之下保持游戏动力的基础。

2.可变比率计划(VR)

在可变比率计划(Variable-Ratio Schedule)中,强化物之间的平均行为次数是预先确定了的。VR-10 计划是指平均每 10 次行为伴随 1 次强化,但强化可能出现在第 1 次行为之后,也可能出现在第 20 次行为之后。可变比率计划产生的行为速率最高,抗消退能力也最强,尤其当 VR 值较大的时候。设想我们从一个较低的 VR 值(VR=5)开始训练鸽子啄食行为,然后逐渐提高 VR 值到 110。那么它每小时啄食的次数能达到 12000 次,即使取消强化,它的行为仍会持续几个小时。

在现实生活中,具有赌博性质的老虎机就是受可变比率计划控制的。向老虎机投放硬币的行为,借助于回报出现时间的不确定性,可以让赌博者的行为维持在较高且稳定的水平。

在游戏中,玩家也需要特定数量的行为才能获得奖励,但是作出行为数量会改变。玩家可能需要杀戮将近 20 个小精灵来获得火球魔法书页,但是每次这个数量都是随机的。重点在于设计者不会告诉玩家需要作出多少次动作才能获得奖励,玩家只能从之前的经验中推导平均数字。

通常来说,可变比率计划能够产生最高的整体活动率。如果你正在寻找高且稳定的比率,那么可变比率计划值得一试。

3.固定间隔计划(FI)

在固定间隔计划(Fixed-Interval Schedule)中,强化物是在经过一个固定的时间后,有机体作出某种行为时出现。在 FI-10 计划中,被试得到强化后,必须等待 10 秒再进行的行为才会被强化——强化与行为次数无关。在固定间隔计划中,行为速率表现为扇形模式,每次强化结束,动物几乎不再作出反应。随着奖励时间的临近,动物行为才变得越来越多。

在现实生活中,“deadline”是第一生产力。我们常在交读书笔记的前几天才开始突击作业，不仅仅是因为“拖延症”，同时也因为强化物（完成作业给分数）也是每个月才出现一次的。

对于固定间隔计划，玩家通常的反应是获得奖励后暂停一段时间，然后逐渐加快反应速度直到获得奖励。比如某游戏中有每隔一段时间在指定地点掉落福袋的奖励（里面有道具、金币等），玩家一般会先将注意力集中在游戏其他部分，随后回到预定地点查看是否出现新的福袋。如果没有出现，那么玩家又会将注意力转移到别处。随着奖励的时间逐渐靠近，这种查看将变得越来越频繁。靠近奖励时间时，玩家会在预定地点等待奖励的出现。

和固定比率计划相同的是，固定间隔计划也存在停顿问题；与固定比率计划不同的是，固定间隔计划的活动率并没有始终保持较高水平，而是随时间的临近逐渐增加，但仍然存在停顿这个令玩家失去动力的阶段。

4.可变间隔计划（VI）

在可变间隔计划（Variable-Interval Schedule）中，平均时间间隔是预先确定了的。在 VI-20 计划中，平均每经过 20 秒呈现一次强化物。这种计划产生中等却稳定的行为速率。可变间隔计划中的消退是渐进的，并且比固定间隔计划要慢很多。在一个实验中，强化终止后，鸽子在最初 4 个小时里啄食了 18000 次，反应完全消退经历了 168 小时（Farster，Skinner，1957）。

在生活中，我们还记得义务教育阶段的每一次突击测验所带来的紧张感。在喜欢突击测验的老师上课之前，你会不会临时抱佛脚？

在游戏中，可变间隔计划同样存在：每次奖励后所间隔的时间是变化的。它类似于可变比率计划，玩家总是拥有行为的理由，也能够保持稳定和持续性的行为。以之前提到的福袋为例，可能在收集之后马上再次出现，也可能在 1 个小时之后出现。玩家的动力随时间增加逐渐分散，所以不存在玩家注意力转移的时间。可变间隔计划活动率比可变比率计划要低，因为奖励的出现与行为并无联系。即便玩家在间隔时间内寻找福袋上千次，它的出现也不会变得更快。实验表明，玩家很善于分辨哪些结果源于自己的动作，哪些结果与动作无关，并据此调整和计划自己的行为。

5.计划的活用

在强化计划的研究中，我们可以将链计划（Chain Schedule）融入进来。比如，玩家需要杀死 10 个兽人才能够进入龙穴，但是龙的出现是随机的。这些计划通常出现在多阶段解谜和 RPG 任务中，玩家通常以某种非常特别的方法作出反应：他们将进入计划的下个阶段本身视为奖励。在这个例子中，多数玩家会将杀死 10 个兽人后进入龙穴视为固定比率计划，而将后续龙出现的可变间隔计划视为奖励。

进一步结合游戏设计，回顾前文所述的 4 个强化计划，我们来看看如何利用强化计划来实现特定效果。

如何让玩家持续性地维持高活动率？可以看出可变比率计划是最佳答案，玩家的每个行为都有可能得到奖励。玩家越肯定有奖励即将发生，就越会在游戏中投入精力。当玩家知道还需要很长时间才能获得奖励，比如当玩家刚刚升级并且需要数千点经验值才能再次升级时，他们的动力和活动就会降低。

如何让玩家不断玩游戏？让玩家总是拥有玩游戏的理由即可。可以看出可变比率计划和可变间隔计划最能够使玩家有动力做下一件事情。游戏设计师需要从玩家处获取的是大量“行为惯性”，即保持做事情的趋势，即便在这个过程中不存在直接奖励。可产生大量惯性的计划是回避计划，玩家会努力防止不良事情的发生。即便游戏没有进展，玩家也可以通过推迟消极结果的出现来实现某些积极目标。

如何防止玩家退出游戏？当停顿产生，即玩家在此期间做下一件事情的动力很低时，玩家有很大概率会退出游戏。动力是相对的，玩家玩游戏的愿望总是通过与其他活动的对比来衡量的。当玩家玩游戏的总体动力较高时，他们在游戏中会有极大的兴趣去做某件事情，而不会将注意力转移到其他事情上。如果他们刚刚升级并且知道他们需要再过几个小时才能再看到某些有趣事情的发生，他们就可能去做别的事情，他们玩游戏的动力就会相对较低。因而减少停顿或在游戏时提供多个选择会有效避免玩家退出。

6.消退

所谓消退，即当你停止强化计划时发生的反应。将两只鸽子关在笼子中，一只鸽子被锁在笼子上，另一只可以自由行动。以固定间隔计划（30 秒时间）向加料斗中提供少量的食物。自由的鸽子能够吃到食物，但是那只被拴住的鸽子无法吃到，所以自由的鸽子每次都吃掉所有的食物。大概一个小时之后，加料斗停止供应食物。在一段时间内，自由的鸽子会继续每隔 30 秒时间查看加料斗，但是当它明白食物不会再出现时，它会飞到笼子那头去攻击另一只鸽子。有趣的是，那只被拴住的鸽子从未吃过食物，自由的鸽子根本没理由去责怪它必须为食物停止供应而负责。尽管这种愤怒感是毫无缘由的，但事实就是如此。

假如玩家乐于在龙每次出现时将其屠杀，但是屠杀特定数量之后龙就不再出现。那么玩家会怎么做呢？答案就是在强化计划停止之后的行为取决于强化计划本身。在固定或可变比率计划中，玩家会继续保持较高的行动率，然后逐渐停止此类行动。在固定间隔计划中，他们的活动会逐渐达到顶峰，因为他们期望能够在间隔后获得奖励，之后才逐渐停止活动。需要注意的是，消退会引发沮丧和愤怒，这不仅是鸽子才会有的反应，而是不分种群的普遍现象。

我们期待自己的行为能够持续有意义，当强化计划发生改变时，我们会感到很愤怒。这种情况我们称之为行为反差。以黑猩猩的实验为例，在黑猩猩作出拉杠杆之类简单的行为之后，它就可以获得生菜作为奖励。过一段时间后，将每次拉杠杆的奖励变为它们更喜欢吃的葡萄。接下来,黑猩猩如果某次拉杠杆后又得到了生菜,它们会变得很愤怒,将生菜抛向研究者。之前它们为自己得到生菜感到欣喜,但是葡萄的出现给了它们新的期待,当这种期待没有得到满足时,挫败感和愤怒就会产生。

由此可见,减少奖励和削弱进展对玩家来说也是种“惩罚”,并且可能导致他们离开游戏。此类做法必须谨慎且循序渐进,否则就有可能带来难以预料的影响。甚至连暂时的削减也可能出现这种情况,比如当杀死兽人不再提供经验值,而且玩家还未发现可以转而屠杀巨魔来获得经验值时,瞬间的奖励丧失会令人感到愤怒。

但同时应该注意到,如果玩家处于不同等级,消灭敌人所要付出的技巧与能力并不相同,那么玩家更易于接受经验值削减的变化。比如当玩家能力处于等级 1 的情况下,杀死兽人几乎是不可能完成的任务,那么在玩家完成这项艰巨任务之后获得大量经验与金钱,在玩家看来是理所应当的。而当玩家处于等级 80 的情况下,杀死兽人几乎是一瞬间的事情,那么此时不再向玩家提供奖励,在玩家看来也不是完全难以接受的。更重要的是,这种奖励的削减与玩家付出的努力需要成反比,并循序渐进。突然完全剥夺奖励远比每升 10 级,奖励减少 10%要来得痛苦得多。

7.其他类型停顿对游戏的负面影响

在游戏世界中,有一种表现较为特殊的停顿,即为了控制玩家的能力而产生的间歇期(冷却时间),即主动技能或游戏功能激活后出现的时间限制,是为了防止玩家“过于频繁”地使用特殊能力。间歇期在各种类型的游戏中都存在,已经成为平衡游戏和设计战斗互动的标准。

当游戏中出现了这种限制时,通常的做法是让玩家衡量使用特殊能力的时机,即添加某些风险元素,从而确保玩家不会总是使用这种能力。在《超级马里奥》中,有许多限制性的资源同风险密切相关,比如安放在深坑上方的变大蘑菇。玩家在获得它的同时面临着掉坑丧命的危险。在《虚幻竞技场》中,拾取能力提升道具会让玩家在一段时间内暴露在对手的枪口下。在《博德之门》中,如果法术失败,只能过一段时间才能再次使用。这些都是限制性因素,促使玩家在行动的时候更加谨慎。

这种限制的负面影响是,间歇期几乎不具有可变性或互动性,玩家不能通过自己的行为来改变间歇期。就多数游戏而言,间歇期都是痛苦的等待。许多游戏在限制魔法数量的同时添加了冷却时间,尤其是角色扮演游戏。这两者的功能是相同的,都是为了限制玩家使用特殊能力的次数,但是一个问题也随之产生:如果使用单种限制因素便足够的话,为何还要使用两种限制功能?这样做是否让玩家产生受到惩罚的感觉?

在实际情况中,间歇期会减少玩家游戏时的战术深度。比如在《塞尔达》系列游戏中,玩家可以每隔 20 秒扔一次炸弹,那么许多玩家就不会将精力用于探索其他攻击方式上,只需要等足 20 秒用炸弹轰开墙壁和岩石即可。

此外,间歇期还减少了玩家长期计划的价值。许多游戏都要求玩家权衡在哪些情况下使用相应技能,间歇期会令玩家丧失自主计划策略带来的乐趣。

间歇本质上并非不良创意。在魔法或仓库道具等限制性资源使用不甚恰当时,间歇系统确实是种有用的补救方法。但一旦滥用,则会成为阻碍玩家获得游戏乐趣的巨大隐患。

8.避免游戏中出现正反馈

当赢家获奖励、输家受惩罚时,正反馈现象就出现了。占据领导位置的人往往容易保持领先,占上风的人也很容易保持优势,其他落后的人则几乎没有机会赶超。如此一来,游戏很快就终结了,至少对于那些被甩在后面的人是如此。(图 3-14)

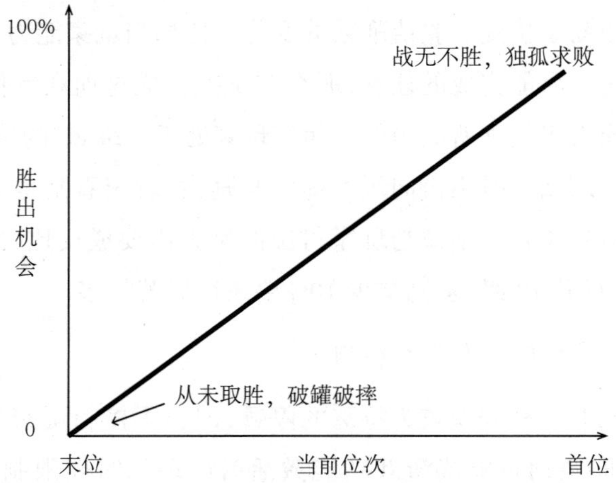


**图 3-14 游戏中的正反馈**

为了防止这种问题的发生,就需要削弱领导者的明显优势,使他明白自己即使位于优势地位但仍然处于竞争的压力中,而对那些表现不佳的玩家,则让他们抱有迎头赶上的希望。这种看似在惩罚赢家的解决方案似乎有违常理,然而为了保持良好的平衡性,避免游戏中出现正反馈就是必要的。[①]（图 3-15)。

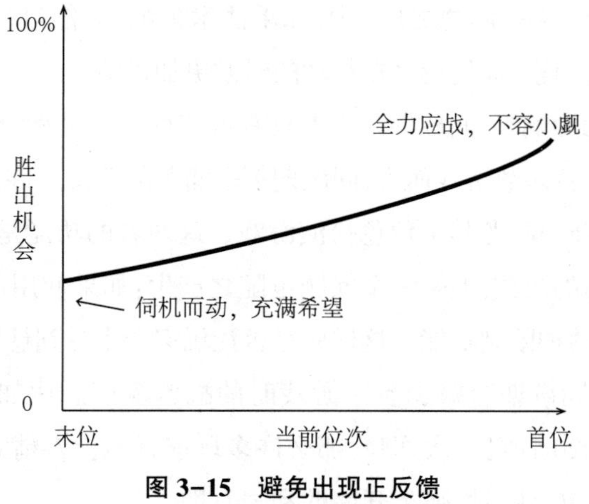


**图 3-15 避免出现正反馈**

① 游戏邦:《游戏设计中应避免出现正反馈现象》,http://gamerboom.com/archives/34882。

9.概率因素的合理设计

既然概率可以提升用户活跃度,那么通过随机决定玩家行为结果或创建游戏环境就是设计师可以采用的技巧。借助随机元素的优势是人们通常无法准确评估概率。一个典型例子是赌徒谬论,若轮盘连续 5 次出现黑色,赌徒会认为其再次出现黑色的概率非常小,虽然其概率都一样。

无法准确评估概率这点令游戏设计师有许多创作空间。简单游戏机制,例如《卡坦岛》中基于骰子的资源生成系统,令任何玩家都难以从中得出规律。而运气促使游戏变得更通俗易懂,缩小了熟练玩家同新手之间的差距。在融入了强大运气元素的游戏中,初学者会认为无论如何他们都有获胜机会,这与避免出现正反馈是一样的道理。

但是,随机性并不适合所有情形或游戏。如果宝箱在打开时会出现弹药和其他奖励,但其中有 1%的概率会出现爆炸,玩家就无法以绝对安全方式获得奖励。这说明当随机性变成干扰性元素,运气就会降低游戏对玩家的吸引。此外,运气会不必要地放缓游戏进程,不单是因为转动骰子所带来的逻辑问题,而更在于结果的不可预测性可能会打乱玩家提前策划好的应对步骤。

掌握了有力的工具,还需要进一步研究如何使它发挥最大作用,什么时候会产生反效果。纯粹随机性太难以控制,一旦掌握不好,它就会令原本设计稳固的游戏机制失去平衡。例如《文明 3》设置战略资源(如铁矿等)是建设特定单元的必需品。这些资源随机分配于世界各个角落,这使玩家置身于一个广阔大陆,但如果只有一堆由某 AI 敌人控制的铁矿,就会出现玩家由于缺乏资源无法组建军队的情况。《文明 4》则通过在某些重要资源中隔开一些空间以解决原有问题,这样在生成随机地图时两个铁矿资源就不会同时出现在 7 块砖的距离之内。游戏资源仍旧随机地分布于世界各个角落,但不是成堆存在,也就不会出现无法组建军队的玩家。

(六)游戏玩家的行为塑造

在研究老鼠压杆的实验中,我们讨论的是老鼠的压杆行为。但事实上,一只从未参与过实验的老鼠是不会自发压杆的——毕竟一只老鼠在自然界中使用爪子时,压杆并不是必备技巧之一。为了让老鼠学会一种新的、复杂的行为——压杆,我们需要使用连续接近塑造法(Shaping by Successive Approximations),对任何连续接近并最终与预期反应相匹配的行为进行强化。

在实验中,首先需要对老鼠进行一天的食物剥夺,使食物成为有力的强化物。然后有计划地让食物呈现在食物漏斗中,让老鼠知道去哪里找食物。然后通过让食物的呈现跟随在老鼠的特定行为之后,如身体朝向杠杆。不久之后提升难度,在老鼠触摸到杠杆之后再提供食物。最后需要老鼠按压杠杆才提供食物。随着要求的提高,老鼠便能学会按压杠杆获取食物。因此,一个成功的行为塑造需要确定向目标前进的各个行为部分,并运用差别强化来推进这个过程中的每一步。

那么在游戏中,如何塑造玩家的行为?或者说,如何营造你所希望的游戏世界,让玩家的行为符合你的预期?

《英雄联盟》的开发商 Riot Games 有一支所谓的“玩家行为团队”,是由心理学专家、人为因素专家、统计师和相关教育领域的学者组成的。这些人的工作就是想办法让《英雄联盟》玩家的行为更具“体育精神”。这是一个相当复杂的问题,但是 Riot 用一个简单的行为矫正办法就解决了:通过对理想行为的正强化调节自发反应,推出荣誉系统,引导玩家作出良好的行为。每一场比赛之后,玩家可以给队友或对手荣誉评价,如“乐于助人”“亲切友好”或“可敬的对手”等。评价行为积累的点数会体现在玩家资料中。玩家可以送出的荣誉数量是有限的,所以得到一个表扬是很难得的。Riot 公司社交系统的首席设计师杰弗里·林(Jeffrey Lin)解释道:“这个系统是受到反馈循环和学习心理学研究的启发。研究表明,反馈的及时性和明确性是塑造行为的催化剂。正强化(给对象想要的东西,如荣誉点)非常有效,特别是玩家执行理想行为之后马上获得明确、有意义的奖励,对于创造行为和奖励之间的联系非常重要。”

综合使用奖励和惩罚的效果非常好,Riot 采取这种类似木棒加胡萝卜的手段来促进玩家的理想行为也表明,赢得比赛不是最重要的事,获得良好的体验才是我们玩游戏的原因。假如一名玩家刚刚结束了一场糟糕的比赛——每个人(包括他自己)都知道他其实是队伍中拖后腿的玩家。他觉得失落,正在考虑要不要换一场比赛。突然间,一个窗口弹出来,告诉他:“嘿,你的两名队友觉得你非常友好;你的一名队友觉得你是一个很棒的队友。”

就在这一刻,一切都改变了。是的,你确实表现很差,害你的队伍输了,但没关系。如果没有这个系统,这名玩家可能会带着糟糕的心情离开游戏。但现在,消极体验变成了积极体验。

无独有偶,独立游戏制作人也在思考这个问题。陈星汉在谈《旅途》的创作时说,他想要营造玩家之间互助而非竞争的环境,让玩家实现情感交流。那么应该怎样做?《魔兽世界》让玩家在单独面对强大的怪物时显得弱小,从而迫使他们组队进行作战,但在每个玩家之间却仍然没有任何联系。要求玩家之间合作遇到的另一个困难就是,玩家们总是会有让队友去“经受苦难”的趋向。在《旅途》的开发中,游戏包含有一种让一名玩家可以移动另外一名玩家的能力,这个设计的本意是让玩家们可以在攀岩的时候相互帮助。但在游戏中,玩家却更常利用这个能力将另外一名玩家推进死亡深渊。玩家不会把现实生活中的道德观带到游戏中,因为帮助一个家伙爬上某块石头,不会给他们带来任何的反馈,但把一个人推到仙人掌群中却会有很多的连锁反应——鲜血、尖叫、甚至是死亡等。即使不存在经验值或金钱的奖励,这些视觉上的效果也足够成为游戏中的“奖励”,成为玩家追求的目标。由此,陈星汉认为,要想控制住玩家,首先要做到的就是控制住他们的输入和输出。

换句话说，好的行为塑造是隐蔽的，你不需要用文字来告诉玩家应该做什么，你是否赞同玩家进行某些行为，你只要决定是否为他们的行为提供反馈。没有强化出现，玩家就会减少甚至放弃尝试你希望的行为。在游戏中可以用视觉上的或是经验值、道具等来强化你所倡导的行为，这是塑造玩家行为的途径之一(图 3-16)。

**图 3-16　玩家行为塑造**

现在，结合前面所讲的正负强化与惩罚，你能够谈谈你所熟知的游戏中使用的玩家行为塑造手段吗？如果你现在开发一款新的 MMORPG 游戏，你会怎样进行玩家行为的塑造？

无论答案怎样，请牢记：游戏并非提供奖励的斯纳金箱。传统行为心理学是研究特定心理过程的良好、简单模型，但是它不能解释人类的所有行为。早前的行为主义者的目标并不是创造一个人为环境去研究一些新的精神控制形式，而是希望创造一个关于现实世界的简化模式。游戏亦然，过分夸大这些技巧的影响力只会影响设计师对于游戏本身游戏性的关注。在这一点上，游戏与现实世界是一样的，即使有买一赠十的活动，也不会让所有人都蜂拥而上购买对自己来说完全无用的东西，这种附带的强化作用的范围和强度都是有限的。

## 第二节　学习

### 一、社会学习理论

按照条件反射的理论，个体行为的学习都是通过奖励或惩罚达到目的的。这对于解释一部分行为的习得是成立的，但具体到更复杂的人类行为，比如"耳濡目染""见贤思齐"等，就超越了奖惩的外在控制。

1952 年，美国心理学家阿尔伯特·班杜拉(Albert Bandura)提出了社会学习理论，探讨个人的认知、行为与环境因素三者及其交互作用对人类行为的影响。班杜拉主张要在自然的社会情境中而不是在实验室里研究人的行为，他认为行为主义的"刺激—反应"理论无法解释人类的观察学习现象。因为这个理论不能解释为什么个体会表现出新的行为，以及为什么个体在观察榜样行为后，会在数天、数周甚至数月之后才出现相应行为。如果学习完全是建立在奖励和惩罚结果的基础上的话，那么大多数人都无法在社会化过程中生存下去(Bandura，1969)。

事实上，许多社会学习都发生在传统的条件反射无法预见的学习情境中，因为学习者没有作过积极的反应，也未得到过真实的强化物。个体仅仅在观察他人的行为被强化或惩罚后，就可以作出类似行为，或抑制该行为，这就是观察学习(Observational Learning)。

这种从观察中学习的能力像从自己做的过程中学习一样有用。它使你不必经过逐渐去除错误行为才能获得正确行为的冗长试误学习，就可以获得大量完整的行为模式，从他人的错误和成功中获益，这就是榜样学习。同样的例子也存在于鸽子(Zentall，1996)甚至章鱼(Fiorito & Scotto，1992)身上。学习者对榜样进行模仿时，首先根据榜样的行为对自己的行为定一个标准，而后再用标准来评判和规范自己，这一过程就是自我规范。自我规范的结果是如果觉得自己符合标准就会感到满足，进而加强所模仿的行为，这种效应就是自我增强。

### (一)班杜拉的芭比娃娃

在早期的研究中已经证实，儿童很容易模仿作为榜样的成人的行为。而在随后的研究中，班杜拉希望探讨孩子是否会将这种模仿泛化到榜样不出现的情境中。

研究者让被试儿童在第一个房间内分别观察两名成人，他们或表现出攻击行为(暴力击打1.5米高的充气芭比娃娃)，或不表现出攻击行为(只是玩拼图游戏)，随后在没有榜样出现的新情境中对儿童进行测试。研究者为了让被试儿童变得愤怒或有挫折感以引起攻击反应，在第二个房间中先让被试儿童玩非常有吸引力的玩具(如电动火车、芭比娃娃等)，随后告诉被试儿童这些玩具是为其他儿童准备的，并告诉他们可以到另一房间去玩别的玩具。在最后的实验房间内，有各种攻击性和非攻击性的玩具，被试儿童被允许在这个房间内玩20分钟，研究者则通过单向玻璃观察、记录他们的反应。

实验结果基本符合预期：攻击行为无论榜样是否在场都会出现。由于儿童倾向于认同父母或与自己同性别的成人，被试模仿同性榜样的行为远超模仿异性榜样的行为。由于攻击行为是典型的男性行为，所以被试男孩比女孩更倾向于模仿攻击行为。

此后班杜拉又继续进行研究，将儿童观察到的榜样行为与奖惩及时关联(Bandura，1965)，发现当儿童看到榜样的暴力行为受到奖励时，会更多模仿暴力行为；当榜样的暴力行为受到惩罚时，会明显减少对暴力行为的模仿。这说明，在特定条件下，榜样的影响力可以被改变。

在现实生活中，我们会因为其他助人者被当成肇事者而抑制自己的助人行为，见诸报端的"老人跌倒无人敢扶"，就是最直接的例子。而同时"感动中国"等榜样人物的评选和表彰，则是通过对榜样行为的奖励和认可，鼓励大众学习榜样行为。

在多人在线游戏中，你也会发现类似的情况，公共频道和系统频道时常会发布某玩家参加某活动得到了某些奖励的信息，这些信息会促使玩家将被奖励玩家视为榜样进行模仿。

### （二）媒体暴力的影响

媒体暴力是否提高了人们对现实生活中攻击性行为的容忍度？实验在一组 42 名四年级和五年级儿童中展开。他们被带到实验室观看两段视频中的一段：电影《空手道小子》中的暴力片段或 1984 年奥运会中的非暴力运动场面。看过录像之后，研究者会播放另一段视频，这段视频的内容是两个 6 岁儿童最初在一间屋里玩，后来他们渐渐相互攻击起来。观看视频的孩子被告知，如果他们对观看到的行为感到担忧，就去找实验者报告。结果，看暴力视频的孩子比看奥运会的孩子要花几乎长一倍的时间才去找实验者。由此实验者认为，观看暴力影片会导致儿童对现实世界的攻击性行为容忍度更高。（Molitor & Hirsch，1994）

作为一个游戏从业者或游戏专业的学生，看到媒体中对游戏暴力的负面评价时，心里或多或少总是有些不赞同吧？但对于处于成长阶段的未成年人来说，无论是游戏还是电影、动画，确实会存在类似的问题。游戏、电影、动画的分级是否势在必行？究竟何种程度、何种表现形式的攻击性行为可以被何种年龄的人接受而较少产生负面影响？未成年人选择游戏、电影和动画时，监护人需要何种程度的介入？这或许不仅是游戏行业，而是整个社会都应该思考的问题。

## 二、记忆

在学习中，记忆的重要性是无须质疑的。我们为何会记得如此多事情，又为何会忘记一些曾经知道的事情？我们往往不太关注自己的记忆，觉得这些都是理所当然的事情。而对于学习来说，记忆是不可或缺的重要条件之一。

记忆是个体对自身经验的识记、保持和再现的过程。从信息加工的观点来看，记忆就是信息的编码、储存和提取。

### （一）记忆的三级加工模型

记忆的三级加工模型是阿特杰森（Atkinson）和希福林（Shiffrin）首先提出的，他们认为外界信息进入记忆系统后，经历了感觉记忆、短时记忆和长时记忆三个阶段。三级加工模型为有关记忆的研究提供了有效的途径。

1.感觉记忆:飞逝的印象

在三级加工模型中,所有输入的信息都必须在记忆的入口:感觉记忆(Sensory Memory)短暂停留,它包含了所有感觉综合的作用。感觉记忆能高度准确地保留信息,它给我们短暂的时间判断哪些信息是重要的,随即刺激我们选择其中一部分来注意。没有快速传入短时记忆的信息会永远消失。

视觉图像可以在视觉子系统中保留最多半秒,被称为图像记忆(Iconic Memory,图3-17)。《神探夏洛克》中侦探要求华生排除干扰回忆在墙上看到的密码时就提到了图像记忆。但遗憾的是,除了借助照相机或摄影机,人类恐怕真的无法瞬间准确记忆对我们来说无法解读的信息。

**图 3-17　图像记忆**

听觉印象则可以在听觉子系统保留 5—10 秒,被称为回声记忆(Echoic Memory)。对回声记忆的研究说明了感觉记忆的一个重要特性:它们很容易被新的信息所替代。我们听到外部世界声音时,会将到达耳朵的信息流划分为单元,决定哪些声音相配可以形成一个整体,这依赖于听者的听觉经验(LeCompte & Watkins,1995)。所以你就能理解为什么即使听含混不清的母语时你仍可以准确理解语义,而在英语听力考试中,任何一点干扰都会造成你对语义理解的障碍,听写一个句子更是比听写一个单词要难得多。

2.短时记忆:记忆的缓冲器

短时记忆(Short-Term Memory)只能暂时保存信息(约 30 秒),它除了在我们学习的时候短暂记忆新信息之外,还能为临时使用而从长时记忆中提取信息,就像一个写字板。当代心理学更加认可工作记忆(Working Memory),即短时记忆和控制从长时记忆提取信息并根据任务对信息进行合理解释的心理过程。

请试试看将下面一系列随机数读一遍,然后盖起来,尽可能多地按照它们出现的顺序写下来:

8 1 7 3 4 9 4 2 8 5 8 6

再试试看字母:

J M R S O F L P T Z B G

你对了几个?大部分人能回忆出5—9个,乔治·米勒(George Miller,1956)曾估计短时记忆的容量为"神奇的数字7±2",而随后的研究者又将"神奇的数字"定位在4左右(Cowan,2001)。无论这个数字是几,对我们来说都太小了。

如果短时记忆的容量如此有限,我们又是如何从一句话的第一个字记到最后一个字的?根据大多数信息加工模型理论,我们会将小信息组成大单元组块(Chunk)来克服这一问题——能记住棋局并复盘的国手并非单独记忆每个棋子的位置,而是将棋子组块成一些标准结构来记忆。

回忆一下曾经玩过的游戏,是否有试图挑战"神奇的数字"的记忆极限的例子?

3.长时记忆:最后的目的地

长时记忆(Long-Term Memory)的容量似乎是无限的,储存在此的信息使我们能够学习、应对环境,建立认同感和个人历史。许多关于长时记忆的模型都将其内容描述为概念和命题相互关联的巨大网络(Andreon,1990,图3-18)

图3-18 记忆网络

大多数长时记忆理论会将技能与抽象知识区分开来。

程序性记忆(Procedural Memory)是知道如何做事的记忆,是内隐的。技能或习惯一旦学成,就不再需要太多意识加工。

陈述性记忆(Declarative Memory)是知道某事是什么的记忆,是外显的。其中又包含语义记忆和情景记忆。

语义记忆(Semantic Memory)是对世界的内部表征,独立于特定情景之外,包括事实、规则和概念等。

情景记忆(Episodic Memory)是对个人经历过的事件的内部表征。由于周围环境中发生引人注目的重大事件而产生非常生动的记忆,这些记忆的细节非常丰富并且保持时间非常长。①

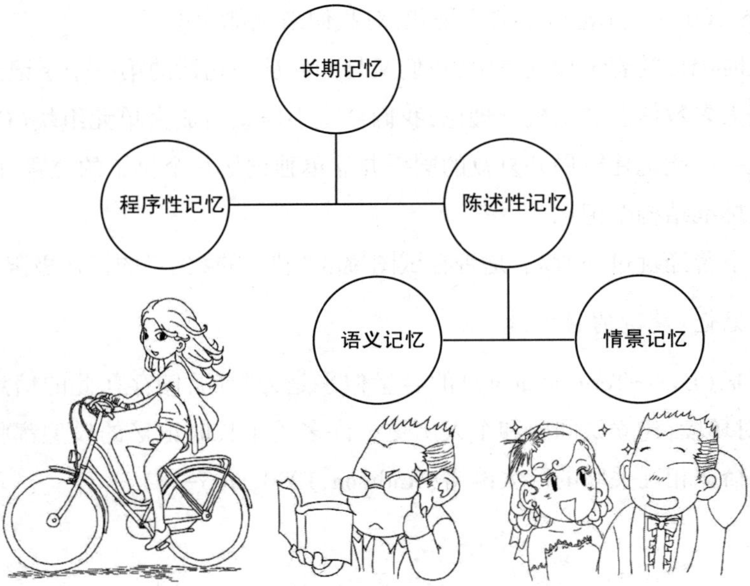


**图 3-19 长时记忆类型**

三级加工模型经常被用来解释系列位置效应(Serial Position Effect):如果呈现一个项目列表并要求你立即回忆它们,那么你对任何项目的记忆将依赖于它在列表中的位置(Glanzer & Cunitz,1966)。

(二)遗忘曲线

“考试前临时抱佛脚记住的知识,如果没有进一步学习和巩固就很快会遗忘。”这是我们每个人都体验过的经历,而这个敏锐的观察结论是由德国心理学家赫尔曼·艾

① 〔美〕卡萝尔·韦德、卡萝尔·塔佛瑞斯:《心理学的邀请》(第 3 版),白学军等译,北京大学出版社 2006 年版,第 339 页、第 340 页。

宾浩斯(Hermann Ebbinghaus)在1885年提出的。

艾宾浩斯使用无意义音节来获得一种对记忆的纯粹测量——避免带入先前学习或联想的污染。艾宾浩斯自己也参与被试,测量自己的行为。他选择死记硬背的学习方法,通过机械记忆来识记,以完成任务。他在学习时首先从头到尾通读一个音节序列的条目,一次一个,直到读完整个序列。然后按照相同的顺序再次通读这个序列,不断重复,直到能够按照正确的顺序背诵所有条目,将顺序学习的次数记录下来,然后强迫自己学习其他音节序列来分心。之后隔20分钟、1小时、9小时、1天、2天、6天、31天再次学习相同材料,并得出各阶段的节省率——再次学习时有多少是已经记住不用重新机械记忆的。其结果如图3-20所示,在学习后的不同时间里,保持量是不同的。刚学完时保持量最大,在学习后的短时间内保持量急剧下降,然后逐渐稳定。

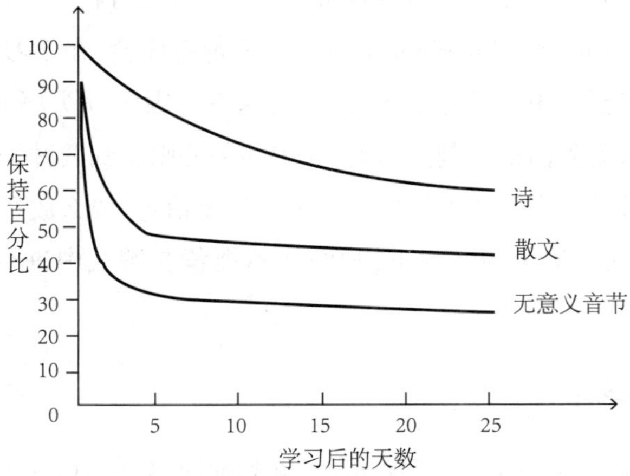


**图3-20　艾宾浩斯记忆保持曲线**

如果用$A_0$代表标准成绩,An代表n小时后重学时所用的次数,那么节省率的计算公式就是:

节省率 $=100\times(A_0-An)/A_0$

假设艾宾浩斯在初次学习时用了12遍记住所有序列,而几天之后重学这个序列只用了9遍,那么这段时间的节省率就是25%。

这项研究激发了大量后续研究,时至今日心理学家们也不敢对这项100多年前的研究掉以轻心。不过艾宾浩斯遗忘曲线留下的两大疑问至今也没有得到圆满的答案:这条曲线最终是否会与横轴相交,出现彻底的遗忘?时间不是遗忘的真正或唯一原因,那么遗忘的原因究竟是什么?

(三)衰退理论

衰退理论认为遗忘是记忆随着时间的推移而逐渐消退的结果。这种假说接近于常识,最容易被人接受,但目前只能用来解释感觉记忆和维持性复述被阻断时的短时记忆信息的丧失。至于长时记忆的遗忘,衰退理论还没有科学的解释。

(四)干扰理论

干扰理论与衰退理论针锋相对,认为遗忘是因为我们在学习和回忆之间受到其他刺激的干扰之故,一旦排除了干扰,记忆就能恢复。最早的研究是睡眠对记忆的影响。实验让被试记忆无意义音节字表达到能正确背诵的标准。此后被试或继续日常工作,或立即入睡。分别在间隔1、2、4、8小时后再回忆学习过的材料。结果日常工作的被试成绩都低于睡眠的被试,有梦睡眠的被试成绩也低于无梦睡眠的被试(Yarouch,1971),这似乎可以表明干扰对记忆的影响。

干扰理论最明显的证据是前摄抑制和倒摄抑制。先学习的材料对回忆后学习的材料的干扰叫前摄抑制(Proactive Interference);后学习的材料对回忆先学习的材料的干扰叫倒摄抑制(Retroactive Interference)①。我们都有体会,在学习课文的时候,总是开头和结尾最容易记住,中间部分最容易忘记,这就是因为开头部分只收受倒摄抑制的影响,结尾部分只受到前摄抑制的影响,而中间部分则受到两种抑制的影响。

所以单就技巧来说,在游戏中提供给玩家的重要信息,要么放在开始,要么放在最后——当然这是在无法避免的情况下,我们并不推荐在游戏中进行长篇累牍的文字灌输。

(五)提取失败理论

我们都有这样的经验:明明认识某人,但见到他时名字虽呼之欲出却始终想不起来,在对方离开之后反而不假思索脱口而出。这种"舌尖现象"说明,遗忘可能只是暂时的,就像把东西放错了地方怎么也找不到。从信息加工的角度来看,遗忘是一时难以提取想要的信息,一旦有正确线索,想要的信息就能被提取出来,这就是提取失败理论。

支持这一理论的旁证是催眠状态下的旧记忆还原现象。被试在清醒的时候记不起自己经历过的一些事情,但进入催眠状态后,会回应催眠师问到的相关问题,并多以视觉形象为主,用生动甚至带有儿童语言特征的方式来描述事情发生的经过。

(六)压抑理论

压抑理论与健忘症(Amnesia)有关,即丧失了对个人而言重要的信息(往往是痛苦事件)的记忆。健忘症往往是由于大脑疾病或受损导致的,通常是暂时性的,而心因性健忘症则是个体为了回避不想记起的信息。这种情况在电影和小说中经常出现,

---

① 〔美〕卡萝尔·韦德、卡萝尔·塔佛瑞斯:《心理学的邀请》(第3版),白学军等译,北京大学出版社2006年版,第348页。

但现实生活中极其罕见。大多数记忆研究者也都拒绝接受用此理论来解释心因性或创伤性健忘症。

### (七)记忆理论学以致用

好的记忆力是成功学习的基础,在没有一种药剂能让我们提高记忆力之前,我们提高记忆力仍需依赖心理策略。在学习了上面的理论之后,有些原则是我们可以自行把握的。

(1)注意:要记住什么信息,就要把注意力集中放在该信息上。

(2)多种编码:信息编码越详细就越可能被记住。无论是发音、形状还是它在电脑键盘上的位置,都可以帮助你把信息组块化。

(3)添加意义:信息越有意义,就越可能与长时记忆里的信息产生联系,同时减少组块数量。

(4)分时:相比一整个三个小时的学习时间,三个一小时的学习时间会有更好的记忆效果。

(5)减少干扰:学习间隔期休息可以使干扰最小化,睡觉是最佳办法。

(6)重复学习:继续学习那些你认为自己已经知道的信息。

(7)监控学习:自我测验和定期回顾,以便了解你的学习状况。不要在读完材料之后马上评估学习,因为信息仍在短时记忆中。至少延迟几分钟再去评价,会得到更准确的反馈(Nelson & Dunlosky,1991)。

不管运用哪种策略,相对于被动学习而言,主动学习会有更深刻的理解和更好的保持,这与斯金纳的理论是一致的。进行教育改革和教育游戏探索的研究者都希望学生能够处于主动学习的状态,那么在游戏与教育之间要如何结合与平衡?

## 三、教学机器与程序教学

通过前面的学习,我们可以看出,斯金纳认为学习是一种可以操作的行为,当主体学习时反应速率就增强,不学习时反应速率则下降。因此他把学习定义为反应概率的变化。在他看来,学习是一门科学,学习过程是循序渐进的过程;而教则是一门艺术,是把学生与教学大纲结合起来的艺术,是安排可能强化的事件来促进学习,教师起着监督者或中间人的作用。斯金纳激烈抨击传统的班级教学,指责它效率低下,质量不高。他根据操作性条件反射和积极强化的理论,对教学进行改革,设计了一套教学机器和程序教学方案。

教学机器是一种外形像小盒子的装置,盒内装有精密的电子和机械仪器。它的构造包括输入、输出、贮存和控制四个部分。教学材料是由几百甚至几千个问题按循序渐进原则组成的程序。每一步就是一个问题,学生正确回答了一个问题,就能进行下一步学习。如果答错了,用正确答案纠正后才能过渡到下一问题。问题的左侧标出前一问题的答案,成为对该问题的提示。一个程序学完了,再学下一个程序。

采用机器教学必须把教学内容编成程序输入机器,成为程序教学,但程序教学不一定要用机器。程序教学的基本要求是:教师编写一系列刺激——反应(问题——答案)程序,由易到难地逐步呈现教学内容,要求学生主动学习,对每个问题作出积极的反应。同时给学生的每个反应(答案)提供即时的反馈(指出正确答案),使之得到及时强化。另外需要让每个学生按照自己的进度完成整个教学程序,因材施教,使不同程度的学生尽量多地作出正确反应,降低错误率。

程序教学的实践效果并不如斯金纳预想的那样好。教学实践表明,程序教学减少了师生直接对话的机会,阻碍了师生间的及时交流,这对学生的学习来说是不利的。学生在教学机器上学习,还会有盲目地追求学习进度、猜想问题的答案和不求甚解等不良倾向,致使程序教学研究没有得到继续发展。

## 四、应用游戏

从本质上讲,游戏是对现实世界规律的简化和明晰化,并以此为基础对现实世界进行建模。通过游戏我们认识到艰苦的工作原来就是幸福的来源,只要工作目标明确、充满挑战、反馈及时和充满社会化合作感。

游戏明确标示因果结构,使玩家明白每个行动的结果和意义;而现实世界里,因果常常不在同一个时空,目标远不如游戏中明确。

游戏消除了时间壁垒,使反馈具有绝对的参考价值;而现实世界因为时间制约,使反馈往往不能成为有效激励的手段。

游戏设定了明确的学习路径,玩家遵循游戏提供的方法和工具,可以轻松地掌握游戏,主动有所作为。

2012 年刊登于 *Archives of Surgery* 上的文章指出,喜欢玩电子游戏的外科医生能够更加熟练地进行腹腔镜手术。来自罗切斯特大学的脑与认知科学系教授达芙妮·巴韦利埃(Daphne Bavelier)的研究也表明,电子游戏玩家在体验一些特定游戏后再投入工作时,能够体现出更高的关注度、精确率、想象力,以及多重任务的执行能力。马利马克学院的心理学教授迈克·斯特劳德(Michael Stroud)也证实了这一点,他认为,游戏中所要求的积极关注与能力也能够帮助我们更好地执行现实世界中复杂的任务。

除此之外,专家们也表示,在虚拟环境中,通过游戏学习知识与技能,很可能成为未来的一种学习模式。学生会发现游戏比传统的教学或 PPT 展示更容易理解且更具有吸引力。同时,模拟游戏能让学生在一个有趣且逼真的环境中进行学习,研究问题。美国科学家联盟(FAS)表示:儿童应该更多地接触电子游戏;游戏能够帮助公司员工更好地应对激烈的工作竞争;游戏能够推动人们进行策略性思考,并提高人们的应变能力。而这些能力恰好是当今雇主们在招聘时所看重的内容。根据美国娱乐软件协会(ESA)的研究,美国知名企业中有将近80%的雇主打算使用互动式软件,执行基于游戏的员工培训计划。

**图 3-21 应用游戏截图**

应用游戏(Serious Game)作为电子游戏的一种,正以前所未有的速度在全世界范围内蓬勃发展。在学术界,与应用游戏相关的研究计划如同雨后春笋不断涌现;在工业界,应用游戏的开发产品也是层出不穷;各国政府更竞相推出支持应用游戏发展的政策法规。应用游戏的发展正进入难得的好时机:人口老化、全球变暖、教育改革、专业(例如医疗、法律)培训等无不例外地期待着全新的应用游戏研究能提供可借鉴的解决方案。

在应用游戏的诸多实践中,教育游戏化或游戏化教育一直是教育者与游戏开发者共同关注和不断实践探讨的重要课题。美国心理学家杰罗姆·布鲁纳(Jerome Bruner)认为,最好的学习动力是对所学材料有内在兴趣,而最能激发学生兴趣的莫过于游戏。

在2013年美国教育科技大会(FETC)上,萨伦(Salen)展示了一张图片:小男孩拿着一块塑料方块,咧嘴而笑。“这是我们学校的一个学生,他刚做出他的第一个3D物品。这个练习是课堂的一部分,让学生用电子游戏《我的世界》中的3D编辑器设计一个物品,然后用MakerBot 3D打印机打印出来。”Salen认为,这种学习拓展了“孩子们的未来视野”,我们可以尝试用这种方式吸引新一代的学生。

互联网时代,父母和教师可以将数字空间与孩子的现实学习联系起来,帮助孩子使用互联网进行研究或参与相关的学习活动。新技术平台和全球化环境创造了大量的学习机会,从越来越强大的电脑到3D打印机再到游戏系统和慕课(MOOC)的盛行,教育者努力设计更具沉浸感的学习环境。教育者的目标是使学习对孩子产生不可抗拒的吸引力,使他们能够一边学习一边玩乐,这就是最理想的结果。

游戏化就是在非游戏背景下使用游戏设计元素(Deterding, Dixon, Khaled & Nacke)。这个定义将游戏化同玩具、玩乐设计和真正的游戏区分开来,区分元素分为两个对立部分:玩乐与游戏,整体与局部。在这个定义中,游戏化被认为更贴近游戏而不是玩乐(图3-22),游戏化的目标是制作更具吸引力的产品和培养更活跃、积极的用户群体。

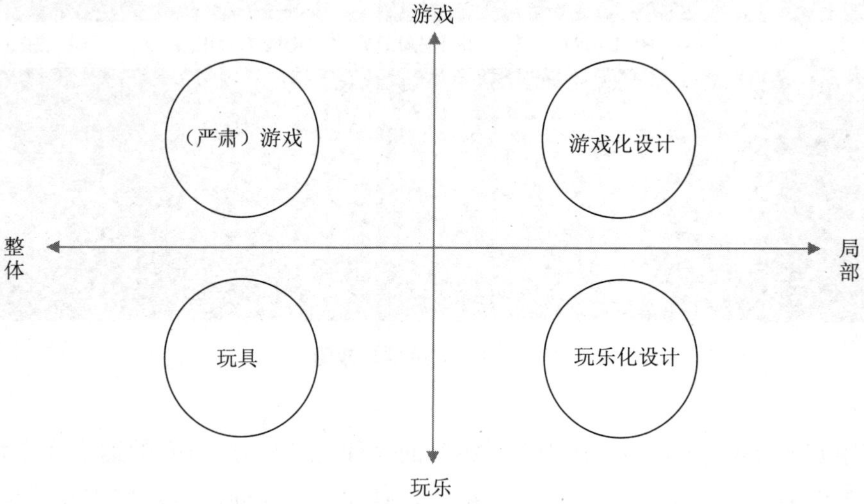


**图3-22 游戏化**

为了达到目标,我们需要了解目标用户,在核心体验环节融入趣味、快乐和满足感,创建易学但难精通的系统,随着玩家的进步,提高体验的挑战性和复杂性。玩家体验周期有三大阶段:新手、常客和忠实粉丝。他们并非一成不变地访问网站或体验游戏。他们需要不同的内容来实现满足感。新手需要新鲜的内容、活动和挑战;忠诚粉丝需要专属奖品、认可和影响力。

所有好游戏都是游戏化的学习工具,无论它们是否被贴上教育类的标签。更重要的是,这意味着所有玩家都是学习者。我们要问的问题不是玩家是否能通过游戏学习,而是他们正在学习什么。我们要考虑的不只是学科的内容,还应该考虑把玩游戏作为与"问题解决和系统思考"等概念相媲美的"21世纪技能"。

学校应该重视游戏化学习工具,用它们改革传统的学习模式,最终把玩家、学生和学习者这三个词的意义统一起来。让更多寓教于乐的学习方式进入学校,无论这种学习方式是否来自游戏。

在2013年美国培训与开发协会(ASTD)上,教学设计师朱莉·德克森(Julie Dirksen)介绍了"学习游戏化"的概念。Dirksen指出,为了达到良好的学习效果,游戏必须给予多种形式的、频繁的反馈。在EA Sports中,为了保持心流状态,玩家每1—2秒就要做一次决定,每7—10秒得到一次反馈。这样可以让玩家始终知道自己的行为对结果的影响是非常重要的。心流状态是游戏化学习比非游戏化学习更能调动积极性的主要原因之一。

游戏一开始就要建立帮助玩家学习游戏运作和进展方式的反馈机制，这符合所有游戏的设计规律。当玩家获得了足够的反馈，真正了解了游戏的基本原理后，就可以让他们离开"教学模式"，真正开始进入游戏了。

在给予反馈时，要让反馈具有明显的"结果性"，即反馈形式本身要与导致它产生的条件或行为有关联。以安全培训为例：在安全问答时，当玩家回答错误时，由设备发出响亮的爆炸声。这种反馈形式与目标学习内容和环境具有紧密的联系。这些反馈方法比不相干的徽章和无意义的得分有效得多。

正如本章前文所述，如果给予参与者他们想要的东西，其注意力就会持续，而在许多训练中，参与者并没有意识到"他们这么做是为了什么"，直到训练过程进入尾声或游戏结束后在反思过程中才得以进一步消化。另外，在学习或游戏中，参与者通常直到最后才得到学习或游戏的奖励。但心理学和日常生活中的许多例子均表明，人们更加关注即刻的奖励，而不是姗姗来迟的奖励。所以除非奖励非常可观，否则游戏中的奖励应该尽早出现。使用游戏化方法，我们可以制造挑战，但要谨慎一些，避免把难度提高得太快，给参与者太大压力。我们要根据参与者的能力提升来增加游戏的挑战难度，将难度曲线合理化。

结合本章前面所介绍的知识，不难发现，我们生活中名为学习的行为既包含程序性记忆，也包含陈述性记忆。我们在思考和创作教育游戏时总是面临选择要寓教于乐(Edutainment)还是要更好玩的学习(Playful Learning)的困扰。对于程序性记忆而言，有趣的操作和交互能够帮助参与者更好地掌握技能，因此在专业领域的应用游戏比教育游戏更容易获得认可。但对于规则、概念等需要死记硬背的知识，不能回避的就是陈述性记忆的保持效果。教育游戏很容易走入两个极端中的一个，要么过于追求娱乐性而忽略知识点的学习，要么过于追求记忆效果而生搬硬套一个并不合适的游戏机制。游戏能够给玩家及其行为带来显著影响，因此，设计不当非常危险。我们目睹社交游戏如何发挥显著作用，创造沉浸性行为，改变用户的优先选择，改变用户的时间利用方式。即便是最具善意的游戏，如果设计不当，也会带来危险结果，强化消极行为。

因此，当下教育游戏所面临的最大难点和重点已经从"是否需要"变成了"如何实现"。以游戏设计的角度来看，在线教育需要注意的是观念上的革命：为使用者确定起点和目标，但不规定实现的路径和方法；不衡量数量，而注重经验；强调与人而不是与电脑互动。在教育游戏的设计中，明确知识点与交互点的划分与结合：对于需要记忆的知识点，采取辅助教学的模式，辅助学习者顺利转化成长时记忆，从而减缓遗忘；对于充满趣味的交互点，尽可能提供娱乐性交互，达到分时学习和减少干扰的目的，进一步提升记忆效果。

回想一门你中学时代最难以提起兴趣的课程，现在，你有什么好点子让它充满游戏性，不再使今后的中学生抵触了吗？

## 思考题

1.人与机器的本质不同在哪里？

2.游戏会养成玩家哪些经典条件刺激和反射？

3.在游戏中如何利用习惯化的理论来预测玩家行为？

4.时下流行游戏的新手引导教程中，哪些是可取的？哪些是可改的？

5.在不同游戏中，要如何设计玩家的挑战和失败之间的平衡？

6.试用不同强化模式分析其在某一游戏中的具体体现。

7.回想你所熟知的游戏中使用的玩家行为塑造手段，如果现在开发一款新的MMORPG游戏，你会怎样考虑玩家的行为塑造？

8.游戏、电影、动画的分级是否势在必行？

9.何种程度、何种表现形式的攻击行为可以被何种年龄的人接受而较少产生负面影响？

10.未成年人选择游戏、电影和动画时，监护人需要何种程度的介入？

11.应用游戏在游戏与教育之间要如何结合与平衡？

# 第四章　游戏黏性

**本章要点**

1.游戏黏性的实现机制

2.游戏中成就动机的作用

3.游戏玩家的需求和满足

4.游戏沉浸感的实现

**关键术语**

人本主义、需求、动机、沉浸、成瘾

这次我们要从一个沉重的话题开始。

电子游戏的出现丰富着人们的业余生活,越来越多的孩子、中青年人和老年人开始在游戏中寻找快乐。这本是件好事,但过犹不及,有些人却将这种业余调剂的方式变成了一种无法自拔的游戏瘾。

据英国《太阳报》报道,在英国城市谢菲尔德,一位名叫克里斯(Chris)的20岁青年在家中猝死,经调查,死因为深部静脉栓塞。而他的父母表示,Chris是毫无征兆地忽然倒地,送医院经抢救无效死亡,在死的前一天他连续用Xbox玩了12小时游戏。美国一位母亲因为沉溺网络游戏无暇照顾自己的女儿,导致女儿被活活饿死。同样的悲剧也发生在韩国,水原市一对夫妻沉溺网络游戏致使出生不久的女儿饿死。在日本,还有一位母亲为了玩游戏,将5个月大的儿子独自放在车窗紧闭的车内,导致孩子中暑死亡。

游戏让我们超越语言、跨越国界共享快乐,同时也不分种族不分肤色无差别地考验着我们。

我们因何需要游戏？我们如何适度游戏？

# 第一节　游戏黏性机制

## 一、概述

正如“黏”的本意是相互附着连接在一起的状态，游戏黏性很形象地描述了吸引玩家反复投身游戏，长时间滞留于游戏，始终不愿抽身离开的游戏特性。对于黏性好的游戏，玩家是不会轻易离开游戏、淡忘游戏或删除游戏的。

在当下这个大数据时代，各个游戏公司对于游戏运营数据的分析越来越重视，用户留存、日活跃用户数量（DAU）、月活跃用户数量（MAU）等参数已经成为运营人员每天要考量的指标。而用户留存一直都是用来评定用户黏度的最好指标。用户自某段时期开始使用应用，在一段时间之后，仍然还在使用应用的被认作是留存；这部分用户占当时新增用户的比例，就是留存率。对于留存率相关的计算和解读我们在后面的章节再作详细介绍。在本章，我们重点探讨内在心理机制的问题。

从心理学角度来看，游戏黏性的运行机制是怎样的呢？

**图 4-1　游戏黏性机制**

是什么促使我们产生了玩游戏的念头？想要放松一下？想要发泄一下？答案可能各有不同，但我们会发现，在游戏领域我们仍然遵守基本的心理学规律，即不存在毫无理由的行为。我们首先为了满足某种需求而产生相应的动机，进而开始游戏行为。在游戏中我们通过感觉和认知得到满足，又产生了希望延续愉悦感的持续动机，“引诱”我们继续游戏行为，这就是游戏黏性。游戏的主要激励点在于：玩家在游戏过程中能够体验到自主性、能力和关联性，这是产生内在动机的三个基本心理学需求。这个理论被称为“自决理论”，如图 4-2 所示。

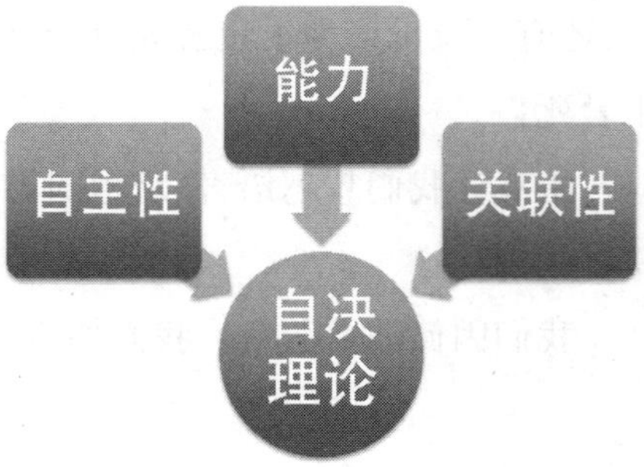


**图 4-2　自决理论**

自主性指玩家作出的选择及其原因。当玩家选择出于自身兴趣或个人价值而不是奖励或被迫作出某种行动时，感知到的就是很高的自主性。比如玩家可以自由选择作出动作的顺序，没有被迫采取某种规定的方式，自主感就会很高。能力指最优化挑战玩家的能力。在游戏中，如果控制方法简单直观，游戏中的任务会持续不断地提供最优化挑战和积极反馈，那么玩家的能力感就会很强。关联性指人们与他人的联系。在游戏中，他人可能是电脑生成的人或其他玩家。互动、联系和照顾他人的体验需求能够成为强大的动机。如果能够考虑到这三个元素，而不是简单地通过奖励进行激励，那么玩家会更大程度地参与到游戏中。

## 二、动机

动机（Motivation）是一个概括性术语，是对所有引起、支配和维持生理和心理活动的过程的概括。动机词源于拉丁语 movere，意为趋向于（to move）。所有生物都会趋向于某些刺激而远离某些刺激，这由它们的本能所决定①。通过考虑动机，可以解释和预测个体的行为。这显然对于游戏设计来说是件很重要的事情，毕竟设计者为玩家建造的游戏世界符合玩家的喜好，才能最大限度地留住玩家。

具体到游戏来说，我们认为游戏动机是以满足玩家需求为目的，引起玩家持续进行游戏行为的内在驱力。对玩家而言，动机不仅具有内在促进作用，而且在促进后，对个体的活动还具有导向和维持作用。

### （一）原发性动机

原发性动机也称生物性动机，它以有机体自身的生物性需要为基础。传统概念认为，生物有其自身的行为方式，其中一部分原因在于一个物种有许多行为受到本能（Instinct）的控制。这些本能是由基因遗传所决定的，对物种的生存至关重要。比如蜜蜂能把食物所在地的信息传递给同伴，负责守卫的蚂蚁能进行高度同步的快速搜索行动，鸟类筑巢、蜘蛛结网，与它们的祖辈完全一样，不用特别学习和教授就能运用自如。早期的人类机能学认为人类本能虽然没有特定的行为模式，但比动物更多地依赖本能，认为同情、谦虚、社交和爱都是人类的社会本能，是为了适应环境而存在的。弗洛伊德（Freud，1915）提出人类行为受到强大的内部力量所驱使，这种内部力量就是我们所说的本能。本能可以分为生或性本能，即力比多（Libido），死或攻击本能，即塔纳托斯（Thanatos）。人类体验到的内驱力来源于生本能和死本能，本能的冲动指引心理能量去满足身体的需要。

有一些动机看起来很简单，饿了就要吃东西，渴了就要喝水。克拉克·赫尔（Clark Hull，1952）提出，最重要的行为是由内驱力激发的。生物体就其本身来说，会寻求维持一种平衡状态，称为动态平衡（Homeostasis）。当某种需求破坏了平衡或产生了某种心理上的紧张，内驱力就会发生作用，反过来促使生物采取能够消除紧张的行为。当内驱力得到满足或消除，动态平衡又恢复时，生物体就会停止这种行为（图 4-3）。

---

① 〔美〕理查德·格里格、菲利普·津巴多：《心理学与生活》，王垒、王甦译，人民邮电出版社 2003 年版，第 325 页。

**图 4-3 需求机制**

当然,消除紧张并不能解释所有被激励的行为。如果有一群饥饿的老鼠,按照消除紧张理论可预知它们会优先进行吃东西的行为。然而如果把这些老鼠放在一个全新的环境里,到处都有食物和水,它们却会选择四处探索,直到好奇心满足之后才会开始进食(Berlvne,1960;Fovuler,1965;Zimbardo & Montgomery,1957)。由此可见,行为不仅仅是由内驱力所激发的,行为还由诱因(Incentive)——外部的刺激和奖励所驱使。当老鼠与它们周围环境中的事物保持协调,而不是与它们的心理状态保持协调时,它们的行为就表现出受诱因控制。这就像我们明明已经玩了很久游戏,但还是会为了组队下副本而大半夜泡在电脑前不去呼呼大睡一样。

1.寻求刺激动机

俗话说好奇害死猫,在这一点上,人类也同样适用。寻求刺激的动机是出于对刺激和信息的需要,包括活动、好奇、探索、操作和身体接触等,我们通过探索获得关于食物源、危险源,以及其他重要环境信息。尽管这些也是内在需要,却不是生存所必需的。在行为主义的实验中,无论是桑代克迷笼还是斯金纳箱都使用了食物作为强化物,但实际上即使没有强化物,单凭好奇心,猴子也能学会操作金属插销等简单锁,并反复尝试乐此不疲。这种行为与人坐在电脑前玩游戏又有多大差别呢?我们玩游戏也没有食物作为强化物,仅凭对游戏本身的好奇就开始玩游戏甚至欲罢不能。我们似乎有着很强的好奇心去了解一切事物,也许人类所有的科学研究和对未知的探索也都是来自于这种好奇。

2.唤起

唤起是指身体和神经系统被激活。情绪激动或慌乱时唤起水平较高,日常活动中唤起水平都保持在中等,睡眠中较低,死亡时归零。唤起理论(Arousal Theory)认为,不同活动需要不同程度的唤起水平。好奇心和寻求刺激的需要可以理解为在唤起水平低时的一种提高唤起水平的尝试,它让我们保持在中等程度的唤起,避免过度单调或过度刺激。

城里人去农村旅游,往往时间一长就觉得太安静,而农村人来到城市,又会觉得城市太喧嚣。每个人都在寻找适合自己唤起水平的状态,因此不同人之间寻求刺激的强度也不相同。高强度刺激寻求者会在游戏中挑战更高难度和更好完成度,而低强度刺激寻求者则会偏爱休闲游戏等较少引起焦虑的游戏。

作为学生,我们都曾体验过“考前焦虑”,过度唤起状态会让我们手脚冰凉,精神紧张,甚至在考场里感觉憋闷和眼前发晕,这显然不是参加考试的最好状态。那么,我们会在何种唤起状态下能力发挥最出色？在生活中我们总有“状态极佳”和“状态不好”的时候,比如在考试中,如果唤起水平太低,我们会昏昏欲睡注意力难以集中;如果唤醒水平太高,我们会过分紧张和焦虑也难以发挥水平。唤起水平和行为效率的关系可以用一条倒 U 形曲线来描述,如图 4-4 所示。

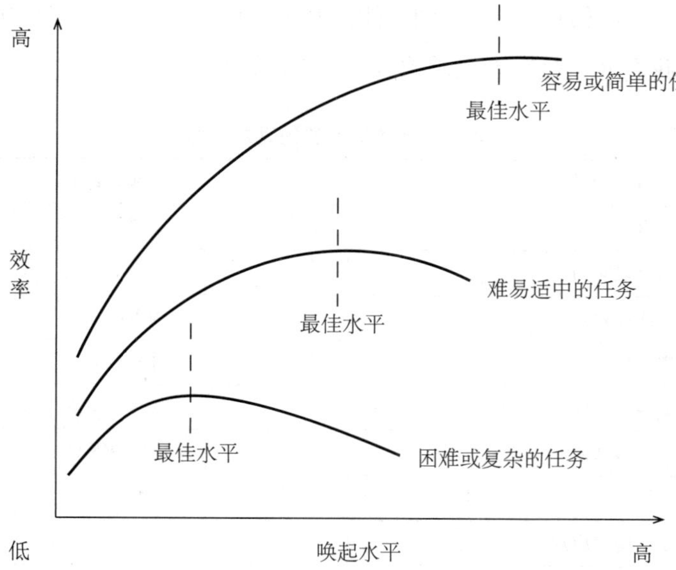


**图 4-4　唤起水平和行为效率的关系**

在唤起水平低的时候,人体还没有充分调动起来,难以出色完成任务。随着唤起水平的增加,能力发挥水平也在不断提高,曲线保持上升,直至中部。随后由于唤起水平过高,人开始情绪失控,表现水平持续下降。新手司机面对危险时错把油门当刹车的例子屡见不鲜,这是因为过分的紧张焦虑在一定程度上影响了司机的冷静判断。

那么保持中等唤起水平是否就能保证在完成任务时总是在最佳状态？如图 4-4 所示,任务的难度不同,相应的最佳唤起水平也不同。简单任务的最佳唤起水平相对较高,复杂任务的最佳唤起水平相对较低,这就是耶基斯-多德森定律(Yerkes-Dodson law)。比如在短跑比赛中,选手要处理的任务就是以最快速度向前跑,因此需要选手热身、预跑达到高唤起水平以确保发挥;而在射击等需要精确计算和操作的比赛中,选手的唤起水平不能太高,否则我们可能会再次看到 2004 年夏季奥运会美国射击名将马修 · 埃蒙斯(Matthew Emmons)的离奇脱靶。

### (二) 习得性动机

习得性动机也称社会性动机,是指人与社会生活相联系的、后天习得的动机,这类动机比原发性动机要多很多。迈克尔·阿普特尔(Michael Apter)1989 年提出了“元动机”理论。该理论假定有四对元动机状态,不同状态派生不同的动机模式。如表 4-1 所示,在任何时候,每对动机的两个状态都是彼此不相容的,只有一个能被激活,这个理论被称为逆转理论(Reversal Theory),它试图解释人类是如何从对立的一端转向另一端的。以“有目的的”和“超越目的的”的状态为例,当我们玩游戏是为了享受游戏的过程时,就处于超越目的的状态,而如果玩游戏是为了获得电子竞技的胜利,就处于有目的的状态。逆转理论认为人们不能同时处于两种对立状态,即在电子竞技的过程中,严格来说我们并不是在享受游戏,而是在完成任务。

**表 4-1 元动机状态的基本特征**

| **有目的的** | **超越目的的** |
|---|---|
| 严肃的 | 嬉戏的 |
| 目标取向的 | 活动取向的 |
| 事前计划安排 | 为瞬间而活 |
| 避免焦虑 | 寻求刺激 |
| 愿望达成即成就 | 娱乐与享受 |
| **服从的** | **逆反的** |
| 服从的 | 反叛的 |
| 原意墨守成规 | 愿意打破常规 |
| 保守的 | 激进的 |
| 愉快的 | 愤怒的 |
| 愿意与人相处 | 愿意独来独往 |
| **控制** | **同情** |
| 权力取向的 | 关怀取向的 |
| 把生活当奋斗 | 把生活当合作 |
| 意志坚强的 | 感情脆弱的 |
| 关心控制 | 关心友善 |
| 重支配 | 重情感 |
| **自我中心的** | **他人取向的** |
| 主要关心自己 | 主要关心他人 |
| 自我中心 | 认同他人 |
| 关注自身情感 | 关注他人情感 |

如果要说明对动机的心理学研究,《绿野仙踪》就是个很好的例子。桃乐茜与三个伙伴克服重重困难,历经千辛万苦来到翡翠城。而在共同的目标之下,每个人也期待翡翠城的巫师给予他们各自想要的东西。桃乐茜想要回家,稻草人想要智慧,铁皮人想要情感,狮子想变得勇敢。在故事的最后,我们发现给予大家想要的品质的并不

是巫师,而是他们自己。这个故事极具代表性地体现了戏剧领域典型的“角色弧”理论,每一个角色在完成故事之后都成长了,达到了戏剧性的要求。《绿野仙踪》遵循我们在现实生活中也经历过的心路历程。无论是稻草人、铁皮人还是狮子,他们所渴望的品质其实自己已经拥有,旅途不过是激发他们表现出了这些品质。翡翠城的巫师是最早的“心理学家”,他准确认识到了人的思想在决定其目的以及实现该目的的行为上的重要作用。心理学家用认知分析来探索激发各种人与社会行为的力量,他们与巫师的观点一致,即人类重要的动机不是来自于外部世界的客观实体,而是来自于对这些实体的主观解释。结合前一章行为主义中的强化理论来说,如果我们没有意识到自己的行动会获得奖励,那么奖励的强化作用就不存在。因此我们会发现,现在的行为通常是由我们自认为导致过去成功或失败的因素所控制的,由我们认为自己能做什么的信念或对此行为可能得到的结果预期所控制,换句话说,我们常被对未来的期待所驱动。

1.成就动机

成就动机是指个人追求进步以期达成目标的内在动力。早在1938年,亨利·莫里(Henry Murray)就假定了一种获得的需要,这种需要的内容不一而同,强度也因人而异。戴维·麦克利兰(Davis McClelland)与其同事在1953年设计了一种方法来测量这种需要的强度,然后寻找不同社会中追求个人成就的动机强度关系,寻找培育这种动机的条件,以及它在工作领域中的作用。研究结果显示,当孩子的父母用严格的规则来教育孩子,孩子就会感到较高的成就压力,而早期的父母成就压力与孩子长大后的成就需要之间呈现正相关,经历较高成就压力的孩子比经历较低成就压力的孩子年收入要高。

约翰·阿特金森(John Atkinson)在麦克利兰研究的基础上提出了具有广泛影响的成就动机模型。他认为成就动机是“希望成功”与“恐惧失败”这两种心理作用彼此抵消的结果(Atkinson & Birch,1964)。从这个意义上说,成就动机高的人对成功的期望远超对失败的恐惧,因而敢于选择比较困难的工作,以期获得成功后的快乐。反之,成就动机低的人恐惧失败的动机大于希望成功的动机,因而只能选择简单的工作,以避免事后失败的痛苦。

在游戏中,设计师总会担心过多的失败会令玩家感到挫败进而离开游戏。但实际上作为动作解谜游戏,《塞尔达》系列一直以来都是以出色的谜题和巧妙的操作著称的。最近的《塞尔达传奇:天空之剑》为了降低玩家因谜题受挫的可能性,设计了太多可提供帮助的同伴,他们会积极提供谜题解决方法,经常在玩家还没有意识到之前就告诉玩家如何解琐。即使玩家无须听取这些建议,但同伴仍会一直提醒玩家。这种看似体贴的设计让游戏变得无趣了很多。《刺客信条》也面临同样的问题,游戏中的战斗十分炫酷,充满野蛮的手段和快速的连击,但胜利却太过于简单了。玩家有时候甚至会觉得自己是在浪费时间,例如等待暴风雪降临以作掩护,潜入英国哨所,事实上玩家完全可以凭借"主角光环"的逆天实力轻易打败那支徒有虚名的军队。

对于游戏来说,玩家的离开是致命的。要增加黏性,让玩家喜欢玩是游戏设计最重要的目标之一。而游戏能否在一开始就抓住玩家,成为了重中之重。在前一章我们曾讨论过游戏的初期教学可以像《超级马里奥》或其他经典红白机游戏那样使用"试误法"对玩家进行教学,并且建议硬核游戏适度令玩家受挫,而休闲游戏则需要减少让玩家受挫的次数。那么对于 *Flappy Bird* 这样既休闲又自虐的游戏又该如何解释呢?当你每晚给自己制定不到 30 不睡觉的目标后,又是经历了多少次失败才呵欠连天地睡去的?既然不让玩家受挫并不是留住玩家的必须方法,我们就需要看到受挫背后潜藏的问题,即玩家对于自身失败的解释。

从心理学角度来看,对于成功的渴求并非决定一个人成功的唯一条件,我们还应该考虑控制源和稳定度。控制源是一种信念,关于行动结果是取决于人们所做的(内部控制)还是取决于环境因素(外部控制);稳定度则是随着时间的推移,偶然性因素对事物保持稳定的衡量尺度。

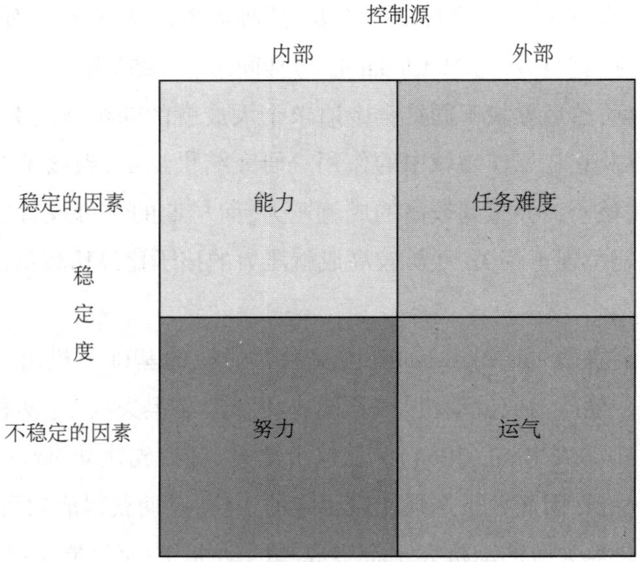


**图 4-5　关于行为结果原因的归因**

根据图 4-5,我们可以对任务的成败进行归因(Attribution),在很多情况下,归因能够对动机产生影响。

我们假设玩家在第一次尝试游戏时得到的评分不高或者干脆失败了。那么接下来玩家还会继续玩游戏吗?我们假设玩家 A 将失败归因于自己的能力不足,玩家 B 将失败归因于游戏设计不当,玩家 C 将失败归因于自身努力不够,玩家 D 将失败归因于运气不佳。

根据不同的归因,玩家经历了表 4-2 中的情绪反应。而他们解释事件的方式,他们或乐观或悲观的态度,会影响他们的主动性和被动性,不管他们是坚持还是放弃,冒险还是稳妥地进行游戏。

**表 4-2　依赖于归因的情绪反应**

| 归因 | 情绪反应 | |
|---|---|---|
| | 成功 | 失败 |
| 能力 | 能力 | 无能 |
| | 信心十足 | 听天由命 |
| | 自豪 | 沮丧 |
| 努力 | 轻松 | 内疚 |
| | 满意 | 耻辱 |
| | 松弛 | 害怕 |
| 他人影响 | 感激 | 生气 |
| | 感谢 | 愤怒 |
| 运气 | 吃惊 | 吃惊 |
| | 内疚 | 震惊 |

悲观的归因方式认为失败的原因是由内部产生的,具有稳定性和整体性,最悲观的玩家 A 认为游戏失败的原因是自己没有能力玩好游戏,稍好一些的玩家 B 认为游戏设计得太难了,没有人能够玩得好。而乐观的归因方式则把失败看作是外部因素和不稳定或可变化事物的结果,即玩家 C 和 D 认为游戏失败很大程度上是因为自身努力不够或运气不佳,这种状态不会影响下一次游戏。而涉及成功的归因时,情况就会反过来。乐观主义者对自身抱以稳定的信心,认为游戏玩得好是自己能力强;悲观主义者则把成功归因于外部的不稳定因素,认为游戏玩得好是运气使然或关卡原本就易于通过。结合对玩家"怒删游戏"的原因分析就会发现:玩家对于游戏结果的归因在其中起到了重要作用。

如果多数玩家将游戏的成功和失败归因于外部因素,即游戏本身的设计问题,那么除了少量以挑战为目的的硬核玩家之外,游戏很难留住其他玩家。"游戏太简单,不够玩"或者"游戏太坑爹,没法玩"之类的评价是致命的,很可能会导致玩家出现不满甚至愤怒的情绪。

如果多数玩家将游戏的成功和失败归因于自身努力和运气等内部内素,那么游戏相对容易留住他们。当玩家失败时,他们能够看到希望,无论是相信下次自己能做得更好,还是期待下次运气更好,都相对积极并具有长期动机。相比较而言,归因于自身努力比归因于运气因素更具有稳定性,单纯的运气因素也会在运行一段时间之后让玩家无所适从,进而可能产生倦怠和不满。因此一些"背版"游戏即使难度很大,也仍能得到玩家的青睐。因为玩家能够明确地知道难度所在,并能够从中总结经验,通过提高自己的技巧来取得胜利。

*Flappy Bird* 正是引导玩家将对成功和失败的归因都指向自身的成功之作。一方面，*Flappy Bird* 的难度较高，而正是因为高难度，当玩家获得较好分数时，才会得到较大的成就感和满足感，并为了延续这种良好感觉而不断重复游戏，保持了游戏黏性。另一方面，因为游戏的玩法清晰简单：看准时机轻触屏幕，玩家的操作总在自己的可控范围内。虽然“一不小心”就可能前功尽弃，但是玩家仍然认为没有通过的障碍在本质上与已经通过的障碍并无二致，只要下一次多加小心就可以通过。于是多数玩家无论成功还是失败，都会产生比较积极的归因，这在一定程度上减缓了玩家对游戏兴趣的衰减，增强了黏性。

2.成就系统

进入 21 世纪以来，电子游戏界不断提出新概念，引入新机制。2005 年发售的 Xbox360 率先引入了成就系统，随后其他游戏和游戏平台也纷纷推出了自己的成就系统。成就系统的作用主要有三个方面，一是为玩家提供游戏方向，没有被点亮的成就其实就是一个个潜在的任务，只不过是以更加开放的形式提供给玩家；二是满足玩家的成就需求，激发成就动机在后续的游戏中发挥更大作用；三是将已获得的成就展示给其他玩家，得到他人的认可和钦佩。在 Xbox 平台、PS 系列平台和《魔兽世界》等经典游戏中，成就系统成功地影响着玩家的行为，也在一定程度上提高了游戏的重复可玩性。

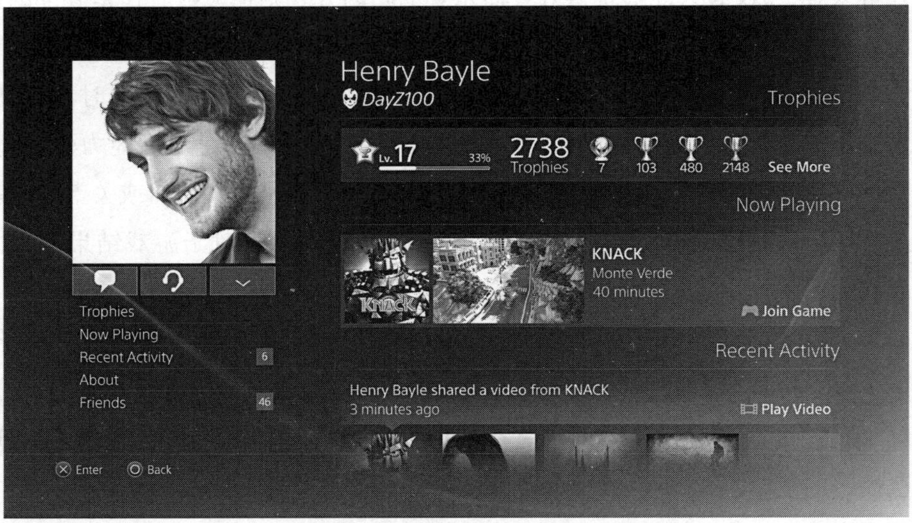




**图 4-6　成就系统截图**

不过，成就系统也并非适合所有游戏，任天堂就不使用这种系统，而且这并没有影响他们在商业和口碑上取得成功。随着成就系统在硬核游戏中的普及，一些游戏设计师也开始反思成就系统带来的问题。游戏设计元老基思 · 伯根（Keith Burgun）甚至认为成就系统中可以描述为“不可避免的”“奖励的”“聒噪的”和“毫无意义的”。在2012年发售的*CS*：*GO*中有“Body Bagger：消灭25个敌人”；*XCOM*：*Enemy Unknown*中有“Bada Boom：用爆炸性武器消灭50个外星人”；《生化危机6》中也有“Life Saver：帮助或拯救你的同伴10次。”许多玩家正玩着游戏，突然弹出这些“获得成就”的窗口，是完全没有意义的信息，除了暂时干扰玩家以外对游戏没有任何作用。

解决这类问题的建议是改变目前成就系统的陈旧套路，让它能够达到原本设立成就系统时的目标：引导玩家进行不同的游戏体验。在*Nethack*中，成就系统的变体被称为“Conducts”：尽管玩家可以在没有人为限制条件下完成游戏，但高级玩家可以尝试用Conducts增加游戏的挑战难度。所谓的Conducts就是对游戏行为的自愿限制，如不使用祝福技能，素食或绝对素食，不杀死怪物等。在*CS*的公共服务器中已经出现了一些更好的变体。比如，“无AWP/Auto”“无限的金钱”或“打赌”都可以算是成就系统的变体，这些变体对玩家构成了新挑战。在实际应用中，还有其他服务器变体，比如增加RPG元素、僵尸和其他规则等。

请思考：成就系统将来可能会如何发展？怎样才能让成就系统在游戏中最大限度发挥积极作用，而非变成鸡肋？

3.亲和动机

亲和动机是指个体在社会情境中，希望与他人亲近的内在动力。需要关心、需要友谊、需要爱情，需要别人的认可、支持与合作等，都是亲和动机。人类自古就是群居动物，促成动物群居的内在原因都可被视为亲和动机。当我们无法达到目标时会寻求帮助，当我们遇到危险时会寻求保护，当我们对事物不了解时会寻求教导。斯坦利·沙赫特（Stanley Schachter，1959）曾通过实验研究大学女生在不同焦虑情境下亲和动机的差异。在讲解实验说明时，实验组的女生被告知可以在实验室里看到外形令人望而生畏的仪器，然后要遭受痛苦但无害的电击。控制组的女生则不会看到仪器，也不会被告知电击的事。于是，这两组被试女生陷入了不同的情境之中，实验组的女生焦虑明显高于控制组的女生。随后，研究人员告诉所有女生，实验正式开始之前需要提前到实验室外等候。结果发现，实验组32名被试中有20人选择与人结伴，而控制组的30人中只有10人选择与人结伴。这一结果表明，在引起较高焦虑的情境下，我们的亲和动机会有所增强。

回想一下我们挑战《魔兽世界》副本时的感受吧，面对强大的敌人，除了组队我们毫无选择。组队能够联合不同能力的同伴为了共同的目标而努力，同时能够降低每个人遇到致命危险的可能性。即使任务失败，良好的同伴关系也能够减少因失败带来的挫折感，使玩家及时总结问题并开始下一次挑战。

4.权力动机

麦克利兰（McClelland，1975）在多年研究中发现，凡是工作成就动机高的人，对当领袖就没什么兴趣。虽然一般人将追求权力且身居要职视为一种成就,但这些人行为背后的动机并非成就动机,而是权力动机,即个体意图影响他人或支配他人的内在动机。权力动机可分为个人化权力动机和社会化权力动机(Lynn & Oldenquist,1986)。有的个人化权力动机体现在追求权位或物质财富上,还有的体现为热衷参与社会活动,利用所有机会表现自己,在团体中如果有才能相当或强于自己的人出现就会视其为假想敌等行为上。这样的人表面看来是热心社会事务,其实是利用社会形象满足私欲。社会化权力动机强的人可能并不参与具体社会事务,而是凭借专长以传播知识观念的方式影响他人和社会,在教师、作家、记者、画家、音乐家中都不乏例子。有的人社会化权力动机表现为用自己的专长服务大众,比如不以盈利为目的的服务人员;还有的以服务为目的的团体领袖形式出现,他们对团体及其成员有着很强的责任感和使命感。

5.人性的 16 个基本动机

在 1995 年到 1998 年有关人类行为基本动机的一系列调查研究中,史蒂文·瑞斯(Steven Reiss)与其同事从一系列可能动机入手,提出了上千种可能性,再将这些可能因素缩减到仅剩 384 条,并通过调查 2500 多位被测者,衡量各个动机的重要程度,然后通过因素分析法找到其中不同基本要素,最终筛选出 16 个人性基本动机,如表 4-3 所示。我们会看到这种分类并不符合之前将动机分为内外两类(原发性动机和习得性动机)的常用方法,这可以帮助我们从另一个实用性角度来分析动机的类型。

**表 4-3 人性的 16 个基本动机**

| 动机 | 目的 | 内在感受 |
|---|---|---|
| 权力 | 渴望影响他人 | 效力 |
| 好奇心 | 渴望了解 | 好奇 |
| 独立性 | 渴望独立自主 | 自由 |
| 地位 | 获得社会地位(引起关注) | 自我重要感 |
| 社会联系 | 获得同伴相陪(共同玩耍) | 乐趣 |
| 复仇 | 报仇(包括对抗取胜) | 自我证明 |
| 荣誉 | 渴望遵守传统道德准则 | 忠诚 |
| 理想主义 | 改变社会(包括大公无私) | 怜悯 |
| 锻炼身体 | 渴望锻炼肌肉 | 活力 |
| 浪漫 | 性需求(包括求偶) | 欲望 |
| 家人 | 渴望养育孩子 | 爱 |
| 整理 | 组织需求(包括宗教仪式) | 稳定 |
| 饮食 | 食物需求 | 饱腹感(免受饥饿) |
| 接受 | 获得认同 | 自信心 |
| 宁静 | 避免紧张、恐慌 | 安全、放松 |
| 存储 | 收集、节约需求 | 拥有权 |

(三)玩家的基本需求

在游戏中我们会发现:不同玩家的需求是不同的,同一个玩家在不同游戏中的需求是不同的,同一个玩家在同一款游戏中不同阶段的需求也是不同的。因此,我们总结出游戏玩家的12种基本需求(图4-7)。

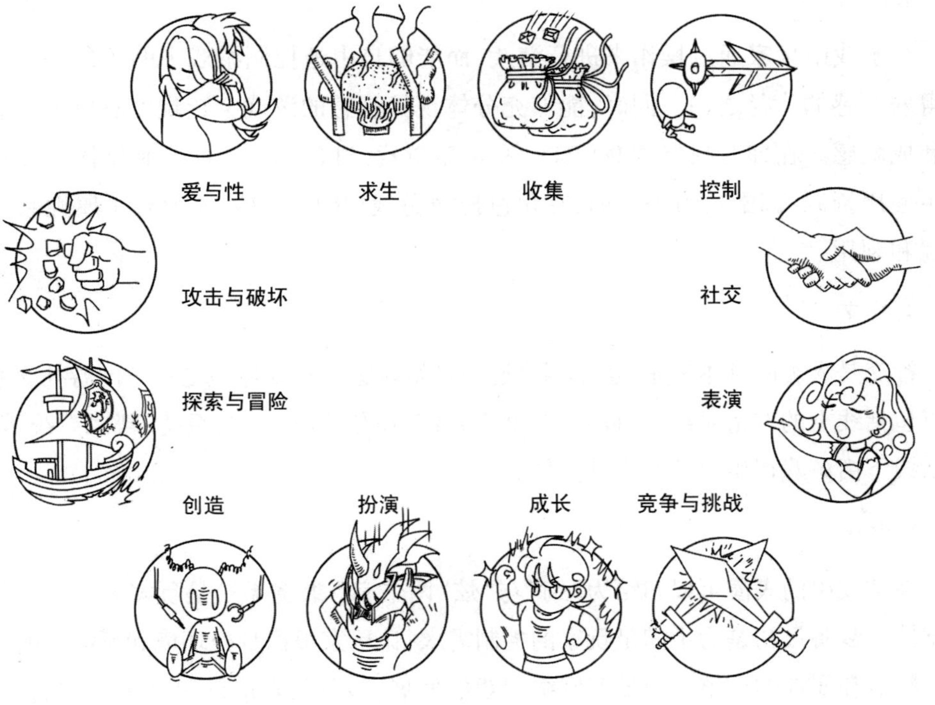


**图4-7 游戏玩家的12种基本需求**

1.求生

求生是指玩家在游戏中为了延续游戏行为产生的生存需求。求生既可以直接地表现为让自己所操作的角色"不死",也可以间接地表现为对生存道具,如恢复生命值药品、恢复法力值药品等道具的使用,或挣钱糊口等生存方式的追求。

2.收集

在游戏中我们总是会碰到一些收集品,如金币、弹药、魔法球等,实际上我们很难找到一款不含收集品机制的游戏。这些收集品可以用来代表或兑换货币、生命或者分数,比如《超级马里奥》中收集金币既可以累计分数,又可以在收集100个之后兑换生命。有时候玩家很难找到收集品,但是有时候收集品又遍布游戏的各个角落。有的收集品能够增强游戏的乐趣,但是有的只会让玩家感到厌倦。总结起来,收集无外乎两种目的:以备不时之需,或用以征服游戏。

多数游戏设计收集元素的一大原因是收集环节可以拖延玩家进程,延长游戏寿命。游戏在关卡中撒下一些隐藏道具,不给予任何提示,玩家就只能缓慢前行,进行地毯式搜索以免遗漏任何一个物品。这种设置还可以增加游戏的重玩价值。完美主义者在第一回合时错过某物,总会希望回头找到遗漏的东西,以便"完美"地完成所有任务。

3.控制

在游戏中玩家通过操作来进行游戏,而能够自由地控制游戏中的角色是让玩家获得安全感的途径之一。同时,能够充分体现控制感的游戏会让玩家有更大的满足感和成就感。在即时战略游戏(RTS)和策略游戏(SLG)中,这种控制感体现在玩家自主使用资源、调配兵力等方面,在角色扮演游戏(RPG)中体现为对于属性系统的研究和利用。

4.社交

社交是人类的基本需求,也是网络游戏带给玩家的重要体验之一。网游社交系统不仅包括线上的友谊系统、师徒系统、婚姻系统、队伍系统、公会系统、帮派系统等,还包括线下由游戏衍生出的真实社交体验。

5.表演

在游戏中的表演可以归结为"绚"与"炫"两个字。装备系统是玩家表演需求的强大支持。装备最初是为了满足玩家的控制需求,让玩家根据身处环境和所面对的敌人进行数值和属性的调整。但随着网络游戏的发展,装备的功能已得到极大扩展,除了数值调整的作用之外,还兼具外观识别功能。任务完成后作为强化物出现的装备,能够成为玩家的"军功章",向其他玩家展示自己的游戏成果和能力。在此基础上,只有一定概率才能掉落的物品就因其稀有程度不同,而成为玩家彰显个性与实力的工具,由此又衍生出玩家间交易与游戏内售等具有经济意义的行为,成为游戏新的盈利模式之一。

6.竞争与挑战

有人的地方就有竞争,有任务的地方就有挑战。应运而生的成就系统是满足玩家竞争与挑战需求的重要平台。在游戏中,有太多涉及竞争与挑战的因素,比如装备或其他所有物、角色的等级和强弱、角色的能力点数、游戏中的人脉、游戏中的地位以及玩家本身对游戏的熟悉程度和技巧心得等。相对开放自由的游戏环境让玩家时刻都有面对新的挑战的可能,甚至有些细节是设计师预先都没有想到的。

7.成长

玩家在游戏中能够经历两种成长:一种是游戏中角色沿角色弧按照既定故事的成

长；另一种是在游戏过程中，玩家不断重复自我调节的学习模式（图 4-8），实现玩家自身的成长。玩家自身的成长除了对于游戏技巧的熟悉之外，更重要的是在游戏过程中得到了逻辑训练、创造力锻炼、团队合作磨炼和乐观主义精神的培养。

图 4-8　自我调节模式

8.扮演

现实世界或许是平淡无奇的，因此人们总期待做一些冒险的事情：或期待成为拯救世界的英雄，或期待生于魔法世界，或期待身边某人其实是狼人或吸血鬼……而这些所有在真实生活中不可能发生的事情，我们都能够在游戏中经历完整。

9.创造

人类的创造力是将人类与智能机器区分开的重要能力。我们的创造力或许来自生殖与繁衍的本能，希望通过自己的行为抚育有生命的对象（《模拟人生》中的模拟市民和宠物），或维持无生命对象的经营（《主题公园》《模拟城市》）等。

10.探索与冒险

作为拥有思考能力的人类，很容易从探索和解谜中感到乐趣。拥有探索与冒险要素的游戏集中于探索未知、解决谜题等情节化和探索性的互动，强调故事线索的发掘，主要考验玩家的观察力和分析能力，根据谜题重要性的不同可以分为冒险游戏和角色扮演游戏，冒险游戏在一定程度上可以说是靠谜题来推动的游戏。

11.攻击与破坏

现实生活中有法律和道德来约束我们的行为，但根据弗洛伊德的理论，人类还潜藏着破坏事物的本能。这种需要对社会来说或许是负面的，但又是我们人性中难以去除的部分。在现实中不能做的事，在特定的游戏中可以毫无顾忌地尝试，于是《侠盗猎车手》等游戏应运而生。对于游戏中暴力元素的问题，目前仍未有统一的看法。一部分研究者根据班杜拉的实验结果推测游戏中的暴力元素会提升儿童对暴力的容忍度，并产生对暴力行为的认知偏差，另一部分研究者则以美国近 10 年来的犯罪率为研究基础，认为暴力游戏实际上使暴力犯罪率有所下降，因为用失能效应的理论来解释，如果某人在游戏里犯罪的话，那么在现实生活中的犯罪欲望就会下降。在这一问题的讨论中，暴力行为的实施方是关键点：人们是在观看别人的暴力行为后激起自身在现实中的破坏需求，还是自己在虚拟世界中实施破坏行为后降低了在现实中的破坏需求？

12.爱与性

色情内容是各种形式娱乐作品都无法根绝的题材，因为性需求是动物最基本的生理需求之一。人类无法摆脱自身的动物性,只能通过法律与道德约束人类行为,保持社会和谐。在游戏中,既有满足情感需求的纯爱游戏,也有满足生理需求的"H Game",它们针对不同需求和不同人群,需要有力监管,比如在日本,含有性行为描写的游戏是禁止未成年人购买的。

请思考:玩家的需求是多样的,我们怎样对玩家需求进行分类?你可以尝试从本能入手,也可以试试下面要探讨的需要层次论。

(四)需要层次

虽然前面向大家介绍的都是动机的不同类型和表现,但事实上人类的动机是一个有机系统。人本主义心理学家亚伯拉罕·马斯洛(Abraham H.Maslow,1943)系统地总结了这一理论,如图 4-9 所示,基本的动机形成了需要层次(Hierarchy of Needs)。人类动机的发展和需要的满足有密切的关系,需要的层次也高低不同。

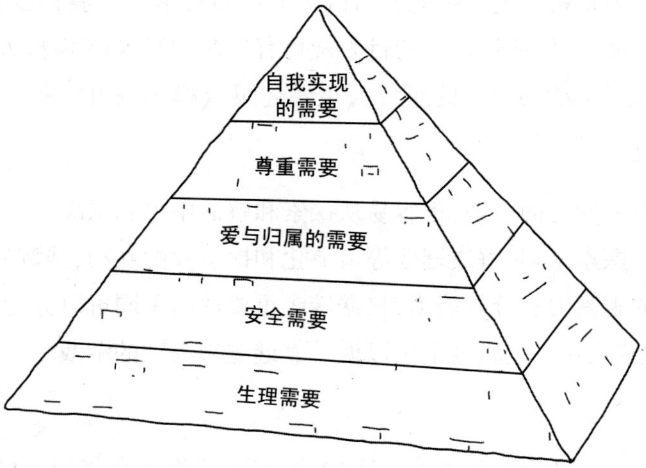


**图 4-9 马斯洛的需要层次论**

最低层次的需要是生理需要(Physiological Needs),包括食物、水、氧气、休息以及性欲表达和消除紧张的需要。在任何其他需要开始起作用之前,这些基本生理需求必须得到满足,如果生理需要很紧迫,那么其他需要就会处于压抑状态。当生理需要得到基本满足后,下一层次的安全需要(Security Needs)就会发生作用,我们寻求安全、舒适、宁静的环境,让自己放松不感到害怕。当生命安全得到保障之后,我们进而需要爱人与被爱,需要融入群体,在情感上彼此联系,获得归属感,即爱与归属的需要(Love and Belonging Needs)。更进一步,我们有尊重的需要,喜欢自己,认可自己的能力,并尽自己所能赢得别人的尊重,这就是尊重的需要(Respect & Esteem Needs)。这四个层次的需要都属于基本需要(Basic Need),由基本需要产生的行为动机被称为缺乏性动机(Deficiency Motive),因为它们是由于对食物、水、安全、爱、尊重等基本需要没有得到满足而被激发出来的。

在基本需要的上面还存在这一个发展需要(Growth Need),即自我实现的需要(Self-actualization Needs)。当我们生活富裕、安全,被人爱也爱别人,受尊敬、有信心,善于思考又有创造力,完全超越了基本需求时,我们可以开始寻求自身潜力的充分发展。一个自我实现的人有自知之明,能理解自己,有创造性,自然优雅,愿意接受新事物和挑战。这些并不是因为缺乏了什么而产生的,而是一种积极乐观,使人的生命更有价值的发展动力。马斯洛把自我实现中的动机称为元需要(表 4-4)他认为人有沿着需要层次上升向元需要发展的倾向。

**表 4-4　马斯洛 14 种元需要**

| | | | |
|---|---|---|---|
| 1 | 完整(统一) | 8 | 美(恰当的形式) |
| 2 | 完美(平衡与和谐) | 9 | 善良(与人为善) |
| 3 | 圆满(有始有终) | 10 | 独特(有独立见解) |
| 4 | 公正(公平) | 11 | 幽默(平易近人) |
| 5 | 丰富(复杂性) | 12 | 真实(现实性) |
| 6 | 质朴(本质) | 13 | 自主(自给自足的生活) |
| 7 | 活跃(自发性) | 14 | 人生意义(有价值) |

1970 年,马斯洛进一步将需要层次论的发展需要部分进行了细分。在自我实现需要之前增加了对认知需要和审美需要的表述。他认为人类作为会思考的动物,拥有需要思想激励的复杂大脑。我们会被认知需要所激励,了解过去,理解现在,预测未来。而对秩序和美感的渴望,以审美需求的形式不断激发我们的创造力。在自我实现需要之上,马斯洛增加了一个被称为超越需要的层次,它会导致更高层次的意识状态,很少有人能够超越自我来获得这种精神力量的联合。

仔细分析马斯洛的观点你会发现它极其积极和乐观,其核心就是每个人都健康成长并发挥自身最大的潜力。而实际上我们并不能永远保持这样的乐观,我们还是会有对权力的觊觎,对征服和进攻的渴求。我们自身并非完美,马斯洛的理论也并非完美,它从某种程度上说更加接近于哲学观点或理想状态,更强调人具有追求真善美的高尚需要与本能,而不仅仅体现在具有趋乐避苦的低级天性。

现实生活中并不存在绝对完美的理想状态。在现实中,很多人会因为单纯信仰这种观念而备受打击:有时候付出再多努力也无法成功。相比之下,游戏能将我们送进眼花缭乱的世界,在这里,我们的努力和付出都是能看到回报的,我们所追求的自我实现也是可以企及的。

如果用需要层次论来分析游戏行为,那么可以发现,玩家身处低层次需要时,更多呈现游离状态,会随时离开游戏,而越到高层,游戏对于玩家的黏性就越大,玩家越舍不得离开游戏。在游戏时,生理需要表现为机器能够流畅运行游戏,网络通畅延迟低、操作不限定惯用手等外在条件,这些是保证玩家能进行游戏的基础。进入游戏之后,首先要满足安全需要,即正常游戏,保证游戏过程不会被破坏。比如在野外打怪时不被其他玩家杀掉,做任务时不被怪杀掉,同时也不被游戏中的某种机制打断游戏行为。之后,玩家会在社交需要层面拓展和维护类似于真实社会的人际关系,好友、组队、帮会、婚姻、奴隶等系统是满足这一需要的重要基础。当满足了前面的需要之后,游戏对于玩家的黏性已经逐步加强,玩家会更希望自己的努力被认可,被其他玩家尊重,在游戏世界中有号召力等等。《魔兽世界》中有十年如一日杀小号的玩家,《剑网三》中有独享风景的玩家,我们无从评论哪一种方式更好地达成了自我实现,因为在游戏中满足自我实现需要的方法与我们现实中的人生一样,每个人都不同。

请思考:我们能否尝试用需要层次论来分析玩家在一款游戏中需要层次的变化?什么类型的游戏能够凸显需要层次论的应用?

### (五)玩家的动机类型

基于对玩家需求的分析,乔恩·兰道夫(Jon Radoff)提出了一个适用于所有游戏玩家的动机分类模型(图 4-10)。水平轴是游戏设置中所要求的玩家数量,越往左越偏向单人游戏,越往右则越偏向多人游戏;纵轴则表示玩家对游戏评价时所侧重的方面,处于下方的位置说明玩家受排行榜或者积分机制等“数量”刺激较大,而位于上方则说明玩家更重视情感回报等“质量”型的奖励。

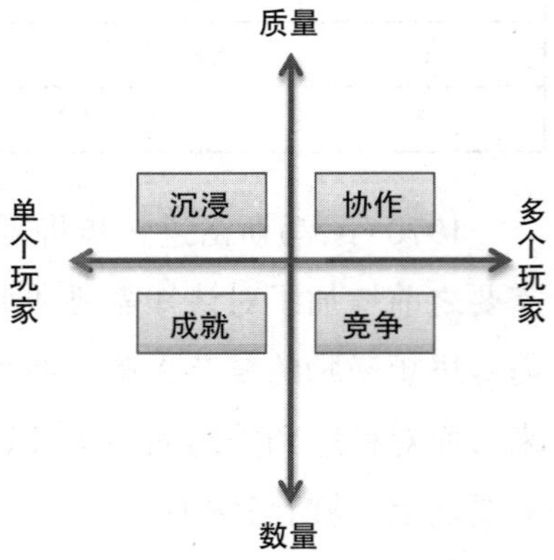

图 4-10　玩家动机类型

两条坐标轴划分出四个象限,用以描述玩家在不同游戏中的动机:

沉浸表示玩家对故事情节、角色扮演、探险、想象,以及与游戏世界在某种意义上有关联的需求动机。

成就指玩家在游戏上取得一定的进步,并精通游戏技巧和相关知识的动机。

协作是玩家在多人游戏中,通过各自的创造性推动团队成员相互协作、共度险境的动机。

竞争是玩家在多人游戏中,在资源匮乏,相互比较、相互竞争的环境下进行游戏的动机。

## 三、沉浸

一直以来我们总是谈到沉浸,我们也曾思考自己为何对于游戏总是乐此不疲?

游戏研究者和设计师简·麦戈尼格尔(Jane McGonigal)认为,游戏之所以使我们快乐,是因为这是我们自己选择的艰难任务——没有什么比完成出色、艰难的任务更能让我们开心的了。(我们一般不把游戏当作是艰难的任务,但事实上游戏就是一项艰难的任务)正如游戏心理学家布里安·萨顿史密斯(Brian Sutton-Smith)所言,玩的对立面并不是工作,而是抑郁。根据临床定义,当人们感到沮丧的时候,正处于不自信和缺乏活力的心理状态,而与之相反的两种状态是充满自信和活力。当我们在玩一个好游戏,或者说当我们正在解决这些"自我的麻烦"时,其实正主动把自己推向心理状态的积极面。我们为游戏所着迷,因为游戏把我们引向正确的心理和生理状态,从而产生各种积极的情感和体验。所有产生快乐的神经和心理系统——注意力系统、反馈系统、刺激系统、情感和记忆系统——都完全被游戏体验激活了。麦戈尼格尔认为这一极端的情感激活正是今天多数电子游戏让人沉迷和热血沸腾的原因。

提到沉浸(Immersion),我们马上会想到狭义上所说的沉浸感会令玩家融入游戏所讲述的故事之中,最大限度地忘我投入游戏。其实,不仅是游戏,在电影、动画、小说等作品中,都会存在类似的客观沉浸感,我们能够效仿其中的角色,即使这一角色与我们具有完全不同的外貌和个性。我们可以是马里奥,也可以是爱丽丝。我们在影像或文字中观察这些角色在故事中的行为,对各种事件作出反应,无论赞同与否,角色的行为和故事都是既定的,我们间接地在感受这种沉浸感。游戏不同于电影、动画和小说的是它还拥有主观沉浸感。比起线性影像与文字要求受众与角色达成共鸣或理解其行为的被动方式,在游戏中,玩家能够主观地决定自己的行为。玩家的想法、情感和对于事件的行为反应都会影响故事的走向。这要求游戏中必须呈现出开放性选项以及理想的游戏环境,因此,主观沉浸感只能存在于电子游戏中。

叙事类游戏沉浸感的存在,是由于玩家与角色产生共鸣,发现自己内心存在着与角色相似的特征。当角色与玩家具有较高相似度时,玩家就会有更多的沉浸感。这意味着玩家在角色身上找到了他们所钦佩的特征,同时也意味着玩家有可能会因为游戏的驱动而将自己的特征植入开放式角色中。

从广义上讲,这种局限于叙事类游戏的沉浸感只是沉浸感中的一部分。我们都有类似的体会:本来只是打算坐下来玩几分钟游戏,但当我们意识到或真正停下的时候,已经是好几个小时之后了。这个让我们忘我其中的游戏或许像《愤怒的小鸟》一样故事性很弱,甚至像《俄罗斯方块》一样没有故事。此时我们可能会问自己:时间怎么过得这么快?我是在什么时候沉浸到游戏中的?我们并没有把自己当成鸟或者任意类型的方块,换言之,在非叙事类游戏中实现黏性的沉浸感并不是以玩家的同理心为基础的。

20世纪70年代,心理学家米哈里·契克森米哈(Mihaly Csikszentmihalyi)提出了心流理论。他认为人们的技能以及他们所面对的任务难度将导致不同的认知和情感状态(图4-11)。

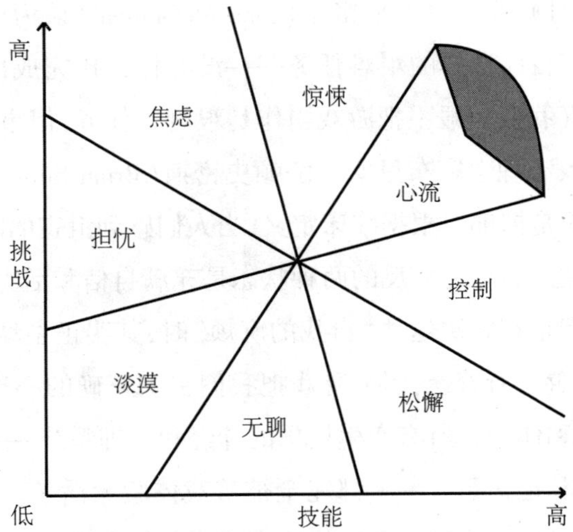


**图 4-11 心流理论**

在游戏中我们可以将图 4-11 简化为:如果玩家的技能太低,在面对过于复杂的任务时,便会感到焦虑;而如果是高技能玩家面对过于简单的任务,也会感到厌烦。只有当我们的技能和任务难度成正比时,才会进入心流状态(图 4-12)。在这种状态下,我们会体验到主动控制感与极高的专注度,甚至忘却时间的流逝。

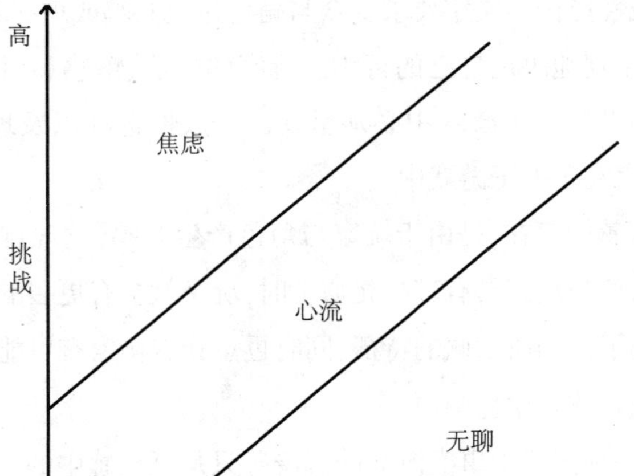


**图 4-12 游戏中的心流状态**

在这一理论中,最核心的问题就是把握技能与任务难度的平衡,以及任务难度的渐进。在游戏中,平衡技能与任务难度需要注意以下 4 点:①

① Sean Baron: *Cognitive Flow: The Psychology of Great Game Design*, http://gamasutra.com/view/feature/166972/cognitive_flow_the_psychology_of_.php.

### (一)明确目标和管理规则

当我们在游戏中面对涌入的敌人、颜色相同的门或者重复着无用信息的 NPC 时会感觉无所适从;当我们不知道该做什么,不知道要如何实现目标的时候,我们很有可能结束游戏。换句话说,如果玩家不知道目标是什么,不知道该如何完成任务或者使用何种技能去解决谜题,心流状态便会瓦解,玩家将停止游戏。

为何明确目标和管理规则对于玩家来说如此重要? 正如第二章所谈到的,玩家的信息处理能力和注意力都非常有限,这两个瓶颈让玩家不可能完全接受并处理所有来自屏幕上的信息。特别是当玩家的注意力被分散时,这种瓶颈会更加明显。信息处理能力和注意力直接影响玩家解决问题与做决定的能力。如果信息处理出了问题,那么玩家对于任务目标和规则的理解也会受到影响,如果不能理解问题的本质,玩家会感到焦虑。最终这种挫败感将导致心流状态的下降。如果面对过多的打击,玩家可能会后退,离开游戏。

要解决明确目标和管理规则的问题,首先,要通过可视化界面明确地向玩家指示他们的任务、情境线索、HUD 信息以及 NPC 对话等。其次,要注意玩家在面对高强度的刺激时往往很难有效注意提示内容,因此设计师要避开这些时刻放置提示信息。最后,在提供重要信息时要严谨,确保信息和任务目标保持一致。结合行为主义的方法,将小目标、大目标、更大的目标相互联系,创造一系列的奖励体验,从而构建起“目标——成就——奖励”的良性循环。

### (二)要求玩家在自己能力范围内行动

理解玩家的能力局限并培养他们的技能非常重要。如果玩家没有能力完成任务,即使目标和规则再明确,玩家也只会倍感压力,从而使得自己的执行力大大下降,最终瓦解心流状态并破坏游戏体验的乐趣。

每个玩家都拥有自己的执行力—压力曲线(图 4-13)。这意味着一名压力值为+7 的玩家可能拥有非常高的执行力,而另外一名同样拥有+7 压力值的玩家执行力可能就欠佳。这同样也意味着游戏难度的层次(如简单、中等、困难)设置不合理也会导致游戏体验欠佳。如果游戏中的 AI 能够根据玩家能力调整难度,则会对玩家的执行力产生积极的影响。有些玩家在面对越来越困难的任务时执行力也会慢慢提高,但是在这种复杂的挑战下,他们不一定能够感受到游戏的乐趣,反倒会充满焦虑。任务难度的变化也从不同方面影响着不同能力的玩家。因此,设计师该如何针对不同多人玩家团队设置难度也是至关重要的问题。设计师需要考虑如何在不破坏游戏的前提下平衡一个团队中最强玩家和最弱玩家的游戏体验,从而进行合理的难度设置。

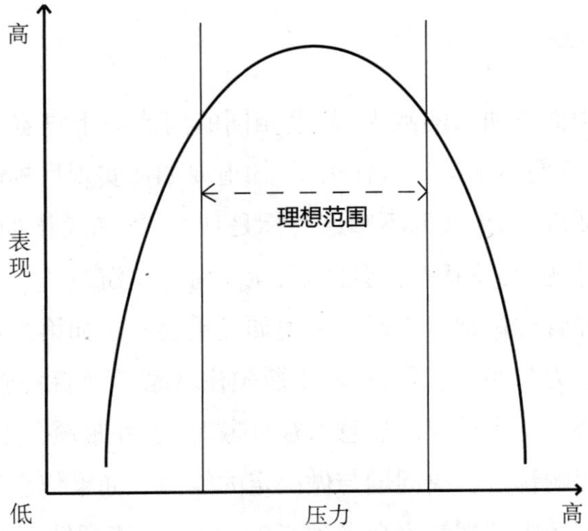


**图 4-13 执行力—压力曲线①**

(三)明确且即时地反馈玩家行为

结合前面章节所谈到的行为主义可以看出,玩家的学习能力和调节机制需要游戏在完成行动后(200 至 400ms 内)给予相关反馈,帮助他们更好地处理行动与结果之间的关系(图 4-14 中的 A 和 B)。需要注意的是,与行动完全同步的反馈信息反而收效甚微(图 4-14 中的 C)。

如果玩家发现行动和结果之间出现错位,他们便很难理解自己行为的影响到底如何。所以游戏需要建立相关机制并尽早呈现给玩家短期和长期目标,随后在整个游戏过程中始终围绕这些目标进行反馈。

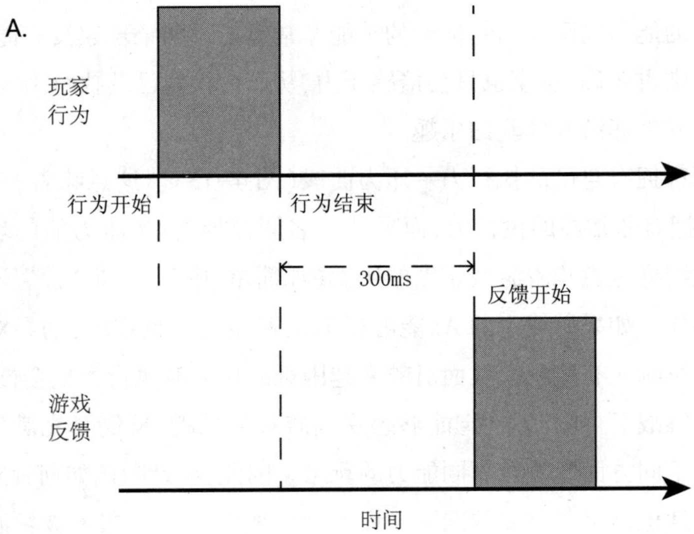


① 改编自耶克斯-多德森定律。

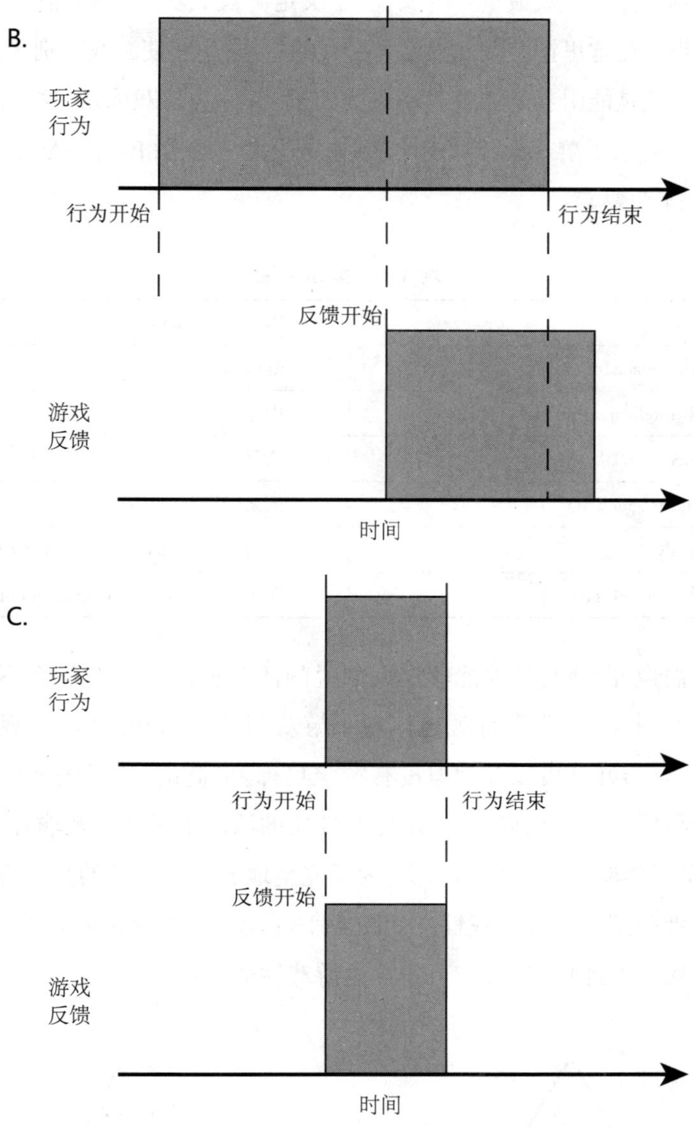


**图 4-14 基于玩家行动和游戏反馈之间的时序设定**

(四)排除任何会破坏注意力的外部信息

我们大多数人都很讨厌 MMORPG 中悬浮于游戏窗口上方无法屏蔽的"喇叭"信息,它只在玩家骂战和炫富方面起作用。这让我们再次提到人类对于信息处理的局限性,杂乱的视野会打乱玩家的信息处理节奏,从而最终影响玩家的心流状态。HUD、设置游戏内部菜单、透明化处理用户界面或许是最简单的解决屏幕杂乱的方法。

## 四、游戏性

在游戏业,没有比游戏性(Gameplay)更重要、更混乱、更容易引起争议的名词了。

我们普遍认为游戏性是游戏最重要的属性,是决定游戏成功的关键,但又难以界定什么才是游戏性。我们在这里把游戏性界定为游戏的特征,用它使游戏区别于其他形式的娱乐活动。游戏中凡是能引起个体游戏动机的因素,都称为游戏因素,这些因素共同构成游戏性。表 4-5 展示了游戏设计师皮埃尔-亚历山大·加诺(Pierre-Alexandre Garneau)提出的娱乐的 14 个要素:

**表 4-5 娱乐要素**

| | |
|---|---|
| 美(beauty) | 体育运动(physical) |
| 沉浸感(immersion) | 爱(love) |
| 解决问题(intellectual problem solving) | 创造(creation) |
| 竞争(competition) | 权利(power) |
| 社交(social interaction) | 探索和发现(discovery) |
| 喜剧(comedy) | 进展和完成(advancement and completion) |
| 惊险刺激(thrill of danger) | 使用技能(application of an ability) |

娱乐令人愉悦,游戏与其他能够让人愉悦的活动相比究竟有什么不同,让人更加容易沉浸其中?图 4-15 非常直观地体现了游戏与其他活动的区别:观赏影视、阅读小说无法互动,玩布娃娃可以互动但没有特定目标,猜谜语、拼拼图不仅可以互动,还可以用特定的目标来评判结果,最上层比赛性质的活动则还会涉及输赢。由此可以看出,交互性是游戏体验中最基础的层次,为了完整地表达游戏性的复杂性和多样性,我们使用一个多维模型来展现游戏性。如图 4-16 所示,模型分为 4 层,每层中包含有不同的可替换模块。由此可以看出,可用性是游戏性的基础。

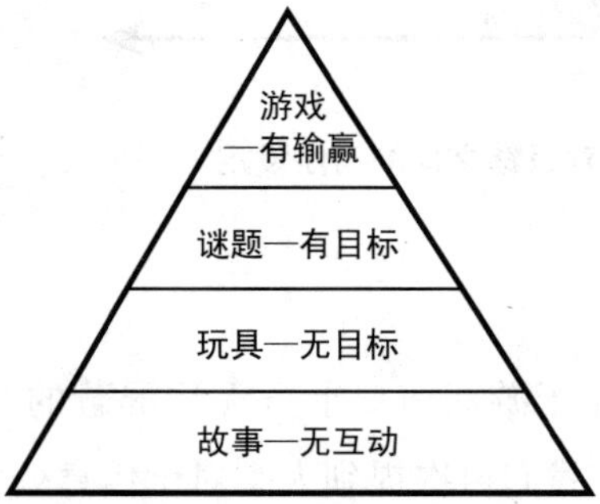


**图 4-15 娱乐活动模型**

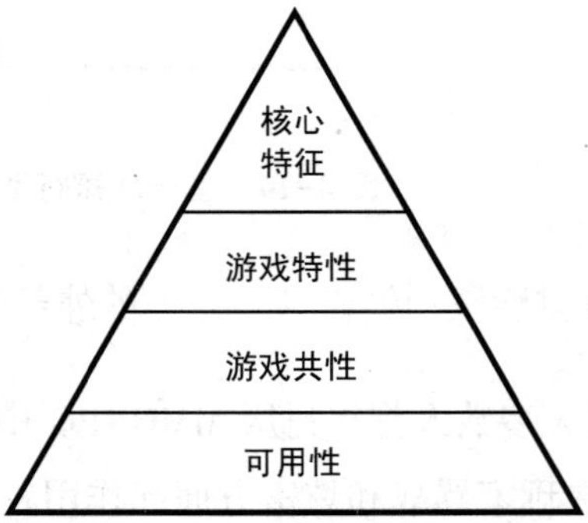


**图 4-16 游戏性多维模型**

如图 4-16 所示,第一层是作为游戏性基础的可用性层,可用性是交互式产品和系统的重要质量指标,表明用户能否用产品完成任务,效率如何,主观感受如何。实际上是从用户角度体验产品,是产品竞争力的核心。

第二层是游戏层,包含了游戏性中的共性,比如沉浸感。FPS 中使用三维迷宫和第一视角使玩家和游戏主人公融为一体；RTS 使用俯视角使玩家有掌控全局的感觉。各种类型的游戏都在尽最大努力使玩家感到自己置身于虚拟的游戏世界。

第三层是类型层，即不同游戏类型所特有的具体的游戏性要素。比如 RPG 的魔法和战斗系统的参数设置，RTS 的武器系统平衡性和微观管理，FPS 的任务、迷宫、战术协调，等等。《帝国时代》系列使用一个鼠标就可以完成所有操作，其效率主要体现在鼠标的移动和鼠标按键的交替进行上；而 *CS* 的操作则是由键盘控制移动，鼠标控制瞄准和射击。我们对于不同游戏的期待和评价总是与其玩法和评价体系密切相关的。

最上面是情感层，涵盖了游戏中所有主观性、模糊性的因素，举例来说，就是《使命召唤》区别于《光环》，《帝国时代》区别于《红色警戒》的原因。

这个模型由底层到顶层，体现的是由共性到特性，由理性到感性，由抽象到具体的过程。这个多维模型又可以像积木一样自由组合，各层中的模块可根据需要进行取舍，它可以帮助设计师更好地理解游戏的复杂多样性，从而抓住自己所要设计游戏的游戏性中最重要的因素，根据需要来确定所要设计游戏的游戏性模型。

总结起来，用游戏性多维模型增加玩家的游戏黏性，可以从以下两方面入手：一方面要完善作为游戏基础的可用性，在此基础上提供丰富的游戏要素，满足玩家的需求。另一方面要根据游戏的类型，设置游戏的基本黏性要素，根据游戏的自身特点，设置游戏的核心黏性要素。不同类型游戏的核心黏性要素不同，单机游戏需要加深沉浸感，通过剧情和感官设计增加游戏黏性；联网游戏则需要注重游戏本身的更新和服务，完善社交系统和社区化建设，通过发挥游戏与玩家和玩家间互动来增加游戏黏性。

## 第二节　游戏成瘾

成瘾的概念来自于药物依赖，表现为为了感受药物带来的精神效应，或是为了避免由于断药所引起的不适而强迫性连续定期使用该药的行为。现在，成瘾除了药物成瘾外，还包括行为成瘾。成瘾的核心特征是明确知道自己的行为有害却无法自控。过度沉迷游戏而干扰到正常生活的现象即为游戏成瘾（图 4-17）。

游戏设计师总是努力让玩家更多地停留于游戏，而过度沉迷游戏又可能导致本章最初所提到的那些悲剧。那么，游戏设计师究竟是要做让人愉悦的游戏，还是让人上瘾的游戏？

通过前面的学习，我们已经了解了很多增加游戏黏性和沉浸感的方法，包括基于行为主义的各种强化计划、基于生理学和认知主义的视觉空间营造、基于人本主义的分层满足需求等等。英国广播公司（BBC）的《全景》栏目曾“揭露游戏黑幕”，认为电子游戏将玩家当作小白鼠，从一开始便利用上瘾原理设计能够对玩家心理产生重要影

图 4-17 游戏成瘾

响，让他们欲罢不能，最终发展成一种强迫性行为的游戏。节目引用游戏设计师阿德里安·霍恩（Adrian Horn）的话作为证据，他认为一度用在老鼠身上的技术已在电子游戏设计中被普遍采用。他在接受 BBC 采访时说："20 世纪 50 年代，科学家发现经过训练的老鼠会通过按杠杆自行获取食物，如果能否获得食物奖励带有随机性，按杠杆就会变成一种强迫性行为。这种策略同样适用于人类，如果给人准备一根杠杆或者一个按钮，同时让他们随机获得奖励，他们也会一直按下去。"

把这段话认为是游戏潜藏的黑幕，其实是一种偷换概念的说法。如果非要将人类的某种行为与小白鼠类比的话，那么这种行为应该是赌博，而非游戏。赌场中基于可变比率强化原理的老虎机就是一种赌博工具，而非我们所谈论的电子游戏。

那么我们为什么会在游戏中出现成瘾现象？

在现实生活中，我们总面临不得不做的任务——为了谋生、获得成功、达到某人的期望，或者仅仅是完成某人交办的事情。我们讨厌这种任务，它让我们疲惫不堪，占用了我们和家人、朋友相处的时间，还经常被挑三拣四，它让我们害怕失败，让我们觉得乏味，没人赏识，虚度光阴。而且我们在努力之后往往不能直接看到成果，所以很少有满足感。

留心观察，我们能发现，越是现实中沉闷、胆小的人，在游戏世界中越有可能成为叱咤风云的领袖。除了用均衡作用解释这一现象之外，我们还会发现，游戏教会我们如何在现实之外构建一个可行的模型。游戏的出现，恰好满足了我们在现实中无法满足的心理需求，它让我们自由选择正确的时间和合适的任务，并始终遵循付出即有收获的原则，成为比现实世界更加容易获得成就感和满足感的途径。同时，虚拟的社交方式也为我们搭建起彼此联系又彼此隔绝的环境，让我们在与人的交往中更加有安全感。

分析大部分游戏成瘾者的案例就会发现，游戏成瘾会影响患者的正常生活甚至身体健康，而追究其源头，又总会看到相似的故事。游戏的黏性再强也有难以影响的人，更深层次的问题是社会本身存在的矛盾通过游戏这一形式表现出来。一部分成瘾玩家物质相对丰富，但精神层面的发展得不到满足，更缺乏交流，缺少社会活动。而游戏则提供了这样一个平台，让人能够得到自身所需要的精神层面的满足。另一部分成瘾玩家是对于现实生活不满，在现实生活中难以实现自我价值，而将游戏当作精神家园和自我实现的渠道。而一旦沉迷于游戏世界，陷入对现实世界漠不关心的状态，就会进一步导致难以适应现实生活，难以在现实生活中得到成就和满足感，而只能越发感到无助和孤单。为了得到补偿，成瘾玩家更倾向于网络化的人际关系，或通过游戏网来弥补。然而，这些行为最终会使玩家因缺乏现实社会社交技巧而显得更为孤僻。如此恶性循环，就会出现成瘾者沉迷于游戏世界而放弃现实世界的结果。因此可以说沉溺游戏是对现实生活的逃避，归根结底，并不是因为玩物而丧志，而是因为丧志而玩物。

要治疗游戏成瘾并不代表要取缔游戏。即使没有游戏的存在，这些问题也会借由其他形式爆发出来，要找到问题的源头才能根治问题。把游戏成瘾少年送去电击，不如在现实生活中为他构建游戏化的学习方式，帮助他重新适应现实生活。

## 思考题

1.我们因何需要游戏？

2.我们如何适度游戏？

3.游戏黏性的运行机制是怎样的？

4.考虑到唤起水平和行为效率的关系，在不同游戏中应该怎样设计不同难度的任务？

5.成就动机在玩家游戏行为中处于怎样的地位？

6.试以时下流行游戏为例，分析玩家对于游戏结果的归因。

7.成就系统将来可能会如何发展？

8.怎样做才能让成就系统在游戏中最大限度地发挥积极作用，而非变成鸡肋？

9.玩家的需求是多样的，试对玩家需求进行分类。

10.试用需要层次论来分析玩家在一款游戏中需要的层次变化。

11.什么类型的游戏能够凸显需要层次论的应用？

12.如何使玩家在游戏中进入心流状态？

# 第五章 网游与营销

■ **本章要点**

1.网游玩家的心理需求

2.网游中价值最大化的体现

3.游戏推广的方法

■ **关键术语**

社会心理学、营销心理学、网络游戏

据 Mashable 网站的报道,一份针对 2200 名母亲的市场调研称,81%的 2 岁儿童已经和互联网产生联系,其中美国的比例最高,为 92%,而西欧的数值大概在 73%。

据 2013 年的《中国游戏产业报告》统计(图 5-1、图 5-2)显示,2013 年,中国游戏市场(包括网络游戏市场、移动游戏市场、单机游戏市场等)实际销售收入达到 831.7 亿元,比 2012 年增长 38%。

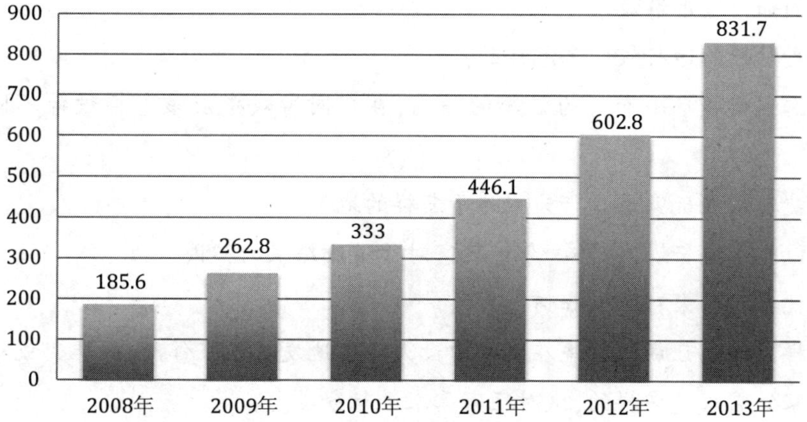


**图 5-1 2008—2013 年中国游戏市场实际销售收入(单位:亿元)**

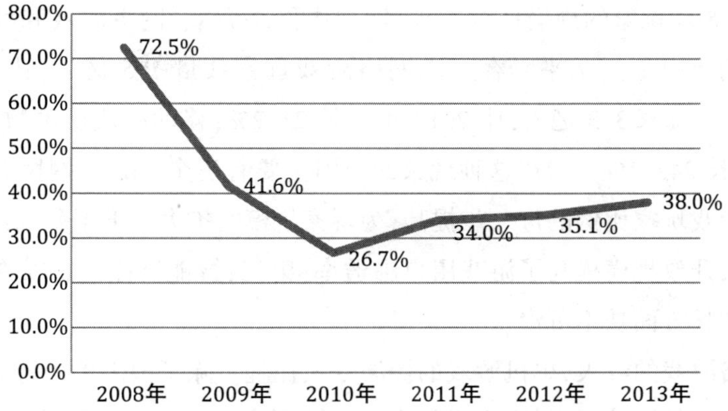


**图 5-2　2008—2013 年中国游戏市场实际销售增长率**

进一步分析实际销售收入数据(图 5-3、图 5-4),客户端网络游戏市场收入 536.6 亿元(其中角色扮演类游戏收入 352.9 亿元,休闲竞技类游戏收入 183.7 亿元),整体市场占有率达到 64.5%;网页游戏 127.7 亿元,占 15.4%;移动游戏 112.4 亿元,占 13.5%(其中移动单机游戏占 31.8%,移动网络游戏占 68.2%);社交游戏 54.1 亿元,占 6.5%;单机游戏 0.9 亿元,占 0.1%。

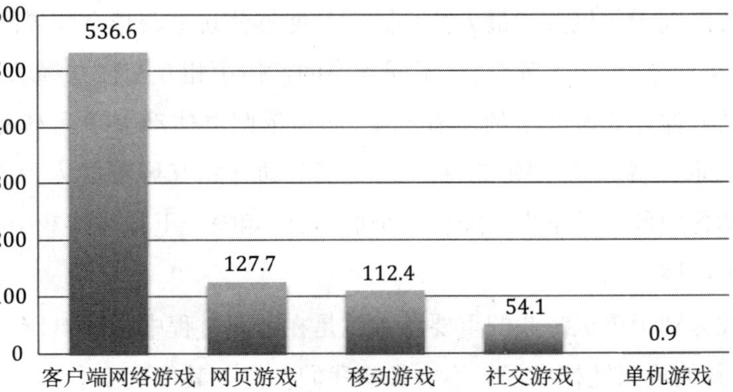


**图 5-3　2013 年中国游戏实际销售收入(单位:亿元)**

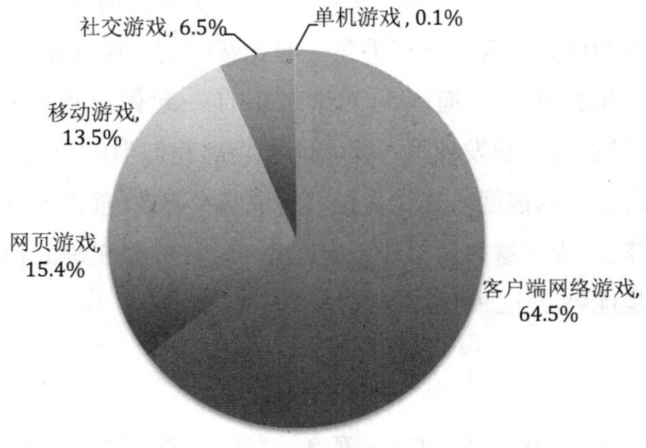


**图 5-4　2013 年中国游戏细分市场占有率**

2013 年,游戏玩家的规模持续扩大,客户端网络游戏、网页游戏和移动游戏用户数量分别达到历史最高水平。客户端网络游戏玩家数量 1.5 亿人,比 2012 年增长 8.6%;网页游戏玩家 3.3 亿人,比 2012 年增长 21.2%;移动游戏玩家数量 3.1 亿人,比 2012 年增长 248.5%。造成这种现象的原因主要有三个:第一,网民总数的持续增长和网民中游戏玩家比例的进一步提高,为玩家规模的扩大打下了基础;第二,各大互联网平台扩大开放规模提高了游戏用户渗透率;第三,智能终端的普及在移动游戏玩家数量爆发增长方面功不可没。

相比网络游戏的红火,单机游戏的惨淡令人扼腕。除了国内单机游戏开发不被资本市场看好等外部制约因素外,究竟什么才是让玩家热衷于网络游戏,而逐渐淡出单机游戏的内在原因?

## 第一节 网游群体

### 一、群体影响

网络游戏区别于单机游戏最大的不同就是能够使玩家跨越空间界限成为好友,组队对抗强敌,参加公会,加入阵营,在不同规模的群体中相互交往并寻求归属。在这里我们所谈到的群体并非游戏中的所有玩家,而是依照群体动力学家马文·肖(Marvin Shaw,1981)的定义,将群体限定为两个或更多互动并相互影响的人。① 因此,在公共机房里上机却各做各事的学生不能算一个群体,而相隔千里却在游戏中共同刷副本的玩家才是一个群体。

网络游戏区别于单机游戏的重要特点就是在游戏过程中,并非只有玩家自己一个人在场,那么其他玩家纯粹在场会不会影响我们?比如其他玩家会影响你野外打怪的战绩吗?纯粹在场在社会心理学中是指在场的他人实际上只是作为一个被动的观众或共事者(Co-actors)存在,并不具有竞争性,也不会实施奖励或惩罚。

心理学家观察和研究发现自行车手在一起比赛时的成绩比他们各自单独练习时要好,儿童在执行在卷轴上绕渔线的工作时也有一起做比单独做速度快的现象(Triplett,1898)。随后的实验发现他人在场能够提高我们消除指定字母的速度,但又会妨碍我们玩迷宫游戏的速度。这就是我们所说的唤起效应(图 5-5):唤起会提高简单任务的作业成绩,因为在这些简单任务中优势反应往往是正确的;而在复杂任务中,正确答案往往不是优势反应,所以唤起的是错误反应。

---

① 〔美〕大卫·迈尔斯:《社会心理学》,侯玉波、乐国安、张智勇译,人民邮电出版社 2006 年版,第 209 页。

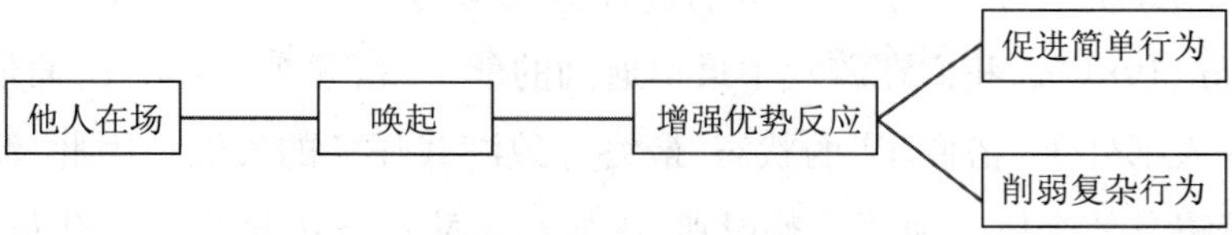


**图 5-5　唤起效应**

我们为什么会因为他人在场而被唤起？尼古拉斯·科特雷尔（Nickolas Cottrell）猜测其中的原因在于我们想知道他人如何评价我们。有很多实验可以证实评价顾忌（Evaluation Apprehension）的存在，比如长跑者跑步时遇到坐在草地上的女士，如果这位女士面对他们，那么与她背对他们相比，长跑者跑步的速度会快一些（Worringham & Messick，1983）。评价顾忌解释了为何我们在与比自己稍微优秀一点的人共事时会表现更好（Seta，1982）。我们在与比自己稍强的同伴一起游戏时表现更好，不仅是因为同伴带来的帮助，还因为我们期待同伴的正向评价激励我们更认真地对待任务。

需要注意的是，当考虑共事者在做什么或观众会怎样反应时，我们已经分心了（Sanders，Baron& Moore，1978，1986）。这种注意他人和注意任务之间的矛盾冲突使认知系统负荷过重，于是就引起了唤起。不仅是他人在场，一些非人分心物，比如突然出现的光线等也会产生同样的效应。

然而身处群体的影响也不一定都是有正面作用的。法国工程师林格曼（Ringelmann）发现，在团体拔河中整体所付出的努力仅有所有个人单独努力总和的一半。这与我们常说的"团结就是力量"恰恰相反，在集体任务中小组成员的努力程度反而较小。回想我们身边的例子，是否一起鼓掌的人越多，我们自己鼓掌的力气就越小？随着群体规模的增大，个体付出的努力会减小（图 5-6）。

在社会懈怠实验中，个体认为只有在他们单独操作时才会受到评价，群体情境（拔河、鼓掌等）降低了个体的评价顾忌。当人们不用单独为某事负责或没有人对其

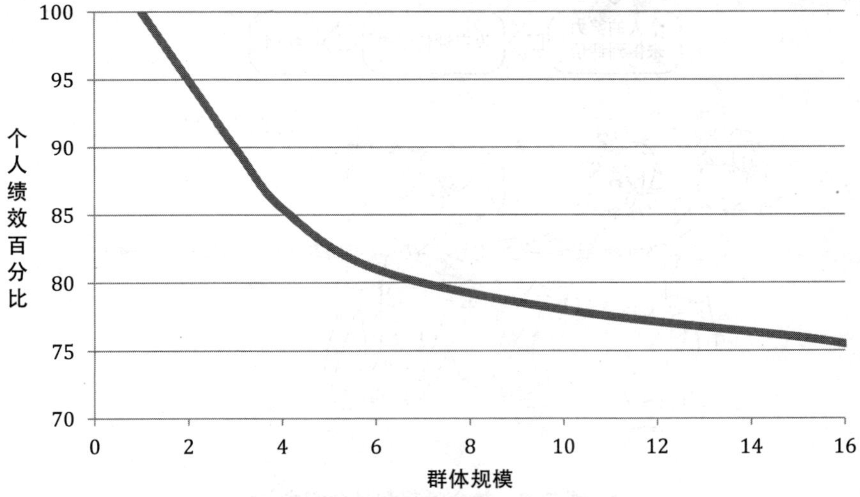


**图 5-6　群体大小与社会懈怠趋势**

努力进行单独评价时,所有小组成员的责任感都被分散了(Harkins & Jackson,1985;Kerr & Bruun,1981)。我们在游戏中最怕遇到的就是"搭便车"的队友,而最极端的情况就是所有人都处于"搭便车"的状态,最终导致游戏任务的失败。因此,激励群体成员的一种策略是使个体行为可单独识别,比如在组队任务中量化每个队员的成绩,并根据成绩提供奖励。对队员贡献的量化可以由游戏系统来进行,比如《泡泡堂》;也可以由队长进行分配,比如《魔兽世界》。队长分配表面看起来缺乏公平性,但却是能有效降低群体懈怠的方法,同时也增进了团队紧密度,使队长的责任感和满足感都得到提升(图 5-7)。

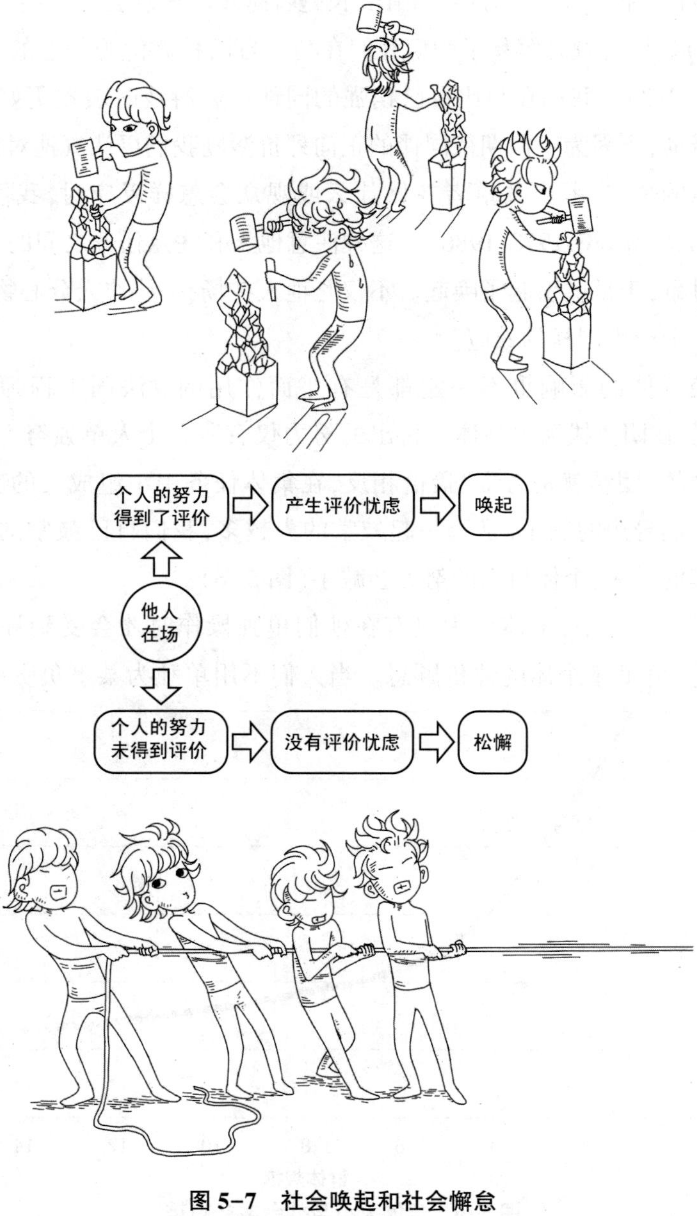


图 5-7 社会唤起和社会懈怠

当然,组队也不总是会引发个体的偷懒行为。当群体目标足够吸引人,需要每个人都尽最大努力才能完成的时候,团队精神会维持并激发个人努力。因此,在《魔兽世界》中,高难度的组队副本不但没有沦为鸡肋,反而成为了玩家反复进行游戏的动力。

在组队时,如果组队成员彼此是朋友而非陌生人,或是成员都认同自己的群体,那么懈怠也会有所减少(Davis & Greenlees,1992;Karau & Williams,1997;Worchel & others,1998)。甚至有想与某人再见面的愿望也能提高团队的效率(Groenenboom & others,2001)。在班级中的同学之间的合作就比与那些几乎没机会再见面的人之间的合作动机水平更高。而由于女性不如男性个性化,因而会减少产生懈怠的可能——组队中女性玩家或许更值得信赖。

## 二、网游玩家的心理需求

在第四章,我们从人本主义的角度分析了游戏玩家的基本需求,本章将从社会心理学的角度进一步分析网游玩家的心理需求。本章所谈及的网络游戏包含客户端网络游戏、网页游戏、移动网络游戏等具有联网功能的游戏。

### (一)体验不同角色的需求

我们希望体验不同的角色,但我们本来的角色又是怎样的?

先来做一道填空题:我是＿＿＿＿＿＿。请给出5个答案。

There are three things extremely hard, Steel, a Diamond, and to know one' s self.

——本杰明 · 富兰克林 (Benjamin Franklin)

**图5-8　认识自己是最困难的事**

综合上面问题的5个答案,就是你对自己的自我概念(Self-concept)。

自我概念的基础是我们对自己所处世界的心理模板,即自我图式(Selfschemas)。我们对自己的认知有力地影响着我们对社会信息的加工,如果我们认为自己是艺术家,那么就会更多地关注身边人和物身上的美,更容易回忆起与艺术有关的经验,更容易记住与自我图式一致的信息(Kihlstrom & Cantor,1984),同时用可能的自我(Possible Selves),即我们所渴望的生活愿景来激励自己。

自我图示构成了自我概念,并帮助我们分类和提取经验。当信息加工与我们的自我概念相关时,我们就能对它进行快速加工和回忆(Higgins & Bargh,1987;Kuipern & Rogers,1979;Symons & Johnson,1997),这就是自我参照效应(Self-reference Effect),它表明我们对自我的感觉处于我们的意识中心,因此我们总是高估别人对自己行为的指向度。2000 年,吉洛维奇等人(Gilovich & others)进行了一项实验,请康奈尔大学的被试学生穿上 Barry Manilow 的衣服,然后进入一个还有其他学生的房间。被试学生猜测大约有一半的同学会注意到自己的衣服,而实际上注意到的人只有 23%。这种现象被称为焦点效应或聚光灯效应(Spotlight Effect),是人们高估周围人对自己外表和行为关注度的一种表现。

回头再来看刚刚写好的那 5 个答案,我们的自我概念或多或少都会受到社会经验的影响。5 个答案中会有你对自己生活中角色的描述,比如我是学生、我是女儿、我是班长、我是志愿者,等等。这是因为我们在生活的舞台上扮演各种角色,这些角色逐渐被我们的自我感觉所接受,我们会采取与所扮演角色一致的行为和态度。扮演学生时我们谦虚好学,扮演女儿时我们体贴又爱撒娇,扮演班长时我们有威信、有担当,扮演志愿者时我们亲切又可靠……同样是我们自己,在不同情境下却能切换自如、游刃有余。同样,我们在游戏世界中也能够很快认同自己所扮演的角色,无论是法师、战士或是德鲁伊,我们总能依照角色所需进行扮演。

自我概念中对于自身的判断往往是通过社会比较(Social Comparison)来进行的。社会比较常常给我们带来烦恼,微博上曾经热议的话题之一就是很多人心中痛恨的“别人家的孩子”:你活泼好动,别人家的孩子听话稳重;你爱玩爱闹,别人家的孩子爱学习、成绩好;你上了一般的大学,别人家的孩子上了一流名校;你工作养活自己,别人家的孩子能养活爸妈;你还在家里当孩子,别人家的孩子连孩子都有了……这个“别人家的孩子”处处比你优秀,比你受社会认可。这种向上比较有时会造成嫉妒、敌意、挫折等消极的情感体验,但也非绝对,它有时也会帮助我们提高自尊,将比较目标的优良品质辐射到自己身上,从而激发积极的情感体验。如果我们认为自己同优秀人员存在相似性或关联性的话,向上比较多半会强化而非打击我们的自我意识。例如,若我们同对象存在密切关系,我们更可能感受到折射荣耀,若和他们共享若干独特品质、爱好,甚至是同天生日,这种“折射荣耀效应”会更加明显。在游戏中,系统只需指出我们和顶级玩家的成就共性就能让我们感觉自己很特别。发布“已进行 100 次爆头——这是 90%高排名玩家所达到的标准”之类的消息能够让我们觉得自己属于上等群体。

同时,来自他人的积极评价会增强我们的自我概念。如果老师称赞我们有才华、刻苦学习或乐于助人,那么我们就会把这些品质融入自我概念和行为中。当游戏中的NPC在你完成任务后称赞你的能力卓绝时,是否有那么一瞬间,你真的觉得自己很强大,并燃起了斗志,认为自己能够挑战大BOSS？乔治·米德(George Mead,1934)发展了镜像自我的概念,进一步提出与我们的自我概念有关的并不是别人对我们的评价,而是我们觉得他人在如何评价我们。因此在受到表扬时,我们还可能会高估别人的评价而导致自我膨胀(图5-9)。但这一现象在不同民族身上存在差异,北山忍(Shinobu Kitayama,1996)发现日本人到北美后会不太适应朋友间的相互恭维,日本人很少为自己的成就感到骄傲,而是更多地为失败感到可耻。北美人会因为前一个任务受到表扬而坚持更久,日本人则在逆境中更能坚持(Heine & others,2001)。日式RPG和美式RPG在与NPC交流的过程中,玩家会感到不同。这种不同不是来自语言或外形的差异,而是来自评价方式和表达习惯。

**图5-9　镜像自我**

文化差异是造成人群具有不同自我类型的根源。如果要求美国人从一堆笔中选择一支使用,77%的人会选择颜色不同的那支;但只有31%的亚洲人会作出同样的选择(Kim & Markus,1999)。西方工业文化造就了个人主义(Individualism)的盛行,西方文学更多赞美那些依靠个人反抗制度的英雄,而亚洲、非洲和中南美地区的本土文化则把集体主义(Collectivism)放在更重要的位置,这种文化孕育了相互依存的自我(Kitayama & Markus,1995),更多是进行自我批评而很少自我肯定。具有相互依存自我的人会有更强的归属感,其社会目标不是增强个体自我,而是协调并支持他所在的群体(图5-10)。

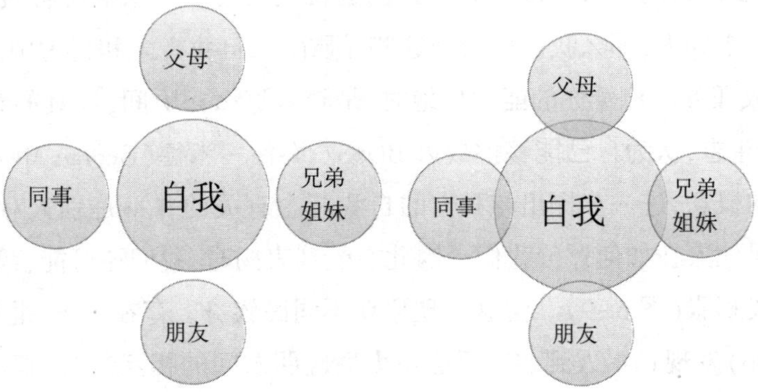


**图 5-10 独立与相互依存的自我建构**

2005 年 SEC 发布的网游《树世界》就是典型的蕴含日本文化精神并要求玩家间保持超乎寻常紧密协作的游戏。游戏在 2006 年 8 月即停止运营,原因是多方面的,但就游戏本身的设计来说,这种要求依靠集体主义才能推进的游戏对于玩家来说是过重的负担和限制。个人主义的玩家无法忍受自己的效能不能最大限度地发挥而离开游戏,而集体主义玩家又会认为如果因为自己的失误造成团队失败还不如一开始就不加入游戏。可见在游戏中虽然鼓励合作是公认正确的方向,但合作的紧密程度还是需要斟酌和实验的。

网游中玩家体验不同角色的需求实际上是希望在游戏中摆脱现实生活中各种关系的束缚,创造和扮演新的自我,并将网络游戏当作一种社会建构来对待。在这一过程中,游戏如何利用 NPC 和视觉环境来为玩家搭建可信的世界是玩家能否在游戏中沉浸角色的重要条件之一。

(二)自我实现的需求

我们之所以游戏是因为我们能够在游戏中经历现实生活中无法体验的世界。在游戏世界短短的几分钟里,我们能够收割好几亩庄稼,重新装饰大别墅,建立庞大的城市公园……我们占据主导地位,只需花费很少精力就能完成很多在现实生活中不可能完成的事。在现实中仍然在为基础需求挣扎的玩家,在游戏中可以跨越这些繁琐无趣的挣扎,直接寻求自我实现,得到成就感和满足感。在第四章我们曾提到越是现实中沉闷、胆小的人,在游戏世界越有可能成为叱咤风云的领袖。在游戏中,付出与回报是正相关的,花费时间、付出努力,就会有角色等级成长、技能增加等反馈。

其实,无论是现实世界还是游戏世界,都遵循同样的社会规则,即领导者处于强势地位,控制话语权,而从属者处于弱势地位,无缘话语权。沉闷、胆小的人在现实中是很难有话语权的,在游戏中则可以虚拟化地满足欲望,获得颠覆现实社会定位的快感。在网游中,玩家实力的增强会提升玩家在游戏世界玩家群体——无论是公会、帮派,还是其他社交系统中的地位,随之而来的还有话语权的增加。并且话语权并不是仅仅停

留在游戏中“可以说话”的层面,更有可能使信息传播主体获得潜在的现实影响力。(图 5-11)

**图 5-11　话语权**

1933—1945 年担任德国宣传部长的戈培尔深刻意识到说服(Persuasion)的力量,在他带领制造的舆论影响下,德国人虽然没有全民疯狂仇恨犹太人,但确实有一部分人赞成反犹太措施,其余大部分人要么犹豫不决,要么被迫参与或默认了这场种族屠杀的发生。如果不是有数百万同谋,这场大屠杀或许根本不会发生(Goldhagen,1996)。当然,说服并不是只有负面的效果,社会性的健康教育帮助美国人成功将吸烟率降至 23%,仅仅是 40 年前的一半多一点;美国大学新生的戒酒率也从 1981 年的 25%上升到 2002 年的 53%(Sax & others,2002)。说服本身并没有好坏之分,我们称不好的说服为“灌输”,称好的说服为“教育”,但其本质上是一样的。

话语一般通过两条途径产生影响力,一种是中心途径,另一种是外周途径(表 5-1)。

**表 5-1　中心途径和外周途径**

| | 听众 | 加工过程 | 说服 | 反应 |
|---|---|---|---|---|
| 中心途径 | 分析并具有某种动机 | 高水平,详细分析,赞同或反对论点 | 令人信服的论点引发的持久赞同态度 | 因为有道理而赞同 |
| 外周途径 | 很少分析或投入 | 低水平,使用外周线索、经验法则 | 外部线索引发的喜爱和接受通常是暂时的 | 因为看上去不错而赞同 |

当我们被某种动机引导,并有能力全面系统地对某个问题进行思考的时候,会关注论据,利用说服的中心途径(Central Route of Persuasion)接受信息。此时如果论据

令人信服,我们就很有可能被说服。[1]

有时候论据并不重要,当我们不可能在某种动机的引导下去仔细思考,或忙于其他事情而没有专注于信息时,我们就不会花太多时间推敲信息的内容,就会利用说服的外周途径(Peripheral Route of Persuasion)接受信息,关注那些可能令人不假思索就接受的外部线索而不考虑论据是否令人信服。[2] 比如对一个注意力没有集中在对话上的人来说,"不要把你的鸡蛋都放在同一个篮子里"比"不要在一次冒险行为中压上你所有的赌注"更有影响力(Howard,1997)。

广告商、传教士和教师对这两种说服途径都深有体会,但他们的目的并不在于引起说服对象的注意,而是试图改变说服对象的行为。在游戏中,如果我们要说服平等地位的玩家一起进行某个游戏行为时,不仅要提供强有力的论据(比如该行为的时间精力投入和丰厚的回馈道具等),同时也要增加对方对那些论据进行思考的动机和能力(比如让对方意识到当前最重要的不是升级而是换装备)。

但即使是乐于思考的人,有时候也会使用外周途径来形成自己的初步观点。我们经常会使用一些简单而具有启发性的"拇指原则",如"相信专家"或"相信长者"(Chaiken & Maheswaran,1994)。如果在某项投票时我们因为忙于其他事情而无暇仔细思考,那么我们就会采取简单的启发性策略:专家和长者是值得信赖的,并据此投票。也是基于此,我们会更容易被表达清晰流利、富有魅力并且动机良好、论据充足的演讲者所打动,从而使用外周途径接受他们的信息。在游戏中我们无法直接看到游戏玩家本身,也难以通过聊天等方式深入了解对方的动机和论据,因此更容易被玩家在游戏中的替代物,即游戏角色的等级、装备、头衔、成就等要素所打动。游戏中一呼百应的公会活动并不都是理智的,如果每个玩家都使用中心途径来决策,那么公会将很难实现统一行动。正是由于外周途径的便利,使很多玩家积极响应高等级玩家的号召,让拥有话语权的强势领导者更容易控制弱势从属者的行为,满足了强势领导者的权力动机。这种体验与现实世界惊人地相似又相对容易实现,或许这也是游戏更能够使玩家得到满足的原因吧。

### (三)交往需求

能够联网的游戏为玩家创造了与人交流的机会,数十年前,我们或许不能想象游戏世界能够成为我们人际交往的另一渠道。近年来,许多研究者将注意力放在了网络游戏与社交的关系上,密歇根州立大学的研究团队访问了22—25岁的Facebook的部分用户发现,许多成年人同样借助Facebook上的*Farmville*等游戏来创建、发展并维护人际关系。

---

① 〔美〕大卫·迈尔斯:《社会心理学》,侯玉波、乐国安、张智勇译,人民邮电出版社2006年版,第181页。

② 〔美〕大卫·迈尔斯:《社会心理学》,侯玉波、乐国安、张智勇译,人民邮电出版社2006年版,第181页。

研究人员发现,受访者在玩社交游戏时会产生三个潜在效果:建立、维持和强化人际关系。研究人员还发现,人们乐于与陌生人结交,因为更多的“朋友”可以让他们升级更轻松。不过,有些人实际上是借助游戏来维持和现有朋友的关系,并且在某些情况下,人们发现游戏中的互动可以让他们重建淡化的朋友关系。部分玩家把游戏中的互赠礼物等互动行为形容为一种非语言的沟通方式,许多人表示即便没有语言交流,一起玩游戏也是一种沟通。

游戏中的社交互动性现在是游戏开发者关注的核心。一个专门针对年轻用户的社交网站 myYearbook 向用户提供游戏时的视频聊天服务,用以改善社交游戏的用户体验。和其他社交网站一样,社交游戏也是 myYearbook 用户黏性最强的功能之一,每天登录用户都会有超过三分之一的时间在玩社交游戏。为了加强游戏玩家之间的互动,他们和 OMGPOP、Heyzap、Viximo 等开发者协作,推出带有视频功能组件的社交游戏。在 Facebook 的社交游戏中用户之间的互动不是同步的,而带有视频组件的社交游戏则能够从好友群中发现在线用户,并进行即时互动。如果游戏本身的社交互动不是从游戏本身挖掘的而是依靠外在的辅助工具,这样的社交互动是否已经取代了游戏本身的价值?Playdom 公司的 David Rohrl 表示,游戏的交互性需要做到让玩家感觉在同朋友们一起玩,但是现在看起来视频更像绑架了游戏的交互性,而不是增进玩家的游戏体验。另外,在社交游戏中,还有其他交互形式与情感体验值得挖掘。

1.馈赠

我们常常会从游戏中的好友那里收到虚拟礼物,包括鲜花、蛋糕、爱心,等等。有些用户会接受这些虚拟礼物,并加入赠送礼物群体之列,而有些用户则会排斥这些内容:“我丝毫不关心你的农场、小鱼或公园。”因此,当“馈赠”功能被嵌入众多热门社交游戏中时,有些人甚至将其称作“恶意垃圾引擎”。但事实上,这个看似简单的游戏机制是玩家互动的重要方式,“馈赠”是玩家参与游戏活动的起点,同时也是一大病毒式营销策略,它能够丰富游戏活动,提高玩家留存率。显然很多游戏都利用了馈赠和互惠行为巩固社交心理法则。

赠送礼物是玩家互动活动的重要组成部分,它帮助我们明确关系,强化好友纽带。哈佛大学心理学教授艾伦·兰格(Ellen Langer)认为,赠送者其实是礼物馈赠的最大精神收获者。赠送他人礼物让我们能够巩固同他们之间的情感,让我们觉得自己更有能力,并懂得关心他人。留心他人需求会获得他人的情感回馈,这同时还蕴含着某些根深蒂固的生物性因素。例如,从进化论角度看,大方男性比小气男性生殖成功率高。而擅长给予、负责照料丈夫和子女生活起居的女性生殖成功率也更高。互惠心理在促进健康方面的重要性远超我们的想象,灵长类动物通过帮助同类梳理毛发换取食物、保护或性交之类的东西,这些合作式交换有助于其增加生存机会或繁殖成功率。

在社交心理学中,互惠是指以积极行为回应另一积极行为,或以消极行为回应另一消极行为,是一种以牙还牙的回应(图 5-12)。这和利他行为、馈赠行为不同,因为这两种行为不以获得积极回应为目的。在文化人类学和文化社会学中,互惠的定义是人们非正式的商品、劳动交换行为,设定价值和本土兑换率的方式。

**图 5-12　互惠**

美国著名文化人类学家马歇尔·萨林斯(Marshall Sahlins)认为互惠行为有三种形式:①

一般性互惠是指不计价值的商品、服务交换行为,但通常价值会逐渐平衡。网游中乐于带新手练级或赠与装备的行为,可视为一般性互惠。

平衡或对称互惠是指希望获得同等有形回报的交换行为,通常数额、时间和地点都是既定的。平衡互惠是直接的非个人交换,特征是精确计算。物品类型、价值及付出和收获期望值通常相差不大。网游中大多数不涉及金钱的交易行为,均可视为平衡互惠。

消极互惠是指以获取利益为目的的商品、服务交换行为,通常会损及另一方的利益。其中包括经济学中的物物交换。消极互惠的信任度极小,社交距离极大,常发生在陌生人当中。消极互惠是非工业化社会各群体创建友好关系的普遍方式。在网游中也存在不同职业武器的不等价交换。

利用玩家期望获得回馈的心理,赠送虚拟道具是游戏在互惠行为中融入社交准则的行业惯用方式。社交游戏咨询顾问凯丽(Kelly)认为,游戏中赠与行为的目标是让玩家领会到,越多送出,越快升级的道理。"友好健康的经济形态形成后,人人都能够从中受益。"*City Ville* 等社交游戏其实就是利己社交,完全靠奖励驱动。法国社会学家马塞尔·莫斯(Marcel Mauss)认为,礼物馈赠表面看是慷慨的自发行为,但其实是有目的的,是基于经济学的利己主义。虚拟商品馈赠已逐渐脱离换取所需的功能,而变成只顾自我利益,不顾及好友利益的负面行为。

社交游戏 *Health Seeker* 使用"称赞"作为馈赠机制。称赞和礼物的不同在于其并非靠利益驱动,而是靠表扬和鼓励玩家的健康行为增加游戏黏性。融入馈赠机制的根本目的是满足人类相互联系和加入社交的欲望。我们渴望与人互动,希望进行社交活

① Shehani Kay:*What Is All This Gift Giving for*,http://ayogo.com/blog/what-is-all-this-gift-giving-is-for/.

动。休闲社交游戏让我们能够保持与他人的联系。游戏馈赠机制不过是迎合了我们的这种需求,在赠送物品的同时传达“我仍然想着你”的信息。我们可以利用这一需求,让社交游戏为社会健康发展贡献力量。

2.嫉妒

荷兰心理学家范德温(Niels Van de Ven)将嫉妒分为恶性和良性两类。在游戏中,我们总会遇到别人获得了我们想要的东西的情况,此时,恶性嫉妒表现为:我们希望别人没有获得那些东西。而良性嫉妒表现为:别人获得的那些东西是合理的。(图5-13)恶性嫉妒会使人想方设法发现对方的弱点,把对方拉低到和自己相同的水平上;良性嫉妒会使人学习模仿对方,从而提高自身水平。嫉妒能使人思维敏捷,提升记忆力,但同时也会带来负面影响。研究人员做了一项实验,让被试学生观看某个有钱、有魅力的同龄人的报道,随后进行一些困难的文字解谜测验。结果发现,与控制组相比,被唤起嫉妒情感的学生,更快放弃了解题,成为了自我耗竭(Ego Depletion)的受害者。自我耗竭原本指人们在自我控制的过程中,能量逐渐消耗,最终殚精竭虑,但其实嫉妒也可能会耗尽同样的资源。恶性嫉妒源于地位在人类群体中的重要性,当人们发现自己无法达到被嫉妒对象的地位时,会感觉自己吃亏了。但当体验到良性嫉妒时,我们不会想去破坏他人,而是想凭借自身努力获得他们所拥有的东西,驱动我们去做缩小与他人之间差距的事情。范德温在研究中让参与者感受到好友获得自己憧憬的实习医师职位的良性嫉妒,结果这些大学生参与者更加努力地学习,以提高自己获得同等岗位的机会。在随后的研究中,研究者还发现人们对好友获得新 iPhone 会产生良性嫉妒,也都愿意多花 64%的钱来购买新手机。

**图 5-13 良性嫉妒与恶性嫉妒**

很多社交游戏要求玩家去拜访好友就是激发玩家良性嫉妒的手段之一。在拜访中玩家会发现好友,尤其是 NPC 的空间有自己现阶段没有的某些装备和道具,就可能为了获得同样的奖励而更加努力地玩游戏,甚至可能用真实货币来购买这些虚拟物品。在 MMOROG 中,“传说级”装备也是利用良性嫉妒推动真实货币交易的范例。

激发良性嫉妒的另一个常用方法是游戏排行榜。在投币式街机的全盛时期，如果看到自己的名字出现在游戏高分榜上是十分值得玩家炫耀的事，而看到自己被分数略高的用户取代则会非常郁闷。榜单上的对手促使我们持续投币，以证明自己的技能能超越对手。在当下的电子游戏中，排行榜取代了高分榜，我们可以通过成就系统进行细节比较。随着游戏变得越来越具有社交性，这种比较的重要性日益突出。心理学教授肯尼思·洛克(Kenneth Locke)认为，作为社交动物，我们所有行为的意义都源于同他人的关系，社会比较无处不在。测试或游戏中的分数几乎不具有客观意义，它们的意义源于我们的分数同他人分数比较的结果。

社会心理学家利昂·费斯廷格(Leon Festinger)认为，想要获得自身技能的准确信息是人类的本性，即使信息不完整，也好过一无所知。如果仅有数据，而没有语境，数据也毫无意义，除非我们转向将自己同其他人比较。正如前文所提到的“别人家的孩子”，我们倾向与在某些方面同我们类似的对象进行比较，倾向避免与能力比我们高很多或低很多的对象进行比较。

因此对于排行榜来说，比较对象才是关键，其效果在出现“你在好友中的排名”时最为显著，我们更容易受到类似群体的刺激，更容易被与我们相关的群体激励。我们同熟悉对象进行比较是希望通过他们，判断自己是否能够获得同样甚至更高的成就。若他人完成复杂任务，我们对于自己完成类似任务的信心也会因为我们确信自己与他们在能力上近似而得到增强。

俗话说“宁当鸡头，不当凤尾”，在表现不佳的群体中的靠前玩家比那些在优秀群体的滞后玩家的自我感觉更好，虽然以绝对值计算，后者也许比前者表现更优秀。这也是在 MMORPG 中屠杀新手的老玩家存在的原因。从根本上来说，当人们进行自我评价时，总是参照自己在小团队中的表现，而忽略团队与其他团队的差异。你在 11092 名玩家中排名 6458，比不上知道你在 45 位好友玩家中排名 12 那般有趣或富有激励性，或是知道自己排名 44 那般沮丧。

**图 5-14　排行榜**

在群体中的地位对玩家来说意义重大。如果我们是公会中一流的 PvP 成员,我们很有可能不会牺牲装备或时间来帮助公会的其他成员,因为这可能意味着自己要被赶下第一名的宝座。如果“竞争”是游戏设计师所期望的游戏基调,那么就应该同时提供排名信息以及与前方玩家的差距值,通过促进玩家间的良性嫉妒达到目的。

(四)价值最大化

价值最大化的需求有多种表现形式,如出售紧俏的物品换取大笔金钱、等待购买最强的武器、将治疗药剂留到关键时刻使用、保存有限的绝招用来对付终级 BOSS 等等。玩家在游戏中获得某些东西时,使其产生最大价值的驱动力会影响玩家的游戏行为。在《毁灭战士》等 FPS 游戏中,玩家会不断切换武器用光弹药,这样在地上看到弹药的时候才能够捡起来。走过弹药补给点却因为弹药已满而不能补充,对有些玩家来说是种莫大的折磨。这会出现尽管玩家不喜欢使用霰弹枪,但依然会用其射杀敌人的情况,因为这样就可以拿到更多的霰弹枪、弹药,让每个弹药补给点的价值最大化。在这种情况下,价值最大化与武器偏好可能产生冲突。在货物和货币管理游戏中,价值最大化通常会给游戏的交易系统带来大量的乐趣,即使它们相对游戏整体来说可能并不重要。在游戏临近结束时,价值最大化通常会受到抑制。因为玩家知道游戏即将结束,所以会拿出最好的东西以无法实现其最大价值的方式把它们用光。

在《魔兽世界》中,玩家在多次冒险经历中得到了大量物品。这些物品可以储藏,也可以放在拍卖行出售。需要注意的是,价值最大化的需求不一定是利益驱使,也有可能是让游戏给予我们的东西发挥出最大的价值。玩家玩《魔兽世界》的目的不是获取金币或是操控拍卖行,而是尽力让自己付出的精力价值最大化。不过,价值最大化有时也会成为让人丧失动力的因素。在玩那些需要分配技能点数却无法“洗点”的游戏时,玩家会因为自己分配技能点的方式并非最佳方案,但又因为选择不可更改而丧失斗志。

价值最大化玩家对 MMORPG 最感兴趣。在此类游戏中,价值最大化包括三个关键要素:战利品、市场和限制。第一个要素是战利品,玩家在任务过程中可能获得物品以及随机掉落的稀有道具。连出售给商人的多余物品都是有趣的可玩性元素,因此玩家必须决定携带或丢弃哪些物品。这不仅取决于物品的价格,还取决了物品是否可以堆叠、接下来是否会得到更多的相同物品,以及物品是否会成为随后任务需要的素材等问题。

第二个要素是市场。市场能够让玩家实现物品的货币价值,告诉玩家出售此物品会获得多少钱,以及购买此物品需要花费多少钱。所以无论玩家何时得到物品,都需要从以下三种行动中作出选择:保留、出售或丢弃。当玩家觉得可以让物品发挥出比货币价值更高的价值时,就会保留它。比如,假设某玩家获得价值 1 金币的草药,而用这种草药可以制造出价值 10 金币的药剂,那么保留草药就更具有价值。如果物品可以堆叠,而玩家这时因技能点不足而无法制作这种药剂,那么他也会选择囤积物品,希望其将来能产生更高的价值。然而玩家的存储空间通常有限,这也正是游戏中的市场决定价值最大化会成为积极还是消极因素的关键。市场越强大,货品价值越稳定。换句话说,如果玩家有以后可能会用到的物品,但已没有足够的空间储存,他们能否现在出售,等需要时再购回呢?市场交易的成本越低,玩家越能忍受因物品栏已满而不得不出售某些低价值物品带来的焦虑。

第三个要素是限制。MMORPG 中玩家一般无法选择所有的专业技能。《魔兽世界》玩家只能选择两种专业技能,《无尽的任务 2》玩家只能选择一种。在《最终幻想 11》中,玩家可将每种技能提升至 60/100,但只有一种制造技能可以提升至 100。这种设计使玩家必须通过交易,才能获得所有通过制造产生的东西。也有像《洛奇》这样用修炼点数进行限制的例子,大多数玩家无法获得将所有生活技能修满的点数,也无法负担相应修炼所需的海量素材。

限制要素在在游戏中创造了非同寻常的价值。对武器锻造师来说,矿石比布值得保留;但对裁缝而言,布比矿石更为贵重。所以玩家会用他们得到却无用的材料换取可以使用的材料。这种交易一般通过市场系统开展,玩家出售无用材料获得货币,再花货币购买有用的材料。在制造技能中,我们会看到三种价值最大化元素紧密地结合在一起:玩家在玩游戏的过程中获得物品(战利品),但无法使用其中的某些物品(限制),于是将无法使用的东西换成可以使用的物品(市场)。[①]

**图 5-15　价值最大化**

## 第二节　游戏营销

### 一、用户留存

当下网络游戏的盈利模式主要有两种:一是销售游戏时间,二是销售游戏服务。销售时间的游戏主要靠卖点卡等方式,玩家参与游戏的时间直接折算为收益;销售服

---

① Simon Ludgate: *Value Maximization as Player Motivation*, http://www.gamasutra.com/blogs/SimonLudgate/20101025/6278/Value_Maximization_as_Player_Motivation.

务的游戏提供免费游戏时间,但玩家需要付费才能享受全部游戏服务和道具使用权。无论哪种盈利模式,留住玩家都是首要任务。因此在游戏行业中,用户留存率成为开发商和运营商越来越重视的数据指标,Facebook 的社交游戏就以月活跃用户(MAU)和日活跃用户(DAU)作为标准参数,考察游戏用户的黏性。

用户自某段时期开始玩游戏,在一段时间之后,仍然还在玩游戏的被认作是留存,这部分用户占当时新增用户的比例,即留存率。一定时期内,新增用户通常会随着时间增长而不断有人离开(留存不断下降),直至该游戏的生命期结束,从数据上看是一条呈下降趋势的曲线。对留存进行分析时,只看一个总体留存率数据的意义不大,重要的是观测这条下降曲线的走势。

对留存进行分析最常用方法是以日为单元,观察某日的新增用户在随后每日的留存情况。留存虽受到多种因素的影响,如游戏的质量、用户的素质、游戏的运营等等,但在推广渠道、游戏版本既定的条件下,每天的留存曲线不会有很大差异。通常,用户留存有三个时期:

流失期——用户新进入游戏的前几天是流失量最大的时期,留存率显著下降,是流失期。其中第一天的留存率被称为"首日留存率"。在行业中,人们普遍重视首日留存率这项指标,这是对游戏质量的直接反映,这项指标还可以在一定程度上说明用户首次体验的满意度。

蒸馏期——经过几天大幅度的流失后,用户留存会进入小幅度下降时期,这就如同蒸馏过程,是蒸馏期。

稳定期——经过一段时间蒸馏后,用户留存会呈现出比较稳定的态势,不会有明显的增减,可称为稳定期,这段时间会保持较长时间。从总体来看,游戏留存应该看进入稳定期后的平均留存,这才是日留存率的真实水平。稳定期里所保留下来的用户是最有价值的,他们提供了大量的流量,相对其他用户各项转化率也会更高。

Nonstop Games 创始人亨里克·苏隆恩(Henric Suuronen)曾用"40—20—10"的规则来解决留存率问题:如果想让游戏的 DAU 超过 100 万,那么日留存率应该大于 40%,周留存率和月留存率应该分别大于 20%和 10%。

Flurry 公司在 2012 年曾针对各种题材的 iOS 和 Android 免费游戏进行分析发现,纸牌游戏在 90 天内的用户留存率位居榜首,而用户黏性最高的是战略游戏。如图 5-16 所示,位居第一象限的代表获得最理想的用户黏性及留存率的游戏,其中典型是战略游戏;位居第二象限的是在较短的用户生命周期内,获得较高用户黏性的游戏,主要类型是老虎机游戏、资源管理游戏、模拟游戏,以及回合制社交游戏;第三象限代表较低用户留存率以及黏性较低的游戏,主要是卡牌游戏和战斗游戏;第四象限则代表用户重玩频率较高,但可能难以促使用户进行大规模支付交易的游戏,其中代表是扑克游戏和纸牌游戏。

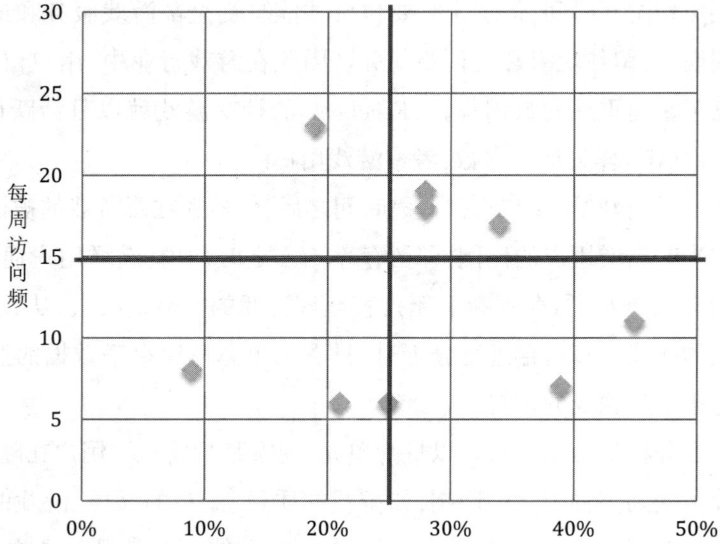


**图 5-16 免费移动游戏用户留存情况**

分析类似 *Farmville* 之类的“种地”游戏我们会发现，可以用我们此前提到的很多心理学技巧提高用户留存率：

(1)创造故事情节和游戏角色：如果玩家能在游戏中操纵主要的游戏角色，并自行选择故事情节的发展，那么大多数玩家会不断进行游戏，掌控游戏角色和情节的发展。

(2)制定“超额”任务清单：不论玩家的游戏时间是一小时、一周还是一个月，都为他们安排更多明确具体的游戏任务。查看这种“超额”任务清单，玩家会产生一种任务未完成的不完整感，因此想回到游戏中，继续完成游戏任务。

(3)所有权和收集：很多玩家喜欢收集“战利品”“图鉴”等，收集系统让玩家总有重复游戏的理由，同时这种方法也能帮助开发者盈利。

(4)错失的机遇：在游戏中添加一些特别活动，“诱使”离开游戏的玩家重回游戏体验这些活动，并因此提高他们对游戏的兴趣。这种方法只是短期战略，如果长期使用会适得其反。因为一旦玩家发现他们因为游戏而错失了更多东西时，他们将不会再回到游戏中了。

(5)每日或每周活动：考虑玩家不同的游戏习惯，并思考如何做才能以不同频率吸引不同节奏的玩家，每日活动和每周活动机制是一种解决方法。

(6)让玩家能够积极愉快地与好友进行交流：病毒式传播与用户留存机制存在一定的交互性。玩家可能会因为想和好友一起游戏而重新回到游戏中，所以提供玩家与好友一起游戏的机会也是一种有效的用户留存方法。

请思考：对于其他类型的网络游戏，还有哪些可以提升用户留存率的手段？

## 二、游戏推广

在游戏行业迅速发展的环境下，各类型题材的游戏新作层出不穷，无论制作者是大公司还是小团队，无论是电脑平台还是移动平台，都面临向玩家推广游戏的问题。

在分析消费者行为时，我们可以发现消费者在消费过程中存在的普遍规律。（图5-17）

**图 5-17　消费者行为一般模式**

在游戏推广中最常用的刺激就是各种形式的广告，既包括传统意义上通过媒体发布的广告，又包括新兴于社交网络中的病毒式传播。

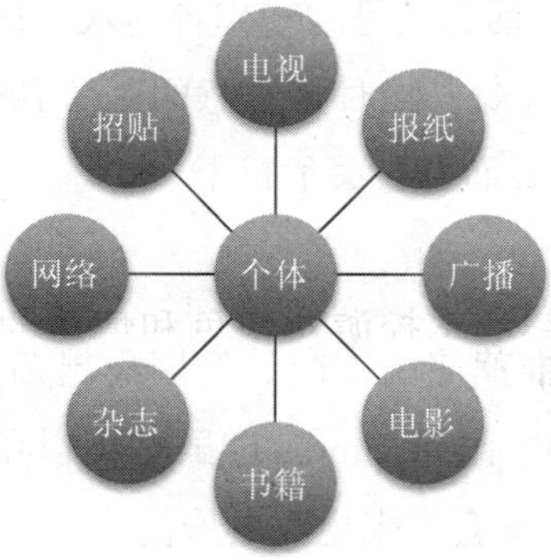


**图 5-18　大众传播的爆聚**

广告媒介是传播广告信息的载体，不同媒介有不同特点，不存在对所有商品都堪称完美的媒介，不同商品在广告媒介选择上大有不同。对于游戏来说，选择书籍、杂志、报纸等媒介是不合适的，即使这些媒介有较强的权威性和广泛的受众，但它们的覆盖范围与游戏的目标是错位的。游戏最广大的用户群体是有网络使用习惯、移动产品使用习惯以及游戏习惯的人群，因此游戏广告最大规模的投放目标应该在互联网、移动服务，以及少量视频媒体的游戏节目贴片。

在游戏广告策划和制作时，其实更多用到的是我们之前提到的说服的两种途径，设计师努力调整广告使其更符合消费者的思维。对海报、宣传片等消费者较少主动关注的媒介来说，视觉形象是具有代表性的外周线索。比如烟草广告会展示令人愉悦的漂亮画面而不提支持吸烟的证据；可口可乐的广告总是用让人感到快乐、青春和活力的形象与产品相联系，而不会靠营养成分的证据来吸引消费者；运动用品、服装鞋帽等商品总是聘请冠军和明星代言同样也是依靠外周线索进行说服。而计算机等需要消费者理性比较的商品则很少聘请明星代言，而是倾向于向消费者提供产品配置和价格信息。如果信息类型符合信息接收者的接受途径，就能增强接收者对信息的关注程度（Shavitt，1990；Petty，Wheeler& Bizer，2000）。

请思考：对于游戏来说，在广告形式中应该使用哪种途径作为说服策略？

(一)病毒式营销

病毒式营销是一种网络营销的常用手段,它利用用户口碑传播的原理,让“口碑效应”像病毒一样低成本、高效率地传播。它基于用户实质诉求,无论是经济层面还是精神层面,成功的病毒式营销总会勾起人们愿意将其分享给他人的欲望。通过提供有价值的产品或服务,让大家告诉大家,利用快速复制的方式将信息传向数以万计的受众。病毒式传播的常用方式有6种:

1.天生的传播特性(Inherent Virality)

最原始的一种病毒式营销,可以称得上是口碑效应。简单来说就是如果游戏足够好,用户自然会转变为“传播者”。虽然刚开始这种传播效果并不明显,但经过一段时间后,就会出现爆炸性的增长,比如《极品飞车》。当然这种方式效果最好,但也较难实现。它有一种变体:话题效应。当人们愿意讨论这款游戏或和这款游戏相关的事件时,话题就出现了。如果游戏确实很好,或者出现了一个很值得人们讨论的话题,人们在讨论中便会记住游戏。但这种效果很难量化,因为如果话题只是游戏作者的八卦信息的话,很难知道有多少人会因为这个八卦信息而尝试游戏。同时要注意的是,话题有好有坏。如果制造的是反面话题,那就不是病毒式营销,而是公关危机了。

2.协同效应传播(Collaboration Virality)

一个产品对单独一个用户来说是有价值的,如果他推荐使用该产品的用户越多,这个产品产生的价值就会越大,这也会形成病毒式传播。比如Dropbox,虽然可以用Dropbox存储文件,但如果可以和他人共享文件,Dropbox就会带来更大的价值。

3.签名效应传播(Signature Virality)

通过某种交流工具,或传播本体最后加上一个签名。某个名称的反复出现,会令人记住这个品牌。比如使用某种工具定期、群发设定对象的邮件或微博时,人们收到的内容便会有“由×× 工具发送”的标志,这样人们就会不经意地记住这个产品。这也是一种病毒式传播,我们经常会在别人的微博下看到类似的标注和签名。

4.激励效应传播(Incentivized Virality)

我们在网站上邀请他人加入进来的时候,系统会给予相应的奖励,就像Dropbox会增加空间、某些游戏会发放金币一样。这种策略虽然很简单,但屡试不爽。

5.可植入性传播(Embeddable Virality)

这种病毒式营销非常适合内容性网站,比如以文章、视频、资料等为主要内容的网站。在这些内容里面,原创者会把原创信息植入进去,这样无论这些内容怎样传播,原创信息都会被用户看到。这看起来像是“软文”,但其实并不是软文。最简单的例子就是现在已经泛滥的概念视频广告，在感天动地、制作精良的短片结尾呈现品牌名称。

6.社交化传播(Social Virality)

这种传播依附于现有的社交网络，当用户使用该产品的时候，社交网络会将相关信息显性或隐性地传播给其他用户。比如美国最大的社交网络游戏商 Zynga 就是使用这种方式：当你在玩某一游戏时，其他好友会收到你正在玩这个游戏的信息，这样吸引新用户的速度就会变得很快。因此很多网站、应用和游戏会通过 Facebook、微博等社交网络来进行社交化传播。

请思考：病毒式营销的成功与哪些心理学原理有关？

(二)营销活动

现在，以营销为目的的活动，除了组织录制游戏视频然后评奖以扩大影响之外，还有其他富有创造性的新方式。

2011 年，Humble Bundle 推出第二个官方游戏包，用户可以自行决定购买价格，该游戏包由独立游戏工作室 Frozenbyte 独立制作完成。玩家可在游戏包中挑选 5 个无版权保护的游戏并随意为此出价，从 1 美分到 6000 美元间任意价格均可。选择支付费用后，玩家可以决定这些资金分给慈善组织、开发者和 Humble Bundle 的比例。这种新型分销模式十分奏效，各方都获得了大笔收益。

曾出品《地下城守护者》《黑与白》等大作的游戏设计师彼得·莫利纽克斯(Peter Molyneux)在 2012 年带领新工作室 22Cans 制作了一款名为 *Curiosity* 的移动游戏(图 5-19)。它的玩法非常简单：虚拟的空间里，漂浮着一个大立方体，玩家需要一层层不断挖出组成立方体的小块，当参与者挖完最后一个小块时，就能解锁一个视频，看到自

**图 5-19　*Curiosity***

己的奖品。这个与“好奇心”相关的游戏实际参加的人数远远超过发行者的预料，直接结果就是导致服务器当机。最终的赢家是18岁的爱丁堡人布莱恩·亨德森（Bryan Henderson），他公布了他的奖励：能够深度参与22Cans下一款世界构建游戏*Godus*的设计，并分得其一小部分收益。由于*Curiosity*的大获成功，这段神秘视频也得以在网络上迅速传播，为尚未问世的*Godus*做了很好的广告，激起了玩家对于新游戏的期待。

然而对于独立游戏来说，过早曝光内容和玩法却未必是好事。当我们看到某款独立游戏的视频时，可能会因为其画面、音乐和玩法吸引人而产生购买冲动。但如果游戏不能马上购买，而是在3个月后才发布，我们到时候还会记得它吗？第一次曝光会为新奇有趣的产品带来不少销量，但在那之后购买冲动也就过去了。6块钱的App Store游戏就是游戏市场中典型的冲动消费对象。当我们花5分钟时间看完一款新游戏的视频时，那就是最佳购买时机，我们想立即买到手里玩个过瘾，而不是再等一年半载。《金字形神塔》的销售出现两次高峰，就与媒体的两次好评和YouTube预售广告有关。从中我们学到的最重要的经验是，销售高潮出现在推广活动与预售时间重合之时，而非正式销售之时。如果你没有暴雪公司一样的实力和用户期待，那么任何介于游戏和玩家之间的障碍都会严重影响收益。

对于独立游戏来说，如果游戏是快节奏、惊险且具悬念和高度刺激性的作品，就用视频宣传，配以作者声音展示开发者日志，粗线条地用游戏的声音与外界保持交流。游戏发布之后，仍以同样的方式进行宣传。

如果游戏的视听刺激并不强烈，那么在游戏发布以前，要避免说明性的预告片。只用图片和声音宣传即可，把公开信息告诉游戏的忠实粉丝。接受他们的反馈，回答疑问，让他们感到自己参与了游戏创作，但不要公布预告片或进行新闻媒体推广，直到游戏发布，再开始做让游戏引人注目的事情。①

在2014年的Steam Dev Days大会上，Valve联合创始人加布·纽厄尔（Gabe Newell）宣布取消Steam Greenlight。② 开发者可以创建自己的商店页面，设置价格，并简便地管理自己在该平台上的游戏。Steam Greenlight在2013年发展迅猛，发布了636款游戏，比上年增长66%。人人都有了开启“国王大门”的钥匙，但这并不意味着所有人都会一帆风顺，前面的道路可能仍旧很艰难。因为虽然Steam平台的用户数量在持续增长，但随着大量游戏的发布，我们又该如何确保自己的游戏获得曝光度？

多平台的AAA游戏凭借其庞大的营销预算可以不担心其推广，但能够带来创新体验的小型独立游戏可能就要艰难求生。现在开发者进入所有平台的门槛都在降低，独立开发者拥有大量选择权。传统开发者偏爱与发行商签约，由后者来处理所有销

---

① Brandon Sheffield：*Opinion：When Talking to the Press too Early Can Hurt You*，http://www.gamasutra.com/view/news/175039/Opinion_When_talking_to_the_press_too_early_can_hurt_you.php.

② 交互反馈系统，开发者自己决定独立游戏的开发。

售、营销和分销等事务。这看似减轻了开发者的负担,但却要求开发者让出大部分收益,那么开发者还能真正保留自己的独立身份吗?

有的开发者希望自己包办一切,依靠在线工具完成所有工作,但实际上这非常困难。因此,他们不得不依靠拥有整支专业销售和营销团队的发行商。毕竟,我们不是处于一个单打独斗的世界。独立开发者倾向选择与自己想法相似,并且已经在数字领域有所建树的合作伙伴建立关系。这种合作可以令独立开发者灵活地管理自己的事业。

对于所有游戏从业者来说,创新都是其生存的必要元素。我们希望行业内出现极高的信任与透明度,开发者与发行商利益分配合理,游戏开发越来越高效、更重要的是开发者能保留自己的 IP,以及对自己游戏的控制权。

## 三、游戏评选中的心理因素

心理学博士杰米·马迪根(Jamie Madigan)提出了影响年度最佳游戏评选的 5 大心理因素,这对于参赛者和评委都颇具意义。[①]

### (一)认知偏差

许多年度游戏评选,比如"最佳××类游戏",最后总会有两个竞争者打成平局,这时游戏评审过程就变成了一场拉锯战。这两款游戏的优、缺点都会在此时被放大讨论,这就是差异认知偏差(Distinction Bias)所产生的影响。

此时,评委们就会采用两种评估模式来判断游戏的优缺点:一是综合评估,二是独立评估。在同时比较多种游戏时,采用综合评估模式比较管用;而评价单款游戏时,一般采用第二种模式。

采用综合评估模式时,我们更容易夸大弱者的弱点,但如果不通过这种直接对比,我们就不会有这种倾向。比如提到《极品飞车》和《GT 赛车》这两者谁是"年度最佳赛车游戏"时,我们就可能过分批评前者的低帧频,但如果单独评估这款游戏时,就可能完全察觉不到这个缺点。因此,这种方式确实适合年度游戏评选,这也是打破两强争霸僵局的最佳方法。而要想从 3 个入围的强者中筛选出最佳游戏,就极有可能对其中更相似的两者进行对比,排除劣势者。这就是差异认知偏差的心理作用,被淘汰者可能会被贬得很低,即使它其实比另一款非同类的游戏更出色,也完全有可能被挤出入围榜单。

---

① Jamie Madigan: *The Psychology of Games: Those Darn Game of the Year Debates*, http://www.gamasutra.com/view/news/32222/The_Psychology_of_Games_Those_Darn_Game_Of_The_Year_Debates.php.

### (二)从众心理

社会心理学家所罗门·阿希(Solomon Asch)曾做过一个经典的从众实验,参加实验的7个被试中有6个都是研究者的同谋,他们口径一致地宣称一条短绳比另一条长绳更长,结果发现37%的被试给出了从众的答案。

在游戏评选投票表决上,这种现象就更明显了。因为这是一群陌生人组成的临时团体在讨论一个没有绝对是非对错的问题,所以当占优势的一群人首先指出《魔兽世界:大灾变》是"年度最佳角色扮演类游戏"时,其他人就会默认了,即使这款游戏从许多方面来看,并非独一无二的佳作。

如果评委身处一个关系紧密、富有组织性的团队中,又会有许多人为了维护团队稳定,确保集体和谐,而选择附和大家的意见。在这种情况下,《魔兽世界:大灾变》就有可能再次全票当选,因为多数人都不愿意成为破坏成员间友谊的异类。

### (三)过度强调事物特征

当我们身处非强势地位去说服别人认同自己的观点时,总会尽量提供最能证明这个论点的论据,片面强调这方面的内容,以中心途径进行说服。

当问到你为什么认为《死亡救赎》是"2010年度最佳动作类游戏"时,你可能就会极力强调这款游戏的动作类元素,认为它的武器装备实在太强大,所以它应该摘走这个奖项。但实际上,这款游戏最明显的特征很可能并非你推崇它的原因。比起《死亡救赎》中的其他游戏设置,武器装备实在不能算什么非凡的创意。

在年度游戏评选的讨论过程中也会出现这种情况,因为这些专业的游戏爱好者很讨厌使用"有趣""强大""优秀"等陈词滥调来形容一款游戏,所以他们就会绞尽脑汁去找其他论据,最后就不免陷入过度强调游戏某个特征的争执中。

### (四)先入为主

我们都会轻视、忽略那些与我们的设想、看法不一样的信息,但会很重视、强调那些与自己观点一致的内容。

在评选"2010年最佳下载游戏"时,如果你认为《周一格斗之夜》会胜出,那么相对其他游戏而言,你更容易记住它的优点,宽容它的缺点,认为它是瑕不掩瑜,优点完全盖过缺点。

要解决这个问题,最好的办法就是允许异见相左的人挑战自己的观点,并进行一番辩论。如果能够根据别人提供的意见,详细罗列出该游戏的优缺点,我们对这款游戏就会有更全面的认识。

### （五）近因效应和首因效应

在第三章我们介绍记忆干扰理论时提到了前摄抑制和倒摄抑制，近因效应和首因效应就是它们的表现。近因效应（Recency Effect）主要表现为我们很容易记住最近发生的事情（尤其是重要事件），或者一系列事件中的最后一个环节；首因效应（Primacy Effect）表现为发生在某段时间的开头事件让人印象最深刻，介于这两种效应之间的其他事件，就很容易被人遗忘。

这种效应在年度游戏的入围游戏名单上表现得很明显：在研究去年发行的游戏时，我们很容易首先想起年初和年末的作品，但对其他游戏印象模糊。与此相同的是，我们也很容易回忆起最近玩过的游戏的相关细节，但回忆年度中期发行的其他游戏时却很费劲。这或许能够为希望参赛的创作者挑选游戏的发行时间提供参考。

## 思考题

1.什么是让我们热衷于网络游戏，逐渐淡出单机游戏的内在原因？

2.其他玩家纯粹在场会不会影响玩家玩游戏？

3.在组队游戏中，如何有效降低群体懈怠？

4.日式 RPG 和美式 RPG 与 NPC 的交流有何不同？

5.游戏的社交互动不是从游戏本身挖掘的，而是依赖外在的辅助性工具，这样的社交互动能够有效改善用户的社交体验吗？

6.试分析游戏中的互惠机制对于游戏的影响。

7.对于网络游戏来说，有哪些可以提升用户留存率的手段？

8.对于游戏来说，在传统的广告形式中应该使用哪种途径作为说服策略？

9.病毒式营销的成功与哪些心理学原理有关？

10.试分析一款游戏的营销策略。

# 第六章 游戏玩家心理

■ **本章要点**

1.玩家类型研究对目标用户群体划分的意义

2.游戏中的情绪和情感宣泄

3.游戏中的暴力和攻击

■ **关键术语**

人格心理学、精神分析、情感情绪、暴力

在游戏世界中,设计师的工作总是围绕尽可能留住玩家而展开。在游戏创作时,设计师会假设目标受众的特点并尽力迎合他们的需求。如果这种假设是经过实际调研之后得出的,那么就会比较接近实际情况;而如果这种假设是设计师根据自身的知识和经验判断得出的,就会因为自身的知识和阅历不同而存在一定程度的偏差。

以己推人是我们假设他人特质时惯用的方法,但人就像雪花一样,没有两个是完全相同的。正如亨利·莫里(Henry Murray)所说:“我们所有人都和其他人在某些地方相似,而又在某些地方和其他人不同。”(Kluckhon & Murray,1953)这不仅包括生理层面上指纹、虹膜等外在特点,还包括个人的特质、能力、信仰、目标和经验等内在特征。这种内在特征相对稳定,就像我们重逢多年未见的老同学,起初会因为他们外在的变化而惊讶,但不久就会发现这些人仍然“万变不离其宗”,还是原来的脾气秉性。

在游戏中,面对同一游戏机制,不同玩家的应对方式会大相径庭,这也是游戏中玩家总会有不同“派系”和行为模式的原因。对玩家的研究是游戏心理学中重要的组成部分。理解不同类型玩家的个性将有助于我们更好地细分目标受众,从而减少因为对玩家不了解而出现设计偏差的概率。

# 第一节　人格心理学

## 一、人格

人格可以定义为源于个体身上的稳定行为方式和内部心理过程。① 我们可以跨时间、跨情境地来审查这些稳定的行为方式。我们预期今天活泼开朗的人明天也会活泼开朗，在工作中喜欢竞争的人在运动场上可能也会乐于竞争。所以我们有时候会说“这很像他会做的事”，就是在承认这种性格的稳定性。但这并不代表一个外向的人在任何场合都会情绪高涨，更不代表人会一成不变。

虽然稳定的行为方式和内部心理过程都是在个体身上发生的，但这并不代表外部环境对人格没有影响。父母教养孩子的方式对孩子将来会成为什么类型的人有直接影响，中国古语“三岁看大，七岁看老”不无道理。而文化在理解人格中也起着举足轻重的作用。越来越多的心理学家发现自己描述和研究人格方法的那些观点，并不能完全适用于不同文化的人们(Church，2001；Kitayama & Markus，1994；Rozin，2003)。这不仅是因为不同文化影响着人格的发展，更重要的是心理学家已经逐渐认识到，人格是存在于文化背景中的。正如前一章所谈到的个体主义文化强调个人的需要和成就，生活在这种文化中的人倾向于把自己看作是独立的、独特的人。生活在集体主义文化中的人倾向于把自己归属于一个较大的群体，对合作的兴趣更胜于对竞争的兴趣。但随着互联网技术的普及，文化全球化趋势越来越明显，当我们在感叹中国的年轻人越来越自我、越来越有个性的时候，也发现他们身上的集体主义观念正在弱化。

产生稳定的行为方式和内部心理过程的根源何在？这是研究人格的一个基本问题。然而过去一个世纪以来，不同研究领域和研究方向的心理学家对于这个问题的回答各不相同。就如同盲人摸象，各流派根据自己的研究取向验证了人格的某个方面。比如精神分析流派认为人的无意识心理对他们的行为方式有很大作用；特质流派认为人处在各种各样的人格特性的连续体的某个位置上；生物学流派用遗传学和生理学来解释人格的个体差异；人本主义流派认为人的责任感和自我接纳感是造成人格差异的主要原因；行为主义和社会学习流派把稳定的行为方式说成是条件反射期望的结果；认知流派用人们加工信息的方式来解释行为的差异。虽然它们各自从不同方面来解释人格，但在描述人格本质的时候，都会深入探讨几个基本问题，而它们在这些基本问题上的倾向又是彼此不同的。图 6-1 反映了它们在不同理论问题上的立场倾向。

---

① 〔美〕杰里·博格：《人格心理学》，陈会昌等译，中国轻工业出版社 2010 年版，第 3 页。

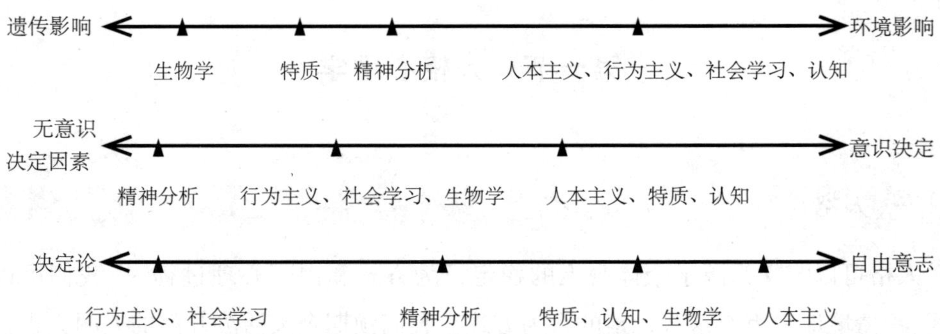


**图 6-1 不同流派在不同理论问题上的立场倾向**

## 二、精神分析理论

虽然人类一直在思考人格的本质问题，但直到 19 世纪末，才出现了第一个被认可的人格理论学家西格蒙德·弗洛伊德（Sigmund Freud）。弗洛伊德对心理学和 20 世纪的思想、电影、戏剧、小说、广告、游戏等的影响广泛而深入，甚至我们早已将他的理论成果当作了常识，几乎每一位人格理论学家都不得不以他的理论为参照，将自己关于人格本质的思想与他的理论进行比较。在弗洛伊德之后，精神分析学派的众多学者仍在发展和修正他的理论，他们虽然没有一个人像弗洛伊德那样著名和具有影响力，但每一个人对精神分析的人格理论都作出了自己的贡献。

### （一）人格模型

弗洛伊德最初把人格划分为意识、前意识和无意识，并将这种划分称为解剖模型。意识（Conscious）是我们能够觉察到的想法，新想法涌出，其他想法消失，意识的内容不断发生变化。[①] 我们平时说“我想……”指的就是自己能意识到的部分。但在大脑存储的信息中，意识处理的信息只占很小一部分，如果愿意的话，我们可以轻而易举地调集无数想法到意识中。比如今天的早饭是什么？中学时候的同桌是谁？这些大量的可再现信息构成了前意识（Preconscious）。有人认为意识与前意识构成了思维的全部内容，但弗洛伊德认为这仍然只是冰山一角，我们内心想法的主体其实位于无意识（Unconscious）当中。这里的内容完全无法直接触及，它们无法被提取进意识当中。然而无意识的内容决定了人的许多日常行为，理解无意识对行为的影响，是理解精神分析理论的关键。

在之后的研究中，弗洛伊德发现解剖模型在描述人格上还存在局限，因此又创立了结构模型，把人格划分为本我、自我和超我。我们面对一件事情时内心的天人交战，就是组成人格的各个部分发生冲突的表现。弗洛伊德认为我们在出生的时候只有一

---

① 〔美〕杰里·博格：《人格心理学》，陈会昌等译，中国轻工业出版社 2010 年版，第 28 页。

个人格结构,即“本我”。这是人的自私部分,只与满足个人欲望有关。本我遵循快乐原则而采取行动,不受任何物质和社会的约束。婴儿看到想要的东西就会伸手去抓,无论它是否属于自己或是否有害,这种反射行为一直持续到我们成年。本我的冲动伴随着我们的一生,但又必须受控于健康成人人格的其他部分。如果本我完全依赖反射行为来得到想要的东西,那在现实生活中,快乐冲动多数时候都会受到挫败。因此,本我还会通过满足愿望实现其需要,比如当婴儿饿了而周围又没有食物时,本我就会想象食物,从而暂时满足自己的需要。由于本我是完全隐藏于无意识中的,而弗洛伊德认为大部分本我冲动与性和攻击有关,因此我们意识不到本我或许也是件好事。

随着我们出生后几年间的成长与环境相互作用,人格结构的第二部分会逐渐发展起来。遵循现实原则的“自我”会在考虑现实性的基础上尽量满足本我的冲动。自我会将不为社会所接受的本我冲动控制在无意识当中,以考虑行为后果的方式采取行动。自我能在意识、前意识和无意识之间自由活动。

**图 6-2　自我像是骑在马背上的人,驾驭着本我这匹桀骜不驯的马,约束着它的前进方向**

5 岁左右,我们人格中的第三部分开始形成,这就是代表社会的、特别是父母的价值和标准的“超我”。超我对能做和不能做的事情有更多限制和更高要求。当我们看到朋友在游戏中有某件我们求而不得的装备时,本我冲动也许想据为己有,自我会意识到这样做会导致问题,因而试图寻找拿走装备而不为人知的方法。但即使有办法偷走装备而不被抓住,超我也会禁止这一行为。因为偷窃是违反道德准则的行为,超我对付这种情境的“武器”是产生罪恶感,令我们寝食难安,直到把东西还回去才能得到缓解，因此也有人直接把超我译为良心。同时，超我还为自我提供榜样，用以判断一个行为是否合乎道德。如果孩子没有充分建立超我，成年后就会缺乏对偷窃和撒谎的内控机制；如果超我过于强大、过于遵循道德，使自我面临难以实现的完美标准，我们就会不断出现羞愧感和罪恶感。

本我、自我和超我既相互补充又相互对立，在一个健康人身上，强大的自我不允许本我或超我过分地掌管人格，在我们意识之下的地方，存在着自我放纵、考虑现实性和执行严格道德准则三者之间永不休止的斗争（图 6-3）。

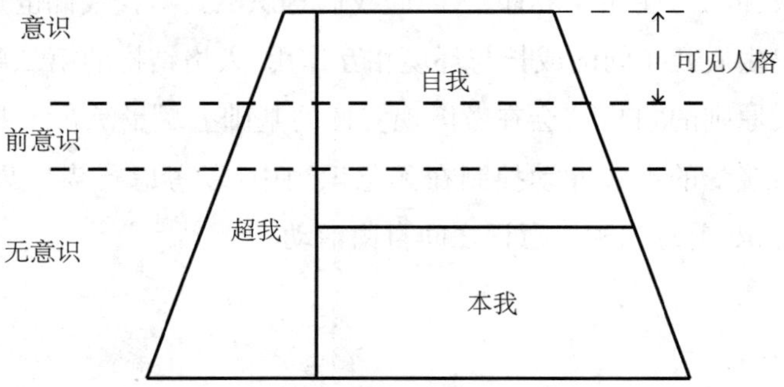


**图 6-3　人格解剖模型和结构模型**

（二）防御机制

弗洛伊德对于无意识心理的描述可能令我们感到困窘，精神分析的经典案例中有很多无意识主题，比如对父母的憎恨、对配偶的攻击性、对儿时创伤经历的记忆，以及其他对意识来说具有威胁性的想法。自我会使用很多处理非期望想法和欲望的方法把这些内容排除在意识之外，以减少或避免焦虑，这些方法统称为防御机制。

弗洛伊德把压抑（Repression）称为“整个精神分析理论结构的基石”（1914），它是人类最重要的防御机制。压抑是一种积极的努力，自我通过这种努力，把威胁排除在意识之外，或使这些内容不能接近意识。我们每个人的无意识中都有不愿意带入意识的想法，因此我们都会自我压抑。而压抑也是要付出代价的，在它稳定、主动的使用过程中需要自我持续地消耗能量。因此，没有一个强大的自我就很难维持稳定的人格。比如对于创伤性事件，有人会选择把能够伤害自己的经历压抑在意识之外，再被问及该事件时，就会毫无印象。

压抑的使用会影响自我功能的发挥，而升华（Sublimation）用得越多，我们自身的创造性就越强。从某种意义上说，升华是唯一真正成功的防御机制。[①] 在升华作用下，自我会把危险的无意识冲动转化为社会认可的行为。比如攻击性的本我冲动可以升华为身体对抗强烈的体育运动（图 6-4），而攻击性强的运动员会被看成英雄并受到

① 〔美〕杰里·博格：《人格心理学》，陈会昌等译，中国轻工业出版社 2010 年版，第 30 页。

嘉奖。在升华过程中，本我可以表达其攻击性，自我无须耗尽能量抑制这些冲动，反而能在升华中获得乐趣并被他人喜爱。

**图 6-4　攻击性运动可以使无意识的攻击性冲动以被社会接受的方式发泄出来**

替代(Displacement)是将冲动导入一个没有威胁性的目标，但不会因此得到社会奖赏。比如一个人受到虐待后会感到愤怒，但直接向对方发泄愤怒可能招致更严重的后果，因此，他可能会将怒气转向家人或朋友。虽然这样做会带来其他问题，但是向威胁较小的人发怒，可以避免不被接受的想法被意识表达出来。很多不合理的害怕或恐惧都只不过是象征性替代。比如一个怕马的孩子，其实是用对马的害怕替代了对父亲的害怕。

运用否认(Denial)技术时，我们并非像压抑一样遗忘，而是会否认接受某些事实的存在，即使所有的证据都表明确有其事。比如深爱妻子的丈夫在妻子去世后很久仍表现得好像她还活着一样。显然，否认是一种极端的形式，否认越多，与现实接触越少，心理机能的运作就越困难。

在运用反向作用(Reaction Formation)时，我们会按照无意识想法相反的方向行动，以躲开可怕的念头和欲望。比如一个人一遍遍地告诉别人自己有多爱母亲时，实际上是在隐藏无意识中对母亲强烈的憎恨。

对可怕的无意识念头进行自我控制的另一种方法是在它进入意识之前，先从中去掉情感的成分。用严格的理智检查自己的意念，可以使某些想法进入意识而不造成任何焦虑，这就是理智化(Intellectualization)。比如一个女人反复念叨系安全带的重要性，也许是在想象她丈夫会出可怕的车祸，而精神分析学派的治疗师可能会认为其实这个女人在无意识中对丈夫怀有某种憎恨。

有时我们会把一种无意识冲动归为别人而非自己的。把冲动投射(Projection)到另一个人身上，用来摆脱“我居然会这样想”的观点。比如宣称社会充满猜疑和欺骗的人，实际上无意识中承认了他自己就是猜疑别人的骗子。正如《周易》中所说的：“仁者见之谓之仁，知者见之谓之知。”

（三）无意识的显现

如果无意识是人类心理中最大、最主要的部分，且它存在于意识之外无法觉察，那我们如何得知其存在？我们研究无意识的意义何在？弗洛伊德认为，强烈的本我冲动被排除在意识之外时并未消失，尽管这些冲动的真实本质被一个强大的自我压抑了，但它们通常以一种伪装或改变了的方式发泄出来。如果我们知道该了解什么，就可以从许多看似天真的行为中看到无意识的想法。想要了解无意识内容，可以考虑七种技术：梦、象征行为、投射测验、自由联想、口误、催眠和意外。

弗洛伊德把梦称为“通往无意识的捷径”。他最有名的著作《梦的解析》出版于1900年，成为第一本用于解释梦的意义的心理学著作。他认为梦为本我冲动提供了自我表现的舞台，梦是一种愿望的实现。清醒时我们压抑那些自己很难面对的无意识想法和愿望，而在梦中，这些想法和愿望会以伪装的方式，以具有象征意义的其他形式表现出来。我们有时会为荒诞的梦境发笑，而对于精神分析治疗师来说，梦包含了推测无意识的极有价值的线索。

梦可以用无意识欲望的象征性表象来解释，而我们的日常行为无疑是想法的象征性表达。梦不会对自我造成威胁，因为它们不能被觉察到，但同时又发泄了无意识欲望。比如弗洛伊德有位痛恨自己母亲的病人，喜欢不停地踩画有雏菊的脚垫，只因为他的母亲最喜欢雏菊。

孩提时代我们都有看着浮云并把它们想象成各种东西的经历。投射测验与之类似，它向受测者呈现模糊刺激，要求受测者根据呈现的刺激编故事，辨认物体，或画一幅画。答案没有对错之分，但会表明他们内心深处的想法（图6-5）。自由联想让我们在杂念尽除的情况下纵情畅想、畅所欲言，让自由流露的想法进入意识。因为自我已调动大量能量压抑某些想法，不让它们进入意识，所以自由联想看起来很容易，但其实

**图6-5 天然的投射测验**

很难实现。

几乎没有人能避免口误,我们往往会因为各种原因说错话,那些原本不是发自内心的话被称为“口误”。弗洛伊德认为口误并非偶然,口误的内容往往是内心深处的真实想法。比如在西方文化背景下,用婚前姓氏称呼妻子的丈夫,或许潜意识里希望自己从来没有与其结婚。

在深度催眠中,自我进入一种暂停状态,成功的催眠师能避开自我的监督,直达无意识。催眠术运用暗示等手段让受催眠者进入催眠状态,以便达到某种目的。催眠是以人为诱导(如放松、单调刺激、集中注意、想象等)引起的特殊的类似睡眠而又非睡眠的意识恍惚心理状态。在催眠过程中,被催眠者自主判断、自主意愿行动减弱或丧失,感觉、知觉发生歪曲或丧失,遵从催眠师的暗示或指示作出反应。催眠的深度因个体的催眠感受性、催眠师的威信与技巧的差异有不同,恰当地使用催眠可以达到消除紧张、焦虑情绪,建立乐观积极心态的作用。

如果我们在与朋友争论时意外打碎了某件东西,我们需要诚心道歉说自己不是故意的,但这在弗洛伊德看来是无意中表达一种想要伤害朋友的冲动。同样,偶然忘记某个约会,其实也是一种阻抗(原本就不想去)。

(四)幽默

“粗俗”的笑话似乎不分国界地广受欢迎。一边是侯宝林先生推行新相声“去芜存精”,一边是老舍先生坚持不能舍弃老相声的“三俗”,或傻或俗的形象总能引发人们的大笑,尽管过后可能半严肃地抱怨笑料品位不高,但自己又可能成为这个笑话新的传播者,促使这种笑话继续流行,经久不衰。

纯粹的幽默确实存在,经常以双关语和充满智慧的点子取胜。而其他笑话则是有倾向性的,或与敌意有关,或与性有关。带有敌意的攻击包括侮辱和尖刻的讽刺等,我们之所以会对别人的尴尬和耻辱感到好笑,是因为这些笑话将我们平时被压抑的冲动表达了出来。正如弗洛伊德所说,通过使我们的敌人变得渺小、孱弱、可鄙和可笑,我们以一种迂回的方式获得了战胜敌人的乐趣。

同样,通过社会认可的性幽默方式,我们能够谈论禁忌的性话题。公开谈论性在许多地方都是不适当的,然而关于性的笑话不仅常常被容忍,而且有时是受到认可和鼓励的。比如有些保守正统的人,在公众面前从不谈论性,却会重复“某人告诉我”的笑话,以此谈及各种禁忌的话题。

事实上,听了攻击性或与性相关笑话而发笑的人,不一定认为笑话的内容就是幽默的。之所以发笑是因为我们的紧张得到了缓解,实现了精神宣泄。笑话中的言辞先令我们感到紧张,最后的包袱又使这种紧张得到了缓解。换言之,使我们感到愉快的许多笑话,不是因为它们好笑或者机智,而是因为它们能减轻紧张和焦虑。同样的技巧也被用于众多娱乐节目中，比如在整蛊节目中，被整的人在最后得知真相时常常大笑也是因为这个原因。

技术高超的人说笑话时往往善于添油加醋，作为最后包袱出现的铺垫，听者的紧张水平会随着讲述的推进而逐渐加强，铺垫过程造成的紧张感越大，最后包袱抖出时爆发的笑声就越长，声音也越大。1968 年，舒克利夫（Shurcliff）的研究验证了这一观点。研究中，三组不同被试被告知不同任务：低度紧张组被告知要抓人工驯养的老鼠 5 秒钟，中度紧张组被告知要给老鼠抽血，高度紧张组除了需要给老鼠抽血之外还被告知老鼠可能会咬人。当被试走到鼠笼前发现里面是只玩具老鼠时，如图 6-6 所示，处于高度紧张组的人比其他两组人认为这一情境更滑稽可笑，紧张的释放带来的轻松感能使他们觉得特别有趣。

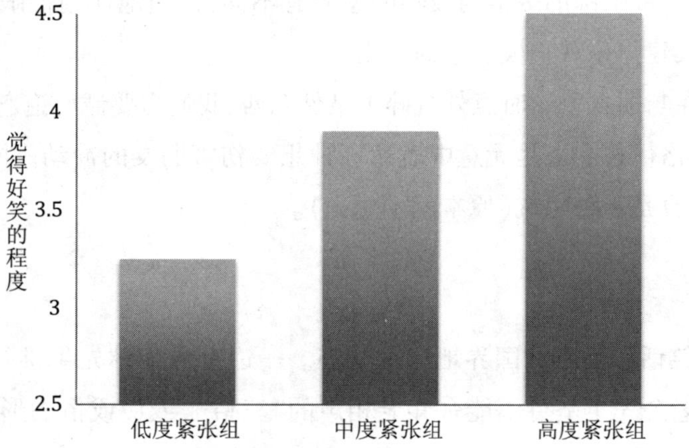


**图 6-6　不同紧张程度的人觉得实验情境好笑的程度**

（五）寻求优越与出生顺序

阿尔弗雷德·阿德勒（Alfred Adler）是精神分析学派的重要代表人物之一，他从 1902 年开始与弗洛伊德合作，又在 1911 年与之彻底决裂。不同于弗洛伊德的生本能和死本能，阿德勒认为只有一种动机推动着人们，他称之为寻求优越（Striving for Superiority），其中对优越感的寻求又是始于自卑感。他认为每个人从出生开始都有源于虚弱和无助的深刻的自卑感，我们做的所有事情，都是为了建立一种优越感来克服生活中的障碍和自卑感，但过度自卑会让我们拒绝或远离挑战而非战胜它们，因此自卑对于人格的形成有着重要的影响。

在人格形成的最初几年中，父母的教养起着重要的作用，过度保护或忽视都对孩子形成健康的人格有负面影响。同时，阿德勒还强调出生顺序在人格形成中的作用。他认为兄弟姐妹中的老大由于受到父母过度注意而被溺爱，但第二个孩子出生后这种关注被削弱，老大要学着与新的家庭成员分享父母的关爱，因此老大的自卑感大多比较强烈。出生于中间的孩子因为不会受到父母过多的溺爱,也习惯于与年长的孩子分享父母,因此他们会形成追求优越的特性,这种感觉会伴随他们到成年,让他们更容易取得成就。至于最小的孩子,则因为幼儿期受到全体家庭成员的溺爱,因此习惯于依赖他人,缺乏个人主动性,又因为生理上落后于家庭其他成员而有强烈的自卑感,因此会出现各种问题。

在现实中,并不是所有结果都支持阿德勒的观点,出生顺序并不能预测一个人在人格测验中的得分(Jefferson,Herbst & McCrae,1998;Parker,1998),而且典型的家庭结构和动态过程自阿德勒时代以来已经发生了巨大变化。阿德勒的理论引发了众多研究,出生顺序对人格和智力发展的影响的复杂性远远超出了他的想象(Hoffman,1991;Rodgers,Zajonc & Mullally,1997)。

在游戏世界中,玩家也有类似父母的经历,对游戏中的第一个人物角色往往会倾注极高的关注和精力,角色的点滴进步都会令玩家雀跃,同时玩家也会注意对角色"全方位"的打造。而之后再以另一个全新角色重新开始游戏时,玩家的探索和情感关注会逐渐减少,行为也会更加考虑"性价比"。至于代练打金的玩家就更谈不上情感关注了,他们只会考虑以最小的付出,最有效率地完成委托任务。不同的玩家在面对同一个游戏任务时会有截然不同的策略,成功的游戏会为不同类型的玩家提供不同的任务选择和个性化的解决途径,这在一定程度上提高了游戏的重复可玩性。

### (六)依恋

与别人相处的良好关系会给我们带来快乐(Myers,1992),我们面临的首要任务是建立深厚而有意义的人际关系,尤其在青少年后期和成年早期——这一人群与带有社交性的网络游戏的主要玩家人群高度重合。

无论是现实世界还是网络世界,人际关系既是快乐的起点,又是痛苦的源头。与冷漠的人打交道会让我们受挫,与依赖性太强的人打交道又会让我们透不过气。这一切并不是在我们成年之后才出现的问题,童年的经历会对我们长大后的行为产生深刻影响。

玛丽·爱因斯沃斯(Mary Ainsworth)在对孩子和母亲的研究中界定了亲子关系的三种类型(1978)。在安全型关系中,母亲对孩子关心、敏感,孩子知道母亲的负责与亲切,一般比较快乐和自信;在焦虑—矛盾型关系中,母亲对孩子的需要不是特别关心和敏感,孩子会害怕陌生环境,在母亲离开后会焦虑地大哭,其他成年人很难安抚;在回避型关系中,母亲对孩子不敏感,孩子对母亲则疏远和冷漠,母亲离开不焦虑,母亲回来也不在意。在不同的亲子关系影响下,孩子会形成对人际交往的无意识的"心理作用模式"。约翰·鲍尔比(John Bowlby)认为,一个不受欢迎的孩子不仅觉得自己不受父母欢迎,而且觉得自己基本上不被任何人欢迎。相反,一个得到爱的孩子长大后不仅相信父母爱他,而且相信别人也觉得他可爱(1973)。在后续对成年人依赖类型的研究中发现,安全型成人比其他两种类型的成人更倾向于描述自己与父母的积极关系和温暖的家庭环境(Brennan & Shaver,1993;Diehl,Elnick,Bourbeau & Labouvie-Vief,1998;Feeney & Noller,1990;Hazan &Shaver,1987;Levy,Blatt & Shaver,1998),而焦虑—矛盾型成人很少回忆起父母的支持,回避型成人描述与家庭成员关系时是不信任和冷漠的。

近年来研究者发现按两个维度对依恋类型进行分类比较有效(Bartholomew & Horowitz,1991;Brennan,Clark & Shaver,1998):一个维度是我们害怕爱情伴侣背弃程度,这种害怕背弃反映了个体的自我价值感;另一个维度则反映了我们对亲密和依赖的舒适度。如图 6-7 所示,我们可以得到依恋的四种分类模型。

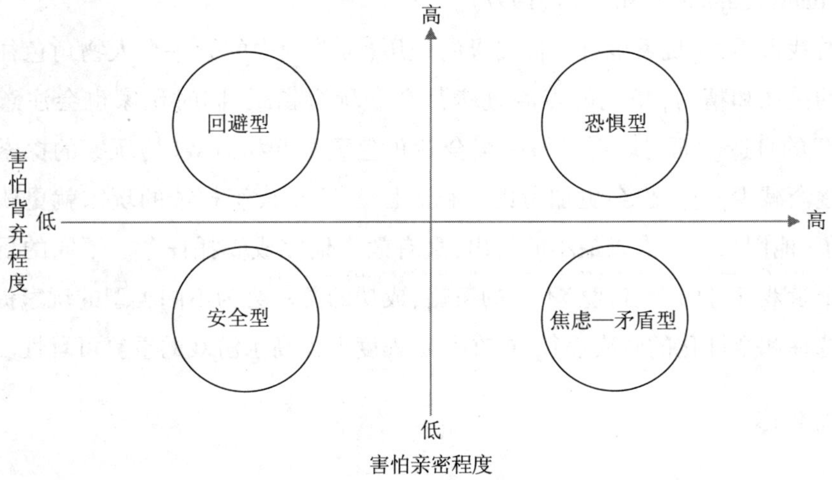


**图 6-7 依恋的四种分类模型**

四分法比三分法多出了第四种类型——恐惧型,即高度害怕被爱人背弃,又高度抵触与人亲密。他们认为自己不值得被爱,怀疑爱情的忠诚度,又因为害怕被拒绝而回避与人建立亲密关系。

(七)集体无意识

另一位精神分析学派的代表人物卡尔·荣格(Carl Jung)把人格称为心灵,他认为心灵包含一切意识和无意识的思想、情感和行为。荣格的人格结构理论由意识、个体无意识和集体无意识三个部分组成(图 6-8)。

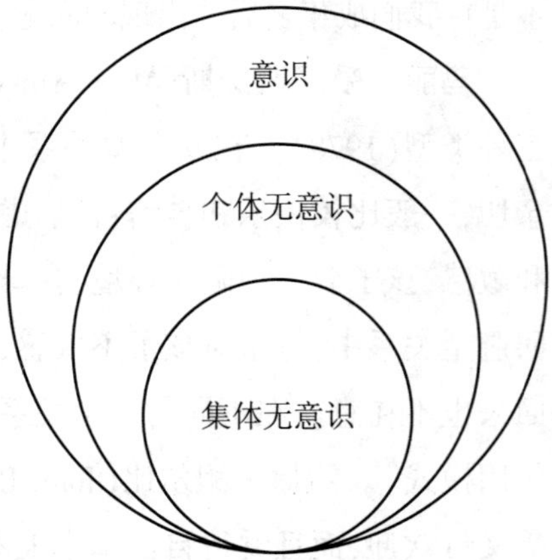


**图 6-8 荣格的人格结构理论**

同弗洛伊德的理论相同,荣格认为意识是人的心灵中唯一能够被个体直接感知的部分。自我是意识的核心,它由各种感知觉、记忆、思维和情感组成。意识和自我是一致的，都是为了使人格结构保持同一性和连续性。同时，意识也在不断发展，重新塑造和完善新的自我，他把这个过程叫作个性化（Individuation）。荣格认为，个性化或人格的发展并不是以自我为主体，而是以潜意识的自性（the Self）为主体。

个体无意识是发生在个体身上的个体经验。它的内容是情结，即无意识中的情感观念丛。情结有时是消极的，但更多的时候是灵感和创造的源泉。

集体无意识位于心灵深处，是我们人类祖先潜藏记忆的储存库，由世世代代遗传下来的、常常影响我们行为的各种本能和原型组成。它是人类祖先经验的积淀，是人类作出特定反应的先天遗传倾向；它在漫长进化中只发生少量的变异，是个体始终意识不到的心理内容。集体无意识的主要内容是本能和原型。本能是先天的行为倾向，原型是先天的思维倾向。[①] 原型不能在意识中直接表现出来，但会在梦、幻想、幻觉和神经症中以原始意象或象征的形式表现出来。重要的原型有：人格面具、阴影、阿尼玛、阿尼姆斯和自性。

人格面具是个体用来应付社会习俗和传统要求，在公共场合所表现出来的公开人格，它是内部世界和外部世界的分界点，使我们通过对外部世界作出恰当的反应以得到社会认可，但过分认可人格面具会使真实自我过分压抑。为了缓解真实自我的压抑，我们可以在游戏中扮演更顺应真实自我的角色，这不能不说是游戏为我们身心健康作出的重要贡献。

阴影是发展中的自我的一部分，它依然保有个人认同感，只不过是被拒绝而不被接受的那一部分，而且往往伴随着罪恶感。阴影是人格的最内层，是具有动物性的低级的种族遗传，包括一切不道德的欲望、情结和行为，类似于弗洛伊德的“本我”，是本性中的原始部分。荣格认为要想成为完整的人，就必须持续了解我们的阴影。这是所谓的“勇气的第一个考验”。阴影的外部形式包括各种文化和宗教中的妖魔鬼怪，比如《哈利·波特》中的伏地魔就是阴影的一个外部表征。

阿尼玛和阿尼姆斯即女性意象和男性意象。阿尼玛是男性心灵中的女性成分，阿尼姆斯是女性心灵中的男性成分。它们产生于男女在世代交往中对异性的态度和体验，是我们心目中理想的异性形象，投射到公众人物身上会造成狂热的追星，投射到恋人身上会造成无法自拔的迷恋。在游戏中我们会遇到扮演与他们性别相反的玩家，这些角色多半展示了玩家心中认为最有异性特色的形象。

自性是集体无意识中的核心原型，是原型中的原型，是促使人格统一、平衡和稳定的原动力，是人格发展力争达到的最高目标。它具有超越功能，即产生一种使对立面趋于统一的力量，从而使人格的各个方面保持和谐。

那么，集体无意识到底对游戏玩家存在哪些影响？观察不同性别玩家时我们会发

---

① 〔美〕杰里·博格：《人格心理学》，陈会昌等译，中国轻工业出版社 2010 年版，第 64 页。

现,从选择游戏类型开始,男女玩家就已经出现差异,男性玩家偏爱扩展型游戏,女性玩家偏爱维护型游戏。

扩展型游戏鼓励玩家通过外在形式显示自身存在感。此类游戏鼓励玩家探索、征服、控制或争取某些优势;维护型游戏鼓励玩家保持既有状态,维持其所控制元素的秩序,这些内容存在吸引力是由于它们在游戏中被玩家所拥有,而不是因为其本身价值。

男性体验游戏时通常希望战胜对手或表现更杰出,而女性则更倾向持续发展或有效互动。探索未知领域或通过战斗获取胜利的内容很难吸引女性玩家,但这正好迎合了男性玩家的口味,因此,电子竞技的选手也以男性居多。有些游戏是男女玩家都会选择的,比如《口袋妖怪》。但观察他们的体验方式时我们又会发现显著的不同。女性玩《口袋妖怪》的方式与玩《模拟人生》类似:创造角色,角色随时间流逝逐步成长。她们在《口袋妖怪》中收集和培育"宠物小精灵",不以获得胜利为唯一目的。当男性玩《口袋妖怪》时,通常会弱化对角色个性的关注。虽然有些男性也有自己喜爱的"宠物小精灵",但通常是因为该角色能够帮助他们获胜。

这种男女之间的差异可以追溯到上古时代。在人类社会的最初阶段,为了保证种群的繁衍发展,男性主要担负狩猎和守护的工作,女性主要担负建造、维护和孕育后代的工作。这种倾向性明显的分工方式随着人类社会的进步而逐渐淡化,但在现代社会中,我们仍然发现男性更加好斗,而女性更具协作精神,这就是古人曾经习惯的行为慢慢沉淀融入集体无意识而成为人类的生物本能,使我们在选择游戏时也被这种本能所引导。

## 三、特质流派理论

当我们向陌生人描述自己时,总会倾向于用相对稳定的特点来描述,要么把自己归为某一类人,要么确认自己具有某些特质,这就是人格的特质理论。古希腊人把人分为四类:代表快乐的多血质、代表不快乐的抑郁质、代表易怒的胆汁质和代表淡漠的黏液质。也有人根据体型把人分为肥胖的内胚质、强壮的中胚质和瘦弱的外胚质(Sheldon,1942)。更为流行的类型学还包括星座分类、血型分类、生肖分类等,类型学强调我们应该明确属于某一类型,不能既像 A 又像 B,必须是非 A 即 B 的。实际上像人类这样复杂的生物是很难进行简单分类的,但我们中又有不少人笃信星座或血型分类,这种笃信与教育程度等因素无关,却可以用心理学来解释。心理学家伯特伦·福勒(Bertram Forer)1948 年实验证明了主观验证起效的福勒效应,或称巴纳姆效应(Barnum effect):人们很容易相信一个笼统的、一般性的人格描述特别适合自己。即使这种描述十分空洞,我们仍然认为其反映了自己的人格面貌。如果现在我们上网搜索"座"和"吃软不吃硬",会看到几乎所有星座都具备这样的特征,我们就生活在这样"吃软不吃硬"的世界中。

(一)基本假设和研究方法

特质流派的许多重要特征都可以用简单的特质曲线来表示(图 6-9),任何人都会处于图中连续体上的某一位置,比如我们或多或少都存在攻击性,也或多或少会友善待人。当面对数量足够庞大的测量群体,并把他们的分数置于这一连续体的适当位置上时,我们会发现这些分数是呈正态分布的,即少数人的分数极高或极低,而大多数人处于这一分布的中间位置。

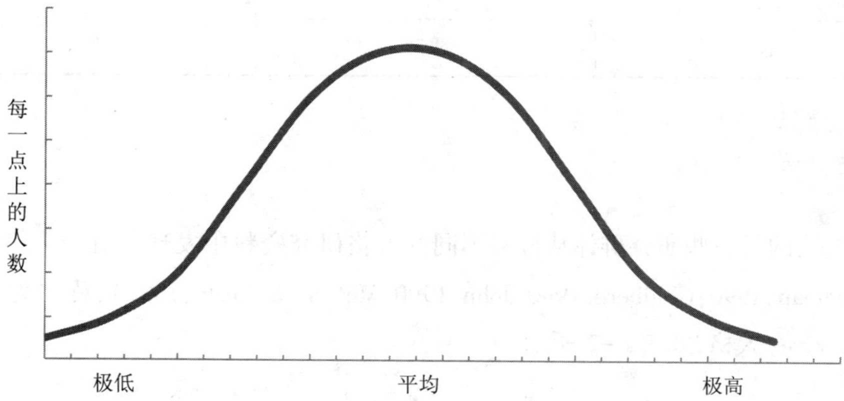


**图 6-9　特质曲线**

特质流派假定人格特征在时间上是稳定的,比如一个善于交际的人在明天、下周、下个月、明年仍然善于交际。同时也假定人格特征具有跨情境的稳定性,比如在不同情境中,我们还能够确定性格相对稳定的人群的攻击性的平均水平。

特质研究者通常不会预测一个人在特定情境下的行为,而是关注那些得分处在特质连续体上某一范围内的人群有怎样的典型行为表现,同时着重预测而非解释也是特质流派的显著特征。由于强调人格的稳定性,特质流派极少论及人格的变化。

特质流派重要的心理学家高尔顿·奥尔波特(Gordon Allport)把研究人格的策略分为两种基本类型:整体研究法和个案研究法。整体研究法假设所有人都在一个单一维度上,然后测量每个人在某个特质上的分数,并与其他受测者的分数进行比较,分数接近的特质称为共同特质。个案研究法试图确定各种特质的独特组合,通过这些组合来说明一个人的人格,而非将每个人归入预先确定的类别。

在第四章我们提及了亨利·莫里,假设了一种获得的需要,这种需要的内容、强度因人而异,却影响着他们评价自己行为的倾向。莫里称自己的方法为人格学,并把需要看作人格的基本成分,他不关心吃喝等生存需要,只关心"在某种条件下以某种特定方式作出反应的可能或准备状态"的心因性需要。莫里认为每个人都可以用人格的需要层次来说明,而一种需要能否被激发则取决于情境或压力。表 6-1 列出了莫里确定的 21 种心因性需要。

**表 6-1 莫里的心因性需要**

| | | |
|---|---|---|
| 贬义 | 成就 | 亲和 |
| 攻击 | 自主 | 逃避指责 |
| 抵抗 | 辩解 | 遵从 |
| 支配 | 表现 | 逃避伤害 |
| 逃避受辱 | 养育 | 秩序 |
| 游戏 | 拒绝 | 感知 |
| 性 | 求助 | 理解 |

（二）“大五”人格

特质论的另一些研究群体从许多不同的人格研究资料中发现了五个人格维度的证据（Digman，1990；Goldberg，1990；John，1990；McCrae & Costa，1997），称之为“大五”（the Big Five）人格，如表 6-2 所示。

**表 6-2 “大五”人格因素**

| 人格因素 | 特征 |
|---|---|
| 神经质性 | 烦恼对平静<br>不安全感对安全感<br>自怜对自我满意 |
| 外向性 | 好交际对不好交际<br>爱娱乐对严肃<br>感情丰富对含蓄 |
| 求新性 | 富于想象对务实<br>寻求变化对遵守惯例<br>自主对顺从 |
| 亲和性 | 热心对无情<br>信赖对无情<br>乐于助人对不合作 |
| 尽责性 | 有序对无序<br>谨慎细心对粗心大意<br>自律对意志薄弱 |

以“大五”人格因素为维度，我们可以更加具体地研究某款游戏的单个玩家。假设某玩家的“大五”人格如图 6-10 所示，则说明该玩家有很强的探索欲和坚持到底的韧性，但在与人交往和亲和性上不太突出，那么他可能不会将游戏分数公布给朋友或拉朋友一起玩。如果我们的游戏是以病毒营销为推广手段的话，这位玩家可能很难成为病毒传播环节中间的一环。

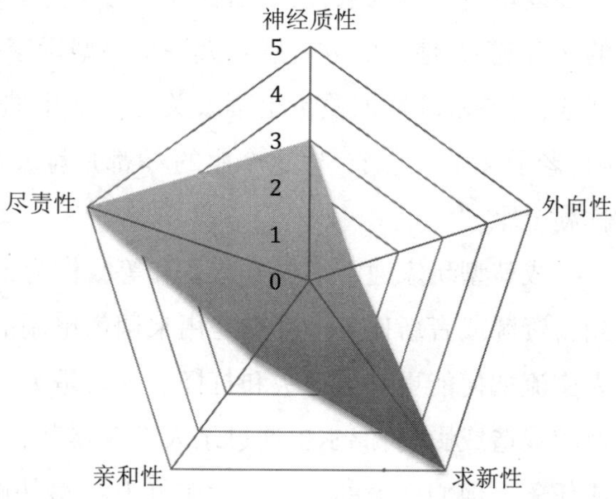


**图 6-10　某玩家的“大五”人格**

## 第二节　玩家类型

玩家类型学的优势在于让设计师利用类型学原理分析玩家心理，进而设计出相应游戏和玩法。不过这类定制化选项还很少，不只是因为它们需要复杂的编程技术，还因为它们要求设计师详细描述极具弹性的玩家个性模型，这一模型不但包含基本的玩家类型，还包括其中大量的微妙差别。因此，正如理查德 · 巴图(Richard Bartle)所言，这种分类的关键并不在于列出玩家心理，而在于良好的理论基础。

### 一、巴图玩家模型

作为游戏研究员以及 MMORPG 行业的先驱之一，巴图在文章《红心、梅花、方块、黑桃：MUD 游戏玩家分类》中，提出了玩家的四种分类方法，构建了以玩家行为取向为维度的巴图模型(图 6-11)。

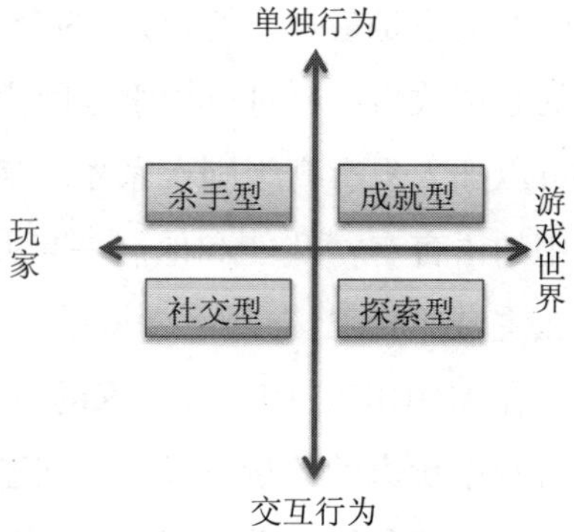


**图 6-11　巴图模型**

#### (一)玩家的四种分类

杀手型玩家的主要目的是对游戏中的其他玩家造成伤害，宣泄现实社会给他们造成的压力。他们攻击其他玩家，从攻击行为中获得快乐；提升等级，更新装备，让自己强大到可以“惹是生非”；探索发现新的杀人的好方法……杀手型玩家也有社交行为和社交需求，也会组织公会，但成立公会的目的是为了更多地攻击其他玩家,甚至语言社交也是为了通过嘲弄受害者获得快乐。给别人造成的伤害越大,他们的成就感越大。杀手型玩家一般不害怕其他玩家的伤害,反而乐于迎战,对游戏环境的质量也不太关心。常用的交流语言有:“来杀我啊,胆小鬼。”“呵呵,老子又杀了一个。”“这个服的××都是垃圾。”“红名公会招人,一起杀人,一起群 P,称霸全服。”

成就型玩家通常把提升装备和等级作为自己游戏的主要目的,探索地图是为了得到新资源或者新任务。社交是用来调剂单调的升级、打怪的一种休闲方式,顺便与他人交流如何能更好地升级和打怪。杀人是为了减少抢怪的玩家或避免敌对阵营玩家对游戏造成影响,偶尔也通过杀人来获得装备。组队是因为有经验加成,能更快地完成任务。他们交流的语言有:“怎样升级最快啊?”“庆祝自己升到 70 级,加入满级人员大家庭。”“当然,我可以带你。但我有什么好处?”

探索型玩家按思维方式的不同又可以进一步划分为审美型玩家(以感性思维为主)和学习型玩家(以理性思维为主)。审美型玩家会跑到游戏的每一个角落,尝试各种不同的行为看会引发什么效果。然后截图,甚至把自己和其他玩家的故事写成小说或做成视频发到论坛。学习型玩家则热衷于尝试游戏的各种系统,他们的乐趣在于了解游戏内部的机制,特别是该游戏独有的系统。他们经常在论坛发帖,发表独到的游戏经验,帮助和指导其他玩家更好地进行游戏。对他们而言,升级和打怪的目的是为了更好地探索游戏。但这本身对他们而言是很无聊的,因为升级和打怪大多数是重复性的行为,而杀戮对他们来说也没有太多乐趣,学习型玩家更倾向于通过 PK 来提高自己的技术,研究游戏的技能系统。他们的常用交流方式有:“武器强化研究。”“1—30 级升级攻略。”“你有什么更好的方法击杀 BOSS 吗?”“求内测号。”

对社交型玩家而言,游戏本身只是一个和其他玩家交流的平台,建立与其他玩家之间的关系是最重要的:与人约会、在公会频道聊天、一起打副本、在论坛看别的玩家写的心情故事……进行探索是因为有助于他们理解别人在谈论什么,更高的等级使他们可以加入只有高级别玩家才能参与的圈子,并在那个圈子中获得一定的身份。他们常用的语言有:“我能和他们一起去参加公会活动吗?”“十一的时候,咱们组织公会一起在主城照相吧。”

在 MMORPG 中四种玩家的数量一般是成就型>杀手型>社交型>探索型,而在休闲游戏中玩家的数量一般是社交型>成就型>探索型>杀手型。

从游戏黏性来看,成就型玩家>社交型玩家>杀手型玩家>探索型玩家。成就型玩家对游戏的忠诚度最高,他们很珍惜游戏中所获得的成就。除非他们因为现实原因无法再继续游戏,或者游戏无法再提供给他们成就感,他们才会放弃自己已经投入很多的游戏。如果成就型玩家离开,那么社交型玩家也会因为朋友越来越少,最终觉得失落和无聊而离开游戏。随着社交型玩家的离开,杀手型玩家发现游戏里剩下的都是难杀的杀手型玩家,而这是他们最不想面对的,不如换一个更容易杀人的游戏。而探索型玩家的黏性最低,在游戏的中期当他们发现游戏对他们来说已不再有秘密可言时,他们就会离开。

研究玩家需要释放的压力就会发现存在杀手型玩家>成就型玩家 >探索型玩家>社交型玩家的差异。杀手型玩家是现实社会中内心最压抑的一部分人,他们中存在相当一部分有一定程度的反社会倾向;成就型玩家在现实社会中成就感得不到满足,退而求其次,追求在游戏中的万人之上;探索型玩家在现实中找不到既可满足乐趣又可随时中断的挑战,游戏则刚好填补了这个空白;社交型玩家大多数生活安定,物质较为丰富,却时常感到孤独无聊。

在为游戏消费的意愿方面,成就型玩家>杀手型玩家>社交型玩家>探索型玩家。探索型玩家可能是最不愿意为游戏消费的玩家群体了,因为他们很少忠诚于一款游戏,如果一款游戏需要他们花钱,那他们宁可选择一款不收费的新游戏。而成就型玩家为了保证自己的地位,杀手型玩家为了杀人,社交型玩家为了自己的虚荣心都愿意在相应项目上花费一定的金钱。

### (二)四种玩家在游戏中的相处模式

成就型玩家与成就型玩家:成就型玩家与其他成就型玩家是竞争关系。从表面上看,他们对其他成就型玩家很尊重,大多会以运气不好或修炼时间不够多作为他们在游戏中不如别人的理由。成就型玩家善于与人协作,尤其是在完成比较困难的任务时,他们通过分享经验建立起的深厚友谊,强度超过其他类型玩家。成就型玩家并不需要其他类型玩家吸引他们加入游戏。只要游戏具有足够的挑战性,他们就能够玩得很开心。正因如此,游戏需要成就型玩家但也不能有太多成就型玩家。

成就型玩家与社交型玩家:成就型玩家和社交型玩家的关系是最稳定的关系之一,社交型玩家提供成就型玩家所需要的成就感,而成就型玩家提供社交型玩家所需要的安全感。社交型玩家并不喜欢和成就型玩家聊天,除非后者能打开心扉,因此,虽然成就男与社交女是游戏中的主流爱情模式,但他们之间偶尔也会发生冲突。由《魔兽世界》玩家和《劲舞团》玩家之间的关系就可以知道,这两类玩家之间的矛盾是最不可调和的。

成就型玩家与杀手型玩家:杀手型玩家人数与成就型玩家人数总是此消彼长的关系。成就型玩家并不喜欢杀手型玩家,他们不希望受到攻击,除非他们能够胜利。同时他们也很反感在升级和获取装备的重要时刻被打扰,也不愿意游戏时为了应付突袭而武装自己。为了给竞争者制造麻烦或是为了获得回报,成就型玩家也会杀人,但是由于这么做往往也会影响自己,所以他们很少这样做。通常的 MMORPG 游戏都有 PVP 内容,因为从微观上看,玩家互杀对游戏有利,能提升游戏的对抗强度。因此,过度地减少杀手型玩家的人数将降低游戏的难度,使高级成就趋于平庸。成就型玩家不像社交型玩家那么弱不禁风,他们有让杀手型玩家嫉妒的高级装备,击杀他们能带来更多的成就感,因此杀手型玩家常常将成就型玩家当作捕杀对象。不过对杀手型玩家而言,捕杀成就型玩家也有很大风险:一是由于成就型玩家不会轻易放弃游戏,二是杀成就型玩家容易导致复仇。在某些情况下,杀手型玩家也会和成就型玩家联合起来,组成强大的公会,但因为二者性格上的冲突,这种联合往往很难长久。

成就型玩家与探索型玩家:探索型玩家中的佼佼者可以用古怪来形容,成就型玩家看待他们就好像普通电脑用户看待黑客一样,除非你需要从他们那里快速知道一些冷知识,否则他们所做的事情都是毫无意义的。探索型玩家对成就型玩家只有一些边际效应,从本质上说,探索型玩家越多就意味着可供成就型玩家利用的好东西越少,因为探索型玩家会通过探索抢先把好东西都用在他们那些不为人所理解的尝试中了。这可能会导致成就型玩家产生挫败感并离开游戏。更重要的是,探索型玩家的人数可以决定他们是独自还是共同完成那些费时费力的谜题,进而影响成就型玩家升级的速度。探索型玩家把成就型玩家看作初级的探索型玩家,认为他们没有发现除了追求升级以外的目标。不过总的来说,探索型玩家和成就型玩家之间的冲突不是太多。

探索型玩家与探索型玩家:探索型玩家喜欢和其他探索型玩家一起行动,如果身边有其他志同道合的人,他们也更容易被带进游戏。探索型玩家对优秀的同类非常尊重,对那些平庸的"伸手党"却毫不怜悯。对于探索型玩家而言,最糟糕的事情就是将错误的信息信以为真并广为传播,因为这会严重影响他们在游戏中的权威。除此之外,探索型玩家乐于将他们的发现告诉别人,他们之间的交流更多是基于论坛和贴吧这种脱离游戏世界的慢节奏的展示。虽然大多数探索型玩家都同时在玩或玩过很多款游戏,但他们之间的交往很少延伸到现实世界。

探索型玩家与社交型玩家:探索型玩家认为自己会给社交型玩家留下深刻的印象,但同时也轻视社交型玩家。除非后者懂得欣赏探索型玩家的天分,否则连花时间和他们打交道都是多余的。大多数探索型玩家与社交型玩家谈话礼貌而谨慎,如果他们发现话题与游戏无关或对话者不能理解谈话内容,就会设法结束谈话。社交型玩家通常认为探索型玩家是"迷途羔羊",因为他们追求的是游戏虚拟的内容和机制。这两类玩家都喜欢交谈,但谈的内容大相径庭,如果他们凑在一起,那恐怕是因为探索型玩家想被别人看成很博学,而社交型玩家正好无所事事。

探索型玩家与杀手型玩家:一方面,探索型玩家对杀手型玩家的尊敬十分有限,同时也认为他们的行为令人讨厌。当探索型玩家就快完成探索的时候,杀手型玩家突然进行攻击,简直令人发指。另一方面,许多杀手型玩家很清楚杀人技巧,愿意和探索型玩家探讨其中的细节。由于探索型玩家在游戏里人数稀少,与杀手型玩家的交互也不会太多,一般情况下是相对友好的,因为探索型玩家往往操作技术都不错,而且能带给杀手型玩家一些新的杀人技巧。

社交型玩家与社交型玩家：一般情况下，社交型玩家能用几个小时和别人进行交谈，并且以后还会花更多的时间交谈，关键在于是否有合适的话题。但实际上任何话题都只是一个“破冰器”，一旦社交型玩家之间交上朋友，他们就将找到其他不限于游戏本身的可谈论的东西，比如反魔兽 MM 联盟。

社交型玩家与杀手型玩家：这可能是玩家群体间最容易产生冲突的关系了，社交型玩家往往会因为一次被杀而长时间通过世界频道发布信息声讨杀手，或者招呼游戏里的亲朋好友来复仇。当然，让社交型玩家鄙视杀手型玩家最主要的原因是后者拥有“反社会行为”，而自己则具有或者自认为具有友善和愿意帮助别人的态度。很多社交型玩家攻击那些和自己无关的红名玩家，仅仅是因为讨厌杀手。杀手型玩家特别乐于捕杀社交型玩家，因为社交型玩家往往在战斗中表现得不堪一击，这种痛苦而又无力反击的状态正是杀手型玩家所喜欢的。不过如果没有杀手型玩家，社交型玩家也会少了很多谈资，因为没有邪恶的对照，就突显不出善良。

杀手型玩家与杀手型玩家：杀手型玩家总是避免干扰其他杀手型玩家，在游戏中的互动不算多，除非是为了对抗其他更强大的势力。同阵营的杀手型玩家交手更多是为了切磋，而不同阵营的杀手型玩家之间可能会因为“抢人头”而爆发大规模的争斗。分析杀手型玩家的心理可知，他们常常认为自己比其他玩家更优秀，在公开的游戏中被其他杀手型玩家杀死会损害自己的名声，因此他们很少进行这样的冒险。杀手型玩家偶尔也会集体行动，但这也只是短期行为。大多数时候他们会独自捕杀“猎物”。

类型学对游戏用户的描述很有意义，但仅凭此就设计游戏是不太恰当的。因为 MUD（文字网游）和 MMO（大型多人在线游戏）与社交游戏有本质区别，游戏设计的标准也不同。

MUD 和 MMO 与社交游戏最显著的差别在于空间的不同。MUD 和 MMO 通常有大范围的游戏世界，大部分玩家知道如何在硬性规则和社交规范中协调游戏行为。MUD 和 MMO 沙盘式的互动为成就型玩家构建起明确的奖励，让社交型玩家产生归属感和感情。相比之下，目前许多社交游戏的游戏空间只限于玩家界面，仅在其中预设社交互动。社交游戏通常注重个人成就和体验，架构于游戏之上的社交元素使玩家可以进行赠礼、邀请等社交互动，帮助玩家沿着游戏成就度量发展。换言之，社交游戏中的社交互动带有功利性。MUD 和 MMO 设计为社交互动提供了更大的空间，可以是为完成某项目标，也可以不带任何目的。而社交游戏通常做不到，社交游戏内的朋友在多数情况下只是玩家现有网络中的“可用资产”而已，甚至其中有些“好友”可能从始至终都未曾说过话。

## 二、扩展的八种玩家

### （一）完成主义者

此类玩家关心的是成就和进展。其主要目标是完成游戏的主要目标，其次是完成游戏的次要目标，之后才是游戏中的其他内容。在多人游戏中，完成主义者会致力于炫耀自己的状态和财富。如果游戏以分胜负为目标，那么此类玩家就会去争取胜利；如果游戏要求收集物品，此类玩家就会去收集物品；如果游戏要求获得更高的分数，或者挑战新的冒险路径，完成主义者会尽力找到最佳选项。他们很在意游戏的内容，对取得进展的过程颇为上瘾。此类玩家喜欢的是 RPG、MMO 和挑战型游戏。

### （二）破坏者

此类玩家几乎没有对手，他们会研究最佳战略、最强战术、地图布局、攻击方向等，一切为了获得最强战斗力服务。如果游戏中具有杀戮系统，玩家就会专注于杀戮。破坏者喜欢想出全新而具有创造性的方法打败别人，在可向服务器范围内所有玩家展示技能的多人游戏中尤其如此。无论是潜行游戏、攻击游戏，还是《虚幻竞技场》《雷神之锤》之类的多人游戏，只要可以消灭对手，破坏者就会杀得不亦乐乎。他们最关心的是点数和杀戮——死亡率，如果是单人游戏，玩家会尽量发挥创意以消灭对手。此类玩家喜欢的是 FPS、RTS 和技能型游戏。

### （三）创造者

原创性、创意性和扩展性是这类玩家选择游戏时最重视的因素。他们喜欢建设、创新和修改游戏。对创造者来说，搜集资源、建设城市，以及其他任何具有创造性内容的乐趣都远甚于杀戮和完成任务。这类玩家情愿投入数小时安装修改版游戏或建设城市而忽视游戏原本的目标，经常向好友展示作品，无论别人是否在意。他们通过自己的创造力以及富有创意地利用有限的资源而获得成就感，但很容易厌倦游戏，或者质疑游戏究竟有何意义。此类玩家喜欢的是开放式 RPG、基于 MOD 的游戏和建设型游戏。

### （四）思想家

这类玩家最具战略性和领导性。他们在游戏中目光长远，通常能够极具战略性地扩张自己的世界——以便最大化收益，最小化风险。他们善于解决复杂的问题，希望游戏能够让玩家自己解决问题。这类玩家最关心不同种族的差异或者谜题解决方法，会多次完成同一款游戏，只是为了以不同方法解决同一个问题，甚至可能会为自己设置障碍让一款游戏变得更加有趣。他们喜欢的是回合制战略游戏、RTS 和谜题游戏。

(五)探索者

这类玩家十分重视探索和冒险元素,对他们来说最大的成就是找到开发者所提供的隐藏场景和故事。探索者会漫无目的地“浏览”游戏,喜欢不同的视觉效果和角色,甚至会为了看到更多为人忽视的游戏世界而耽误游戏的主要任务。探索者倾向于在游戏中收集无意义的道具,然后展示给别人看,会为自己用最快的速度探索完整个地图而自豪。探索者很擅长在游戏中自得其乐,喜欢 MMO、开放式 RPG 和扩展型游戏。

(六)休闲游戏玩家

这类玩家对游戏并不着迷,只在自己闲暇的时候玩一下,享受非竞争的无压力的游戏体验。休闲游戏玩家一般玩简单的游戏,不想杀人,不喜欢重复性的行为,也不喜欢追求宏大的目标,他们只想不费太多力气获得放松。这类玩家喜欢休闲游戏、益智游戏、平台游戏和街机游戏。

(七)挑战者

纯技能、精致而讲究速度的游戏对这类玩家最有吸引力,他们精通一款游戏,并享受在游戏中获得最高分的感觉。游戏难度从来都不是障碍,面对高难度游戏他们会煞费苦心地想出最优的解决方法,保存体力并积累点数。对他们来说,不存在折磨人的游戏,他们就是为了挑战而玩游戏的。挑战者通常会多次重复单一的关卡,只是为了以最准确的方法控制时间和完成任务。他们喜欢平台游戏和街机游戏。

(八)冒险家

这是探索者和破坏者的结合体,是游戏中相对更为沉浸的一类玩家。冒险家喜欢游戏的剧情和刺激感,他们可能一次在游戏中沉浸数个小时,也容易被游戏中的故事和美妙的景色所吸引。他们并不像完成主义者那样希望完成游戏中的所有事情,而是像探索者一样为许多有趣的元素而着迷。冒险精神让他们很容易发现游戏中的瑕疵,以及故事中的漏洞。他们喜欢 RPG、基于故事的 MMO 游戏以及 AVG 游戏。

## 三、趣味类型理论

尼可·拉扎罗(Nicole Lazzaro)提出了趣味类型理论,用“四个关键”和“两种对立”将玩家分为四种类型(图 6-12)。同轴度意味着我们可将心理区域视为一个映射,而距离则可理解为关系的亲密程度。需要说明的是,图中每个玩家类型都无法在

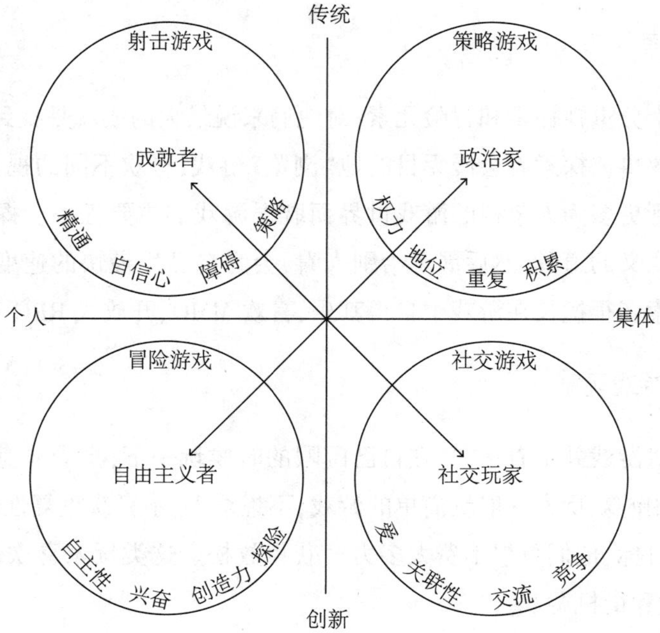


**图 6-12　趣味模型**

脱离其对手的情况下解释说明。①

模型的水平轴代表个人和集体这两个极端，它反映玩家更愿意服从集体意志，还是喜欢自主行事；模型的纵轴用于区分传统和创新的玩法，介于规则与破坏规则之间，也可以说是严格与松散之间。

政治家(Politician)类型的代表并不是指 MMORPG 中的领袖玩家或其他游戏中呼风唤雨的人物。尽管政治家会将自己视为一个集体秩序的代表，但其本质还是战略玩家。战略玩家会选择服从规则并排斥随机性的无序行为和突发情况。权力是驱使战略玩家进行游戏的动力，他们所期望的结果就是自己在游戏中地位的提高。

鉴于这种心理，我们可以看到图中政治家的对角线所指向的正是他们的对应体：自由主义者(Free Spirit)。自由主义者无视社会秩序，嘲笑系统规则，爱冒险，追求独特的体验，试图打破常规。自由是他们的根本属性，社会秩序则是最无意义的东西。他们会为省事而选择捷径，却没有什么追随者。在他们看来，游戏系统就是一个自然而富有个性的对手，这个系统像磁铁一样具有吸引力。

左上方象限的成就者(Achiever)将精通游戏操作视为终极目标。与自由主义者相似，他们都怀有极强的个人主义。成就者和自由主义者的区别在于，前者更倾向于在规则的框架之内行事，无意颠覆系统而旨在主宰系统，目的是获取高分，展示技能，使他们立于游戏巅峰。与政治家总沉浸于获得超人力量的幻想不同，成就者更渴望获

① Alfons Liebermann：4 *Temperaments - Some Remarks on Gamer Typology*，http://www.gamasutra.com/blogs/AlfonsLiebermann/20130619/194586/4_Temperaments__Some_Remarks_on_Gamer_Typology.

得单独的绝对力量。

成就者对角线上的对手是社交玩家(Socializer),这类玩家无意于精通掌握系统规则,也无意追求高超技巧。事实上,二者的差异好比是虚拟现实第一人称射击游戏与网页游戏的差异。社交玩家具有随意性,对他们来说,游戏只是打发时间的一种方式。可以看到,政治家催生了完美的社会秩序,而社交玩家激活了游戏中人与人之间的社交排名。相比自由主义者和成就者追求的即兴玩法,社交玩家只对游戏中标准、简单、容易掌握、可预测的情况感兴趣。

## 四、基于自我价值与责任感的玩家分类

对游戏玩家的分类可以从不同角度和范畴来进行,如果我们关注玩家自我价值和责任感并以此为坐标进行分类,可以得到图 6-13 中的结果。

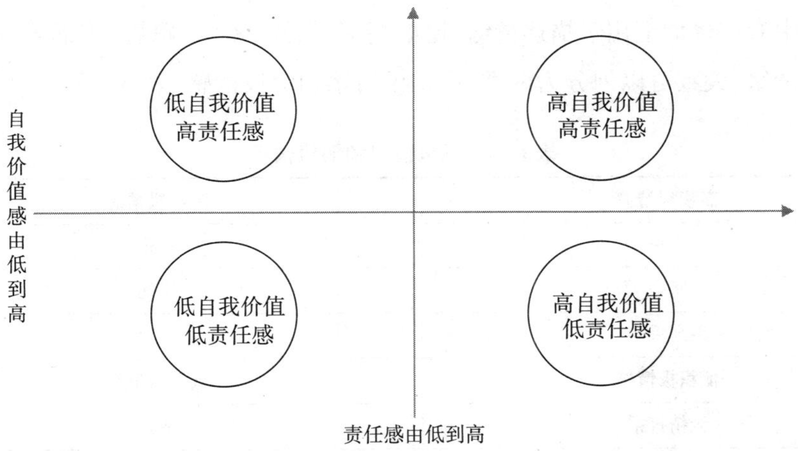


**图 6-13　基于自我价值与责任感的玩家分类**

高自我价值、高责任感玩家:迫切期望提高自己的游戏水平,想被大家公认为胜利者,有很高的竞技欲望。

高自我价值、低责任感玩家:有着较高的求胜欲望,但喜欢单打独斗,较少团队作战。

低自我价值、高责任感玩家:游戏团队里面个人实力很出色的选手,希望不断完善自我。

低自我价值、低责任感玩家:只是带着和朋友一起娱乐的心态对待一款游戏,仅此而已。

请思考:我们还可以用怎样的维度对游戏玩家进行分类?

# 第三节 玩家情绪与暴力攻击

## 一、情绪

### (一)情绪的分类

情绪是一种经常波动的东西,我们既体验过骄傲、激动和开心,也体验过羞怯、内疚和沮丧,我们的感受高度依赖于情境。研究者区分出至少三种途径来考察作为一种相对固定的人格特征的情绪,即情感性(Affectivity)、强度(Intensity)和表达(Expressiveness)。①

词典中有许多词汇用于描述情绪,比如高兴、烦躁、紧张、尴尬、焦虑等等,这些各不相同的情绪,大致可以划分为两类,即积极情感和消极情感(表6-3)。

**表6-3 积极情感和消极情感**

| **高积极情感** | **高消极情感** |
|---|---|
| 兴奋 | 紧张 |
| 坚强 | 忧伤 |
| 兴高采烈 | 害怕 |
| **低积极情感** | **低消极情感** |
| 无精打采 | 平静 |
| 困乏 | 满意 |
| 懒散 | 轻松 |

根据积极情感和消极情感的个体差异可以预测很多行为,比如在积极情感上得分高的人会比得分低的人更多参与和享受社交活动,也更容易坠入爱河。

在一个心理学实验中,实验者要求被试记录自己每天的情绪状况,从他们记录的折线图上能够发现不同人的情绪波动是不同的:有的人情绪虽有高有低但都不极端,显得沉稳冷静;有的人情绪大起大落,显得喜怒无常、难以捉摸。他们之间存在情感强度上的差异(Larsen & Diener,1987)。情感强度是指人们体验到某种情绪的力量或程度。高强度的人不仅有强烈的情绪,还表现出大幅度的变化。科学家倾向于低情感强度,艺术家则倾向于高情感强度(Sheldon,1994),但无论高、低情感强度的人在测量快乐和幸福时得分是一样的,他们只是体验情感的方式不同而已。

---

① 〔美〕杰里·博格:《人格心理学》,陈会昌等译,中国轻工业出版社2010年版,第129页。

情绪表达是一个人情绪的外在表现,有的人善于表达情感,“所有的情绪都写在脸上”,也有的人比较内敛,“喜怒不形于色”。研究发现,我们在情绪表达程度方面也存在个体差异(Friedman,Prince,Riggio & DiMatteo,1980;Gohm & Clore,2000;Kring,Smith & Neale,1994)。情绪表达越多,在情侣关系中遇到的问题就越少,沟通有助于双方了解彼此的感受,并且对双方关系的和谐有重要作用。能自由表达情绪的人在理解他人情绪时也会比较容易(King,1998)。

如果对情绪进行分类,可以分为原始情绪和映像情绪两类。原始情绪(Primary E-motions)是当我们处于真实可感的情境时产生的情绪;而映像情绪(Shadow Emotions)的产生则与故事、艺术等其他无真实危险的唤起型刺激有关。

(二)游戏对情绪的激发

人类很早就开始创造艺术,现代艺术已经过渡到需要解释创意的情感艺术。看到爱德华·蒙克(Edvard Munch)的《呐喊》,极少有人能马上体会到那种在美丽的天边听到可怕尖叫的情境,更多的人只是静静地看着这幅画去揣摩和体会其中的情感。视听复合媒介的问世,让我们能够左右用户的情感。电子游戏正是用趋近真实的模拟效果及跌宕起伏的情感取胜,通过激发情绪并最终“操控”用户。比如,在《上古卷轴 III:晨风》中,玩家会陷入死尸追踪者的洞穴,感受到极度恐惧,尔后如果能杀光敌人又将体会到一种如释重负的重生感。都些是真实的情感反应,玩家在此体会到的是真正的害怕与放松。

游戏可以让玩家选择故事的进展方式,以满足不同玩家的需要。玩家可以放纵自己的欲望,也可以选择成为坏人或是好人,强者或者弱者。游戏在激发情感方面,比其他媒介更具操控性和多样性。游戏的交互性叙事手段也在逐渐被研究者认可和重视。在游戏中建立成功的情感联系并非易事,陈词滥调无法打动玩家,而能够冲击心灵的作品才能成为经典。

日本角色扮演游戏很长一段时间以来被公认为情感体验的代名词,日本游戏公司一直致力于制作出色的游戏角色,从而让游戏独具风格与魅力。但近年来,这些公司一直在同一类型的题材中故步自封,且游戏角色设计趋于模式化、脸谱化,很难为玩家再创造出超越经典的游戏世界。

刺激物是指唤起人们某个情绪的事物或场面;合成是指我们把不同的元素组合为连贯的整体;理解是我们从安全距离中生成的安全情绪。模拟呼唤型刺激物能产生相对安全的情绪,也就是所谓的映像情绪。

映像情绪不是虚假的情绪。心率增加、手心出汗——过往的情形唤醒了我们的真实情绪,身体随之作出反应——生理特征的出现就是证明。然而,我们的大脑又理智地知道这是一个被控制的“实验”。人类生来就对模拟与现实有着不可思议的敏锐理解,所以当我们识别出它只是一种模拟体验之后,就可以放心专注于享受体验了。映像情绪也并非绝对安全,回想强烈的情绪是一种紧张、甚至可怕的经历——有过创伤治疗经历的人会认同这个观点。模拟实验离最初事件的时间越接近,情绪反应就越激烈。

我们都在游戏中“死”过,大多数情况下又可以“复活”。也有一些游戏角色会永远“死亡”,玩家投入大量时间和精力积累的资源和技能,因为技术失误而付诸东流。尽管知道这只是游戏系统正常的逻辑结果,玩家仍然感到痛彻心扉,有些人甚至无法承受,只好选择离开游戏。

原始情绪的出现归因于交互式情境,涉及的机制与要素包括领土、时间、资源、信息、投入、损失、技能水平和程度社交互动等。游戏如何产生原始情绪?国际象棋中的胜利感是真实的,《反恐精英》中的危机感也是真实的。当我们被邀请加入公会,这种归属感会一直相伴。这并非是反思或移情,而是游戏的交互属性和我们投身游戏时,对其系统的理解和接受共同作用的结果,这种影响的真实性足以激发出我们真实的情绪,这就是游戏令人惊叹的内在属性。

## 二、攻击与暴力

游戏世界将攻击作为最常用的核心玩法之一,总能被玩家所接受。那么攻击行为的起因究竟是什么?玩家为什么有攻击的需要?

### (一)挫折与攻击

挫折—攻击假说认为,攻击是挫折的结果,攻击以挫折为前提,挫折的存在会导致某种形式的攻击。在未成年人中,攻击行为较多的总是那些在家里经历过高压和挫折的孩子(Guerra,Huesmann,Tolan,Van Acker & Eron,1995);而在成年人中,丢了工作的人比还在工作的人的攻击行为多六倍(Catalano,Dooley,Novaco,Wilson & Hough,1993)。同时,越接近目标的人被破坏后会有越大的挫折感:有研究者在排队的人中插队,结果插队在较前位置会比在较后位置招致更多的言语攻击和非言语攻击(Harris,1974)。这一研究结果也可以解释为何在游戏中,等级较高或接近任务完成时,玩家会对因服务器崩溃或其他问题造成的任务失败产生更大的挫折感。

### (二)替代性攻击

我们多数人都有过迁怒他人的经历,等平静下来之后,我们会发现愤怒源根本不在于迁怒的对象,而在于我们此前被他人批评或某件事的不顺利。这类事件来源于挫折—攻击假说的一个观点,即我们有时并不会直接攻击挫折源,而更有可能把挫折引发的愤怒转移到不该承受它的人身上。研究者曾通过一个实验进一步证明和支持这

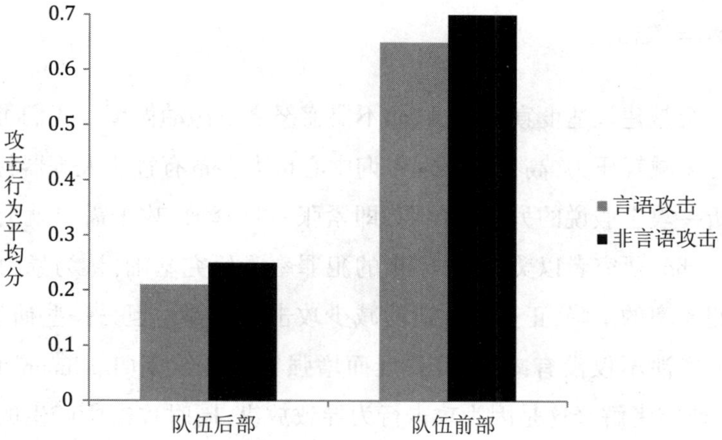


**图 6-14　排队位置对攻击行为的影响**

个观点(Konechi & Doob,1972),实验先在做字谜游戏时让一部分被试被实验人员骚扰,并感觉受挫,而后给被试机会去评价另一个正在进行创造性任务的人,要求他们在认为对象行为偏离创造性的宗旨时给予对象有痛感但不造成伤害的电击。结果如图6-15所示,受挫被试比未受挫被试给予陌生人的电击更多一些,即攻击被转移到了无辜的人身上。

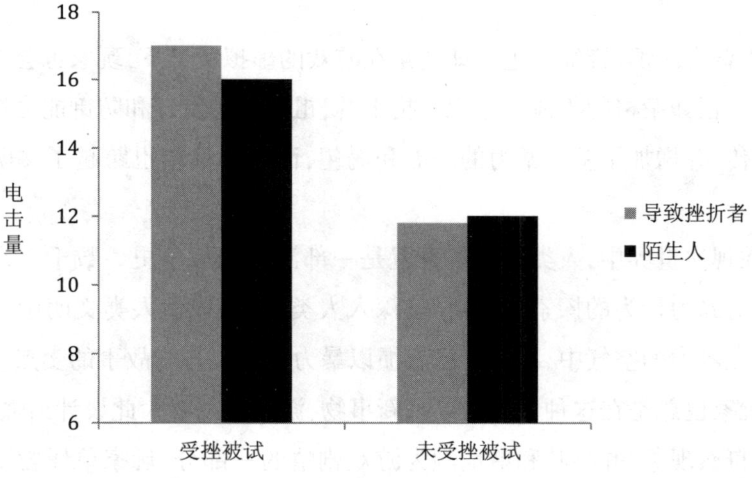


**图 6-15　不同条件下电击量大小对比**

这种情况我们在足球赛场也能见到,球员无法破门得分而心烦气躁,当出现肢体对抗后很容易将对方球员甚至裁判当作替代性攻击对象。再如服务器崩溃对玩家造成挫败感的例子,在问题出现之后,玩家无法直接攻击造成服务器崩溃的具体对象,就可能拨打客服电话,把怒气发在客服身上。如果没能将攻击欲望发泄出去,则会继续寻找其他发泄对象,直到把“憋在胸口的闷气”发出去为止。

### (三)宣泄与攻击

我们有时会被建议适度宣泄自己,而不要盛怒之下冲动做事。我们可以通过打枕头之类的行为来减轻压力,高校的心理咨询中心也大多备有宣泄人等器材供人拳打脚踢。这是挫折—攻击假说的另一个预期,即紧张一旦释放,攻击需要就会减少。第四章中曾谈及一部分研究者以美国10年来的犯罪率为研究基础,认为暴力游戏实际上促成了暴力犯罪率的下降,正是对宣泄能减少攻击的支持。但另一些研究则发现,打沙袋之类表面宣泄不仅没有减少攻击,反而增强了攻击欲望(Bushman,Baumeister & Stack,1999),研究者解释这是因为攻击行为导致放纵,同时攻击所产生的快感让人们想去重复它。

面对不同的研究结果,请思考,暴力游戏中的哪些元素会帮助人们宣泄愤怒?又有哪些元素会助长人们的暴力行为?

### (四)游戏中的暴力

在硬核游戏世界里,暴力似乎是主旋律。虽然并非所有游戏都以暴力为卖点,但暴力,尤其是杀戮,对游戏开发者和玩家有着相当大的吸引力,游戏中的暴力系统存在确有根基。

首先,人皆有所惧,皆欲求生。即使是在游戏的虚拟背景下,玩家也会对死亡作出敏感的反应。正如荣格的集体无意识所指出的,祖先们的猎狩和防御能力在我们的血液中世代相传,并增加了基于暴力的焦虑和渴望,而这种情结也跨越了文明和人种的界线。

其次,在现实世界中,人类文明本身就是一部漫长的战争史。数千年来艺术家们一直不倦于对暴力行为的探索,暴力早已深入人类文明,成为人类文明中重要的组成部分。暴露在暴力的空气中,我们早已习惯以暴力和死亡作为故事的卖点。

然后,玩家也总是在这种不变中寻找新事物,游戏开发者为此设计出强悍的武器、灾难甚至超自然现象,并将其和谐地融为游戏剧情的一部分,玩家单凭尝试和组合杀死敌人的方式就可以创造出各式各样的新玩法,暴力的快感随着杀戮行为不断增加。因为暴力具有对称性,它对游戏玩法的设计也具有一定价值。玩家总是千方百计地杀死AI或其他玩家,同时这些敌人也无时无刻不想置玩家于死地。这种对称性催生了一种简单的行为模式:玩家对自身的目标和敌人的目标有着敏锐的嗅觉。以这种底层框架为基础,策略、武器和合作可以不断变化以增加游戏的复杂性。

最后,暴力的价值在玩法上可以从威胁的解除过程中表现出来。比如遭遇敌人可能引发战斗,随着敌人越来越多,战斗会不断升温。如果活着的敌人是威胁的根源,那么要根除威胁就要杀掉所有敌人。玩家的紧张情绪就在一个一个斩杀敌人的过程中得到缓解,直到所有敌人都被消灭,玩家的目标与满足感才达到顶峰。根据这种情绪变化曲线来规划游戏节奏,构思良好的杀戮系统,可以有效提升玩家的游戏体验。手柄和鼠标用以控制角色的动作和方向,第一或第三人称摄像机可以突出玩家的状态与身处环境,命中、反应时间、闪避、突袭和预见等技术构成了执行暴力行为的基础要素。除非游戏的发展能够脱离目前主流的交互与感受方式,否则其他行为带来的满足感都无法超越暴力。

《侠盗猎车手》和《英雄本色》的前制作人杰里米·普波(Jeremy Pope)认为,如果游戏希望能够更具有文化价值,它们就需要一定的暴力元素。暴力元素是生成游戏乐趣的根本,通常做到这点最简单的方法是使用不与表达深度或叙事功能联结在一起的暴力内容。

Quantic Dream 的首席开发者大卫·凯奇(David Cage)认为,开发者在创作中愿意接受有意义的暴力。如果这种暴力表现能帮助开发者塑造角色或传达角色的情感状态,开发者便愿意尝试它。以电影为例,我们可以发现许多出色的电影都与暴力相关,但并不是纯粹的暴力,而是用暴力辅助故事和角色的呈现。回想凯奇(Cage)的作品《骤雨》,玩家必须在射击贩毒者的头部或杀掉主角无辜的10岁儿子间作出选择。怎样的行动才是对的?一个生命是否比另一个生命更有价值?是否杀死杀人犯就是正确的?这些都是游戏设计者在设计游戏暴力时需要仔细思考的问题,这些思考的结果,最终会以游戏故事走向等方式传达给玩家。

## 思考题

1.试分析中国不同年龄人群的集体主义和个人主义倾向。

2.在游戏中,玩家的本我、自我和超我是怎样工作的?

3.在游戏中,可以通过怎样的方式营造幽默效果?

4.试用荣格的人格结构理论分析玩家对游戏存在选择差异的原因。

5.试用三种不同维度对游戏玩家进行分类。

6.试分析游戏中调动玩家情绪的方法。

7.暴力游戏中的哪些元素会帮助人们宣泄愤怒?哪些元素会助长暴力行为?

# 第七章 儿童心理与游戏

■ **本章要点**

1.人类在儿童阶段的发展特点

2.为儿童设计游戏的原则

3.推广儿童游戏的注意事项

4.游戏道德与困境

5.游戏本土化策略

■ **关键术语**

发展心理学、儿童、道德、本土化

作为一位成年人,我们几乎都有被家人质疑过玩游戏的经历,这种质疑包括但不限于“都多大的人了,还在玩游戏”等。在不了解游戏的人看来,玩游戏是孩子的天性,也是成年人不成熟的标志。

实际上,从我们能够控制自己的身体开始,就在不断与身边的环境进行游戏。游戏是儿童的主要活动,在玩的过程中,儿童可以增强体魄、开发智力、促进交流、带来欢乐。在玩的过程中,儿童享有充分的自由,可以自由抒发情感,排除不愉快、愤怒、紧张和恐惧等消极情绪。玩游戏能帮助孩子释放天性,引导儿童认识客观世界,促进儿童身心发展,是对儿童进行全面教育的有力手段。

从电子游戏诞生至今,儿童游戏在不同时期发生了巨大变化。尤其是近年来,在儿童游戏领域取得过巨大成功的发行商纷纷转型,紧随硬件与市场的变化调整开发策略。例如,曾因知名电视节目《海绵宝宝》以及授权开发电影《穿靴子的猫》和《汽车总动员》游戏而大获成功的 THQ,在 2012 年 1 月宣布放弃儿童游戏业务,以便全力推动数字游戏项目发展。2011 年 Ubsoft 还大肆宣传旗下的儿童游戏 *Petz World*,但是今年就不见该游戏的踪影了。Ubsoft 数字发行部副主管克里斯 · 厄里(Chris Early)说:“我们已经意识到这个痛苦的现实,现在的儿童已经不再热衷于掌机游戏了。”儿童游戏设计公司 No Crusts Interactive 的总裁卡拉·费舍尔(Carla Fisher)也表示,儿童玩家现在已经不在 PC 平台上玩游戏了:“在当下的‘应用热潮’中,不论是儿童还是家长,都乐于选择更易上手的触屏移动设备,尤其是智能手机和平板电脑。”很多以前只是想利用这些掌上设备充当临时“保姆”的家长开始意识到它们的易用性,儿童也发现了触屏设备远比鼠标和键盘容易操控。较大的孩子发现《愤怒的小鸟》和《俄罗斯方块》等游戏能够提供比大型在线游戏更为简单的体验。在不断变化的浪潮中,也有一些因把握住当前趋势而获得成功的案例,如 5th Cell 将 2009 年发行的掌机游戏《涂鸦冒险家》推向了 iOS 平台。该版本既包含原作的部分关卡,也添加了一些适合 iOS 系统的新关卡。另外一个成功的案例便是一直在尝试开发各种不同市场的迪士尼,在 2011 年发布的手机游戏《鳄鱼小顽皮爱洗澡》中表现不俗。

**图 7-1　鳄鱼小顽皮爱洗澡**

与此同时,儿童游戏的内容、种类和玩法受社会历史、地理、习俗、文化、道德等因素的影响较多。为儿童开发射击游戏,需要注意暴力元素和游戏性之间的平衡,比如 *Pokemon Snap* 中没有出现任何射弹,却有瞄准机制和“射击”画面,玩家能够朝任何对象投射食物或“Pester Ball”,因此这仍然是一款射击游戏。而在《传送门 2》的多人模式中,玩家不会因为瞄准机制而受伤,玩这款游戏让我们知道,瞄准机制并不只是为了置人于死地。制作面向儿童的游戏丝毫不比制作硬核游戏简单,除了具备良好的游戏性和正确的导向之外,还要考虑儿童的成长和认知特点,只有这样才能作出真正适合他们的游戏。

## 第一节　人类的发展

人类的发展是指个体从受精卵到死亡的过程中,连续和系统的变化。人类的发展受到遗传和学习的影响,在这个过程中究竟哪一方占主导一直以来是发展学家们争论的热点。与研究人格心理学类似,在研究人类的发展时,也有很多不同领域和流派的学者从不同角度用不同方法进行了大量研究,这其中不仅包括心理学家,还包括生物学家、社会学家、人类学家等等。本节我们从各流派的发展理论入手,着重对表 7-1 中前面几个阶段,即儿童和青少年阶段的发展进行研究。

**表 7-1　人类发展时间表**

| 生命的时期 | 年龄 |
|---|---|
| 产前期 | 胎儿期 |
| 婴儿期 | 生命的最初两年 |
| 童年前期(学步期) | 18 个月—3 岁 |
| 童年前期(学前期) | 3—5 岁 |
| 童年中期 | 5—12 岁左右(青春期开始) |
| 青春期 | 12—20 岁左右(相对独立) |
| 青年期 | 20—40 岁 |
| 中年期 | 40—65 岁 |
| 老年期 | 65 岁以后 |

### 一、性心理理论

在弗洛伊德看来,我们每一个人的人格都是在生命的最初五六年里形成的,足见这段时期的重要性。弗洛伊德习惯在性的构架中解释心理现象,对早期人格发展的解释也遵循这一构架,围绕性的主题展开,他认为我们每个人都在童年期经历了一系列性心理发展阶段。由于每一阶段的主要标志是最初的性敏感区,而且这些阶段会影响成年期人格,因此被称为心理性欲发展阶段。弗洛伊德认为,人格是在力比多的心理能量基础上发挥作用的,儿童在每一个心理性欲发展阶段,都必须应对某些挑战或危机,少量的力比多在解决各阶段的危机时被消耗了。① 发展对大多数人来说,仍有足够的心理能量来控制成年期的人格,但有时儿童在某一阶段遭遇到某种特殊的性体验或过度满足会导致力比多大量消耗或滞留,随之而来的是自我没有足够能量维持正常

---

① 〔美〕杰里·博格:《人格心理学》,陈会昌等译,中国轻工业出版社 2010 年版,第 32 页。

成人的心理机能，这样的成人会表现出能量被固着的早期阶段的特征。

如表 7-2 所示，弗洛伊德性心理理论的第一个阶段是口唇期，出现在 0—18 个月。口、唇、舌是主要的性敏感区，婴儿通过吮吸、咀嚼、咬等口唇活动获得快感，并喜欢用嘴来感知身边的东西。这一时期的创伤经验，如断奶等问题，会导致心理机能固着及口唇期人格的形成。在婴儿期突然断奶或断奶太早的人往往会过于依赖别人，而在长牙以后的心理机能固着则会导致成人具有过度的攻击性。由于固着，这些人经常表现出对婴儿期口唇满足的需要，嗜烟酒、咬手指就是具体的表现。

儿童长到 18 个月左右开始进入肛门期，肛门区成为这一时期最重要的性敏感区。而这一时期也是多数儿童开始如厕训练的时期。如厕训练可能引起父母和儿童之间较大的冲突，父母营造的情绪氛围有持久的影响，此时期的创伤会导致心理机能的固着和肛门期人格的形成，造成儿童成年后过分整洁或肮脏、固执或挥霍无度。

最重要的心理性欲发展阶段是性器期，大约是 3—6 岁。这一时期的愉快来自性器官的刺激，男孩将经历俄狄浦斯情结，女孩将经历厄勒克特拉情结，对作为异性的父母产生性兴趣。但儿童最终会压抑自己对异性父母的欲望，男孩开始习得男性特征，女孩开始习得女性特征。这种冲突引发的焦虑导致儿童将性别角色的特征以及被儿童认为是竞争对象的同性父母的道德标准融入自己的思想与人格，同时也促进了超我的发展。

解决恋父或恋母的问题之后，儿童在 6—11 岁进入潜伏期，性欲表现降低，性冲动转移到学习和充满活力的游戏活动中——我们都记得自己在小学阶段更多时候是与同性玩耍而对异性兴趣不大。随着儿童在学校的学习和成长，他们的自我和超我也在不断完善。

进入青春期以后，儿童就进入了性欲发展的最后阶段：生殖期。青春期唤醒了性冲动，青少年必须学会以社会认可的方式表达这种冲动，如果发展是健康的，那么婚姻和抚养孩子就能够满足这种成熟的性本能。

**表 7-2　心理性欲发展的 5 个阶段**

| 性心理发展阶段 | 年龄 |
|---|---|
| 口唇期 | 0—18 个月 |
| 肛门期 | 18 个月—3 岁 |
| 性器期 | 3—6 岁 |
| 潜伏期 | 6—11 岁 |
| 生殖期 | 12 岁以后 |

## 二、心理社会发展理论

精神分析学派学者埃里克·埃里克森（Erik Eriksen）认为，自我是人格中相对强大和独立的部分，执行着许多建设性的功能，建立了人的同一性(Identity)，满足人控制外部环境的需要。[①] 人在缺乏同一性时会感到混乱和失望，出现同一性危机。埃里克森认为同一性危机通常出现在青少年时期，但又不限于青年人。他将人生分为8个阶段，就像一张布满岔路的地图，每一个阶段都至关重要。每一个岔路口都代表了我们发展中的转折点，而解决这些岔路危机的方式决定了我们此后的发展方向，并影响我们解决此后危机的方式。每种危机都出现在特定时期，这个时期是由发展中的个体在生命的特定时间点所经历的生物成熟和社会需求所决定的，如表7-3所示，克服每一个阶段危机的方式都有两种：适应或不适应，每种危机必须顺利解决才能进入下一时期。

**表7-3 心理社会发展的8个阶段**

| 心理社会危机 | 年龄 |
|---|---|
| 基本信任对不信任 | 出生到1岁 |
| 自主对羞怯和怀疑 | 1—3岁 |
| 主动对内疚 | 3—6岁 |
| 勤奋对自卑 | 6—12岁 |
| 同一性对角色混乱 | 12—20岁 |
| 亲密对孤独 | 20—40岁 |
| 繁衍对停滞 | 40—65岁 |
| 自我完善对失望 | 65岁以上 |

从出生到1岁左右，新生儿完全处在周围人的支配下。婴儿是否得到充满爱的照料，需要是否得到满足，啼哭是否得到注意，都是个体发展中的第一个转折点。需要得到满足的儿童会产生基本的信任感，对他们来说，世界是美好的，人们是充满爱意和亲切的。而没有得到所需关爱和照顾的婴儿则会产生基本的不信任感，在今后的人际交往中表现得疏远和退缩，不相信自己也不相信他人。

1周岁后，儿童想要知道是谁使他们与外界联系起来，外界的哪些东西是能够控制的，外界的什么东西可以控制自己。多数儿童在此阶段产生自主感，感到有能力又独立，有强烈的个人操控感并自信，能够在生活充满障碍和挑战时勇敢面对。而如果父母过度保护会阻碍孩子自主性的发展，使儿童产生羞怯和怀疑的感情，导致对自己缺乏信心而过于依赖他人。

随着儿童开始与其他孩子交往，他们就面临进入社会生活的挑战。儿童必须学会如何与别人一起玩、一起做事，学会解决不可避免的冲突。儿童通过游戏寻找玩伴，或是通过参与其他社会活动，形成主动性；学习设定目标，以坚定的信念来应对挑战，形

① 〔美〕杰里·博格：《人格心理学》，陈会昌等译，中国轻工业出版社2010年版，第66页。

成志向和目标感。而没有形成主动性的儿童会产生内疚和屈从性,缺乏目标感。

大多数儿童进入小学时,都会认为自己没有什么做不了的,但随着与其他同龄人出现竞争,就不可避免地将自己的天分和能力与同龄人比较,无论是在学习成绩、受大家欢迎、被老师注意,还是在比赛获胜等方面。如果体验到成功,这些儿童的竞争意识就会增强,为他们今后成为积极的有成就的社会成员打下基础。但失败的体验会让儿童产生挫败感,对今后的创造与生活都期望不高。这一时期开始形成勤奋感和对自己力量、能力的信任感,或自卑感和对自己的天分、能力的低评价。

青少年阶段是儿童迅速发展的时期,也是他们心理发展最困难的时期。以前只是对游乐场感兴趣,但现在要开始应付生活中的重要问题了。他们会提出"我是谁"的问题,如果对这一问题的回答是恰当和正确的,同一性就会顺利形成,进而他们能独立决定个人价值观和宗教信仰,理解自己是怎样的人,接受并欣赏自己。但不能形成良好同一性的人就会出现角色混乱。

在短暂的青少年阶段之后,人们在成年期将面临形成亲密关系的挑战。年轻人寻求一种特殊的关系以发展亲密感。发展亲密感的结果一般是结婚,或对另一人作出爱的承诺。总有人结婚却没有亲密感或不结婚却产生亲密感。在这一阶段不能形成良好亲密感的人,就会面临情感孤独,阻碍情感发展,压抑幸福感。

进入中年,人们开始关心下一代。父母感到通过教育孩子丰富了自己的生活,无子女的成人通过与年轻人一起互动来感受生活的丰富,获得个人的满足。没有形成这种繁衍感的成人会陷入一种停滞感当中,表现为一种空虚和对人生目标的怀疑。

大多数人到老年时都能保持原来的心理状态,但老年人也有危机感要克服。过去的岁月经历和对走向死亡的必然性的理解,使老年人要么达到一种完善,要么产生失望感。以满足的心情回忆往事的人,将怀着一种完善感走完最后的心理发展阶段。这是对人的一次且是唯一一次生命周期的接纳,它必然是这样的,是无可替代的(Eriksen,1968)。不能形成这种完善感的人会陷入失望的境地,他们觉得自己的时间太少,年轻人拥有的选择和机会都已不复存在,他们常用厌恶和蔑视别人来表达失望,总想用完全不同的方式重新活一遍。

## 三、认知发展理论

瑞士心理学家让·皮亚杰(Jean Piaget)认为任何年龄的儿童,都是基于先前的认知结构来理解周围世界的。因为认知结构在不同年龄有不同形式,所以年幼儿童和年长儿童对于同样的事物常有不同的反应。婴儿并不是天生就有关于现实世界的知识和观念,也不能被成年人简单地给予信息后就学会思考,而是通过观察和对周围事物进行实践,按照自身经验建构对事物的理解。我们总是依靠同化和顺应这两个相辅相成的过程来适应环境。起初,我们运用当前认知图式理解新经验或解决问题,然而当现有图式不足以解决问题时，就需要修改当前图式，更好地适应现实（Piaget，1952）。生物成熟在发展中也起了很大作用，随着大脑和神经系统的发育成熟，儿童的认知活动日益复杂化，从而使他们能够很好地建构对事物的理解（Piaget，1970）。最终，积极好奇的儿童形成新图式，以一种全新的方式看待原有观点，从认知发展的一个阶段发展到下一个更高的阶段，如表 7-4 所示，这样的阶段共有 4 个。

**表 7-4　认知发展阶段**

| 认知发展阶段 | 年龄 |
| --- | --- |
| 感知运动 | 0—2 岁 |
| 前运算 | 2—7 岁 |
| 具体运算 | 7—11 岁 |
| 形式运算 | 11 岁以上 |

从出生到 2 岁是感知运动阶段，靠感觉获取经验。婴儿从仅有的对环境的先天条件反射，逐渐发展为有复杂感知动作协调能力，并获得对“自我”和“他人”的初步理解，建立物体恒存的概念，并开始把行为图式内化为意象和心理图式。

2—7 岁是前运算阶段，儿童能使用符号系统理解环境信息，按照客体和事物的外在表现来进行反应，思维以自我为中心，认为别人理解事物的方式与自己是一样的。儿童在本阶段通过活动增强想象力，逐渐认识到别人对事物的反应不是总与自己相同的。

7—11 岁是具体运算阶段，儿童获得运用逻辑思维进行认知运算的能力，不再被事物表面所蒙蔽。通过认知运算，能够理解课题的基本属性和联系；通过观察他人的行为和情境，推断他人动机的能力也增强了。

11 岁之后进入形式运算阶段，通过对思维本身的思考，青少年的认知运算能力得到重组，逻辑思维达到较高水平，不再局限于具体可观察的事物，开始具有抽象思维。青少年喜欢假想推断，变得相当理想主义。这 4 个阶段的发展顺序不变，但具有个别差异。各发展阶段都是在逻辑上有组织的整体，各阶段的顺序是自然阶层，所有成功的发展阶段都有前面阶段元素的参与合作，但后一阶段比前一阶段更加完整。每个阶段在思考模式上会表现出质的不同，而不仅仅是量的差异。

## 四、学习理论

本书第三章着重讲述了行为主义和学习理论。早期行为主义者认为，儿童并没有天生的倾向性，其发展取决于养育环境和父母或生活中的其他重要的人对待他们的方式，发展是由独特的环境所塑造的个体连续的行为改变过程，而且个体之间有很大差异。

班杜拉的社会认知理论强调观察学习是一个重要的发展过程。通过观察他人的行为进行学习，是儿童很早就能掌握的技能。一个2岁的孩子仅仅通过观察姐姐的行为就可以习得如何接近和抚摸小狗，观察学习使儿童能在各种环境中表现出各种新反应。值得注意的是，儿童所观察记忆和模仿的很多行为可能是不为社会所倡导的，比如骂人、吸烟等。《三字经》中的故事“昔孟母，择邻处”就体现了在儿童成长中，养育者对周围环境选择的重要性。同时，班杜拉认为儿童和青少年并不是华生所认为的那样被动和消极的接受者，他们是积极而有思想的，可以主动观察学习。班杜拉用相互决定论(1986)描述自己关于人类发展的观点，如图7-2所示，他认为积极的人、个体的行为和环境之间是相互作用的。华生和斯金纳认为环境塑造了人格和行为，但班杜拉则认为人、行为和环境之间的关系是双向或交互的，一个儿童的行为也会影响环境。

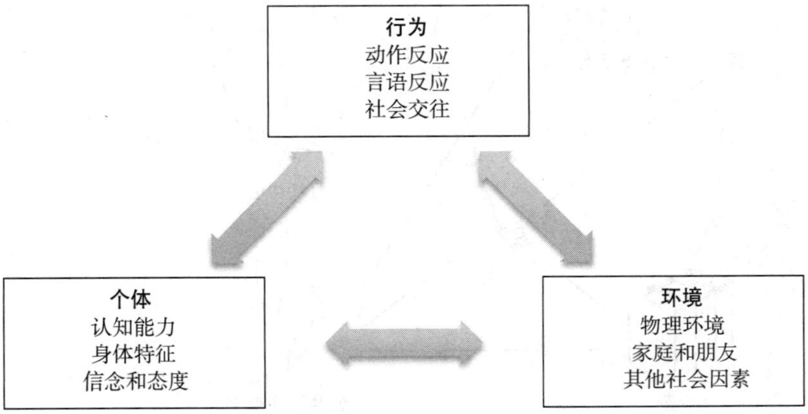


**图7-2　相互决定论模型**

## 五、生态系统理论

美国心理学家尤瑞·布朗芬布伦纳(Urie Bronfenbrenner)认为，自然环境是人类发展的主要影响源，发展的个体处在从直接环境到间接环境的几个环境系统的中心或嵌套于其中，如图7-3所示。

处于最核心的是微观系统，指个体活动的当前环境，是不断变化和发展的。对大多数婴儿来说，微观系统仅限于家庭。随着婴儿的不断成长，活动范围不断扩展，幼儿园、学校和同伴关系不断纳入到儿童的微观系统中来。对学生来说，学校是除家庭以外对其影响最大的微观系统。为认识这个层次儿童的发展，必须看到所有关系是双向的，微观系统中的每个人既影响着他人，同时也受到他人的影响。

微观系统的外围层次是中间系统，是各微观系统之间的联系或相互关系。如果微观系统之间有较强的积极的联系，发展可能实现最优化。而如果联系不积极，可能产生消极的后果。儿童在家庭中与兄弟姐妹的相处模式会影响他在学校中与同学的相处模式。如果儿童在家庭中被溺爱，在玩具和食物的分配上总是优先，那么一旦在学校享受不到

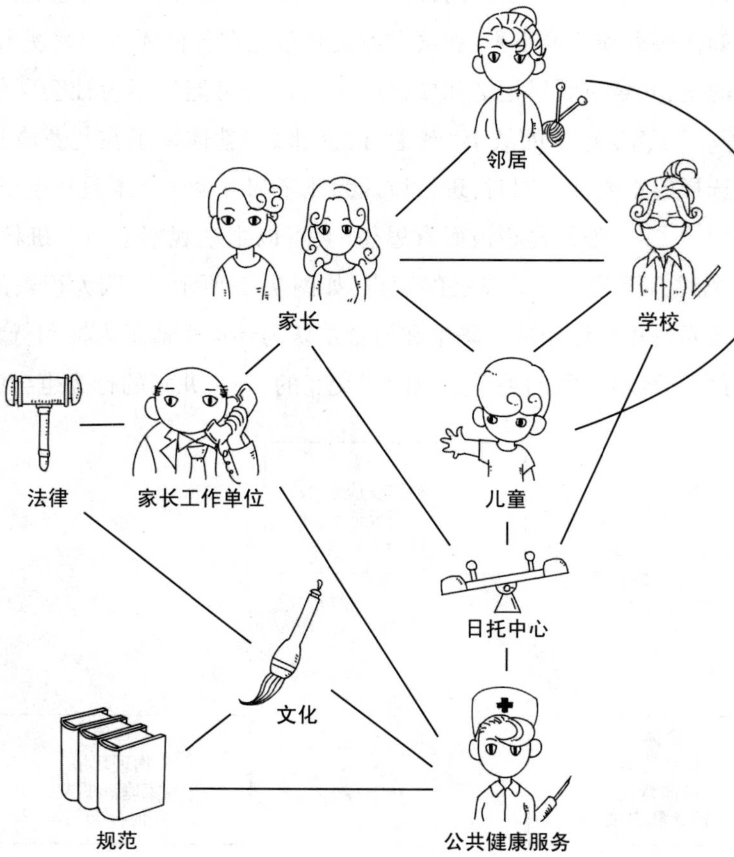


图 7-3　生态系统图式

这种待遇,就会产生极大的不平衡,就不利于与同学建立和谐、亲密的友谊,还会影响教师对其教育的方式。同样,儿童的学习能力不仅取决于教师的质量,也取决于父母对学习活动的重视程度,以及父母与教师合作的程度(Gottfried,Fleming & Gottfried,1998; Luster & McAdoo,1996)。但如果班上大多数人不重视学业,那么无论父母作出再大的努力鼓励孩子学习,孩子也不会有很好的成绩(Steinberg,Dornbusch & Brown,1992)。

再外围的环境层次是外层系统,是指那些儿童并未直接参与但却对他们的发展产生影响的系统。例如,父母的工作环境就是外层系统的影响因素。儿童在家庭的情感关系可能会受到父母是否喜欢其工作的影响(Greenberger O'Neal & Nagel,1994)。

最后也是最外层的环境系统是宏观系统,指存在于以上 3 个系统中的文化、亚文化和社会环境。宏观系统实际上是一个广阔的意识形态。它决定了社会如何对待儿童,教给儿童什么,以及儿童应该努力的目标。在不同文化中这些观念是不同的,但是这些观念存在于微观系统、中间系统和外层系统中,直接或间接地影响儿童知识经验的获得。

模型中还包括时间系统,把时间作为研究个体成长中心理变化的参照体系,强调将时间和环境结合起来考察儿童发展的动态过程。一方面,婴儿一出生就置身于一定的环境之中,并通过自己本能的生理反应来影响环境;另一方面,婴儿也会根据外界环境来调节自己的行为,比如冷暖适宜时会发出微笑。而时间上的环境变化可以是外部的,比如父母去世;也可以是内部的,比如儿童在成长过程中的心理变化。随着年龄的增长,儿童对环境变化会有不同反应(Dede Paquette,John Ryan,2001)。时间系统不是一个特殊环境,而是强调前 4 个环境系统在时间上的动态变化特征(虞永平,2006)。如同心理学家所描述的那样:“儿童既产生了自己的发展,又使自己成为了发展的产物。”(Berk,2000)

## 第二节　儿童游戏

Mobile Games Blog 网站公布著名市场研究公司 NPD Group 的报告称,儿童是手机游戏的一大用户群。该报告称平均每个儿童手机用户下载 10 款手机游戏,他们对应用更加忠诚,只玩过一次便被抛弃的应用比例只占 1%左右。另据互联网安全监控公司 AVG 最近公布的调查结果显示,69%年龄在 2—5 岁的幼儿能够使用鼠标,却仅有 11%的孩子会自己系鞋带。会玩电脑游戏的幼儿比例为 58%,会骑自行车的为 52%,会游泳的为 20%。这一调查结果并没有性别之分,年龄在 5 岁以下的男女幼儿对科技的接受能力基本相同。

我们自己留心观察也会发现,我们身边总有对电子游戏抱有不同看法的人,在这些人中,为人父母者的意见和呼声往往又是最多的。年轻的父母会把平板或手机扔给孩子以换取片刻“自由”,而较大儿童的家长又批评电子游戏既浪费时间,又会让儿童耽误其他更健康活动,比如户外游戏、体育运动等。尽管争议始终存在,但现在的游戏实际上已经成为很多人童年时期以及成长阶段必不可少的组成部分。因为游戏其实也是一种有益、健康且平衡的媒体,并且如今的儿童电子游戏也在逐渐向成为推动学习和创造性的有效工具发展。但需要注意的是,游戏巨大的潜能只有在家长和老师也积极参与的情况下才能更好展现,才会成为对儿童安全、健康和日常生活有益的内容。要创造安全、有趣,且能够成为玩家日常生活重要内容的游戏,最佳方法便是吸引家长也加入。亲身实践一款游戏不仅能够帮助家长获得更多信息,同时他们也能够进一步了解游戏所提供的能力和潜在使用环境。这样不但能够鼓励儿童玩游戏,也能够推动不同年龄玩家共享游戏,促进不同代人之间的交流与理解。通过培养儿童对游戏的兴趣,就像对数学或科学的兴趣一样,帮助这些小玩家从不同角度认识游戏世界,将游戏当成是一种有益的模式。但是我们也需要记住:必须平衡游戏与其他低科技活动(如体育运动、阅读、亲近自然等)的时间,而家长也必须事先让儿童明白这种“特殊媒体”存在的潜在弊端。并且与其他家长教育一样,这种爱好也需要家长以身作则。如果家长能够引导儿童进行安全、健康且适当的游戏，那么全家人就能够在这个虚拟世界中体验到无穷乐趣。

哈佛医学院研究员谢丽尔·奥尔森(Cheryl Olson)在《父母世界》中写道："适度玩父母认可的电子游戏能够帮助儿童更好地进行学习、社交和体育运动。"Olson 的研究是访问了 1000 多名公立学校学生后所获得的数据，从中我们可以看到一些非严肃游戏或教育游戏具有许多值得肯定的优点，比如《塞尔达传说》鼓励玩家进行规划、努力解决问题并发挥创造性，《文明》和《大航海时代》等游戏能够激发玩家对于历史和地理的兴趣，而其他游戏也能够鼓励玩家进行社交、实践、良性竞争，并培养自己的领导潜质等。这些游戏玩家年龄跨度很大，儿童并不是从游戏中受益的唯一群体。电子游戏在一定程度上能够帮助成人更快速地处理信息，基于不同环境作出合理的决策并解决问题。

美国娱乐软件分级委员会主席帕特里夏·万斯(Patricia Vance)表示："游戏也能够有益于家庭。玩家能够选择各种类型的游戏。很多家长总是认为电子游戏尤其是硬核游戏就是一种暴力媒体，但实际上我们作为目前全球最大的软件分级组织，仅 2012 年就为 1000 多种游戏进行了明确分级，这意味着有如此多的游戏选择可满足不同年龄层玩家的需求。"①

## 一、为儿童设计游戏的原则

为儿童设计游戏的第一条原则是游戏世界必须符合逻辑且有意义。为儿童开发游戏对设计师来说绝对是重大挑战，因为儿童是最苛刻的玩家之一。如果儿童喜欢并沉浸于我们的游戏，那么他们能够毫不费力地挑出游戏中的任何一点点瑕疵；而如果我们的游戏缺点太多，那他们就更可能直接批评并列举我们的失误。例如我们创造了一个不符合逻辑的游戏世界：让一只兔子在海边奔跑，一边防止从沙子中跃起的螃蟹用夹子夹住自己，一边收集空中漂浮的海星，随着认知的发展，好奇和好学的天性会让孩子们追问为什么。为什么兔子在海边奔跑？为什么螃蟹要夹兔子？为什么海星在空中？只有当游戏中的所有东西都符合逻辑且彼此相关时，孩子们才会停止怀疑。

第二条原则是有效反馈，其中要注意让玩家成功时获得的反馈比失败时获得的反馈更令他们满足，并通过视觉等感官刺激把取得的成绩反馈给玩家。想象一下，如果在游戏中，玩家拿着鸡蛋和西红柿保证它们不落地，最终安全地放进篮子里。当这些东西成功地放进篮子里时，玩家只能听到单调的一声"叮"，而如果玩家把东西掉到地上了，西红柿就会飞溅成漂亮的红花，鸡蛋里就会蹦出一只小鸡仔，"咯咯"地叫着跑开。换言之，失败的结果是东西碎裂、飞溅、爆炸，有声有色；而成功的回应只是系统内

---

① Scott Steinberg：*Kids and Video Games：Why Children Should Play More*，http://venturebeat.com/2012/03/13/kids-and-video-games-why-children-should-play-more/.

置提示音。玩家不禁会纠结了：这游戏玩得太好反而得不到什么乐趣，因为一切有趣的事只在失败时才发生。这或许不是游戏设计的初衷，却成为被玩家诟病的缺点。还有些游戏为了降低成本，利用重复某个动作来制作游戏。例如一个摘苹果的游戏，玩家必须摘苹果放进篮子里。这种简单的任务一完成，游戏就重新开始，玩家又开始摘苹果……虽然重新装载游戏和计数器程序不难编写，但对玩家来说，这无异于噩梦。无论刚做完什么，之后又得重来。苹果不断地消失在篮子里又不断地从树上长出来。除了抽象的计数器，玩家感觉不到任何进步。解决办法其实非常简单，就是在视觉上让苹果填满篮子，玩家看到满满的一堆苹果就能感到自己收获颇丰。

第三条原则是在惯例中加入意外的事物，提高重玩价值。游戏行为的大量重复，除了让玩家看不到进展，还产生厌倦的问题。这在硬核游戏中也同样存在，比如"采矿"，本质上还是让玩家不断地重复相同的事。无论是《魔兽世界》《暗黑破坏神》《天堂》还是《无尽的任务》，大多数 MMORPG 玩家都是在"采矿"。因为玩这些游戏就像玩老虎机，大多数时候，玩家能得到一点回报，但偶尔可能挖到宝发大财。在偶发概率的"控制"下，玩家不停地"采矿"。这样的随机事件能提高玩家的重玩率。

## 二、未来儿童游戏设计方向

2013 年英国教育学博士卡拉·费舍尔（Carla Fisher）在儿童媒体大会上作了题为《未来十年游戏设计的十大原则》的主题演讲。他认为在当今科技爆炸的大环境下，儿童发育进程在一定程度上缩短了，他们越来越早地接触能让他们掌握技能的新事物，特别是与科技相关的新装备。以发展心理学和游戏技术发展趋势的交叉为基础，Fisher 提出了未来十年儿童游戏设计要遵循的主要原则：①

第一，有效利用成熟技术。放眼所有领域寻找可以用于儿童游戏的技术，当其他领域的技术成熟后，再把那些技术用到儿童游戏市场。

第二，设计"共同游戏"。相同意思的说法还有"合作游戏""共同沉浸"等，但根本宗旨都是一起玩游戏，乔丹·夏皮罗（Jordan Shapiro）在文章《研究表明玩游戏有利于儿童》中也谈到了这个话题。通过游戏促进家长与孩子之间的互动，这种亲子互动是增进彼此感情的有效手段。

第三，让家长和孩子都能享受游戏的设计思路。Sesame Street 和 Pixar 动画公司是兼顾家长与孩子的创作领域的佼佼者。在 Sesame Street 的 *Upside Downton Abbey* 和 *Birdwalk Empire* 中，孩子会对画面非常感兴趣，家长则会被里面的笑话逗乐。同样，以儿童为主要玩家的游戏，如果在剧情和关卡设计上考虑成年玩家的需求，就有可能让家长也从中得到乐趣。比如《超级马里奥银河》中其实有两重游戏，第一个是一名玩

---

① Carla Engelbrecht Fisher, Ed.D：10 *Game Design Principles for the Next* 10 *Years*, http://kidscreen.com/2013/07/22/10-game-design-principles-for-the-next-10-years/.

家进行的主体游戏,第二个是另一名玩家对着屏幕操作遥控器捡宝石。

第四,帮助落后的玩家。支援可以以调整任务、模拟任务和提供沉浸感等方式呈现。比如《超级马里奥赛车》会自动调整能量道具,帮助落后的玩家,使比赛保持势均力敌的状态。对于难以逾越某些关卡障碍的玩家,《雷曼》还提供了允许跳过该关卡的设计。

第五,重视数据。支援系统让我们通过数据分析来识别遇到困难的玩家,更重要的是,客观数据能够让玩家直观地看到自己的进步与不足,并据此优化游戏策略。《光晕 3》、*QatQi* 和 *The Eyeballing Game* 等游戏都已经以不同方式运用了数据。

第六,提供即时的、情境化的反馈。游戏能提供快速评估和改变的机会,但如果只提供枯燥的数据,儿童玩家是很难知道该怎样改进的。

第七,使用成就系统引导玩家尝试新的游戏方式。许多成功的成就系统,会要求玩家彻底地转换思路来达到目标,引导玩家思考新的游戏策略。《植物大战僵尸》就是一个成功的例子。

第八,善用碎片化学习。临时抱佛脚的突击填鸭式学习效果不如碎片化学习更有效。在游戏中加入信息化的内容是普遍且有意义的,这不失为促进儿童碎片化学习的好方法。

第九,经常测试、调整、重复游戏。这是对设计者说的,每一款游戏都需要大量的测试、调整和重复。

第十,鼓励探索和好奇心。游戏的特点使它能够成为促进玩家学习和探索的绝佳舞台。随着我们对游戏化学习研究和实践的不断深入,游戏未来在促进儿童学习方面将会发挥更重要的作用。

## 三、制作和推广儿童游戏的注意事项

游戏设计师提姆·谢弗(Tim Schafer)曾提到自己的女儿向游戏中的角色挥手示意的奇妙时刻。Schafer 渴望创造一种能够与女儿分享的交互方式,这也正是许多为人父母的开发者的共同愿望,iTunes、Google Play 和 Steam 等更易于独立开发者发布游戏的平台使这一梦想成为现实。

但正如我们之前反复强调的,制作儿童游戏绝不是简单或随意的,推广儿童游戏比推广其他任何类型的游戏都要复杂得多。各国法规对儿童隐私有不同程度的监管,并针对发行商收集和使用玩家个人信息的方式设定了限制。需要注意的是,儿童玩家是游戏者而非消费者,真正的消费者是家长。因此,开发者在创作儿童游戏时需要付出双倍努力,以便让两个不同的群体都对游戏满意。

各个游戏发布平台都有大量儿童游戏,据 NPD Group 数据显示,88%的儿童游戏属于免费产品。儿童不会将就或容忍一款让他们不满意的游戏,一旦不满意,他们便会很快转向另一款游戏。据 Localytics 数据显示，超过 25%的被下载儿童游戏仅被开启过一次。那为何还要煞费苦心开发儿童游戏？原因在于许多开发者认为儿童游戏的回报潜力巨大。如前文所述，儿童游戏可以推广健康的社交联系，激发创造性思维，启发儿童的想象力等等，那么开发者应该如何在这个市场中取胜？

首先是制作出色的游戏，产品的质量十分重要，这比其他任何手段都具有说服力。Fingerprint 工作室会专门邀请孩子和家长测试游戏，并根据他们的意见来判断产品的优劣。童言无忌，孩子们会直率地说出自己的想法，家长则会从完全不同的角度给出反馈。

其次是获得发布平台的支持，成为官方推荐，或者进入一个主题列表就可以让游戏从默默无闻变得人尽皆知。无论是比其他产品更好看或更好玩，还是与其他产品截然不同，都能够成为游戏的取胜关键。

然后是重视家长的作用，同家长建立长期的联系。除了通过游戏本身设计鼓励家长同子女共享游戏，还需要成为家长的一种资源，成为帮助家长跟进与家庭密切相关的重要问题的有力工具。此外，作为一种用户获取策略，游戏开发者在家长经常活动的地方应占有一席之地，例如社交网络的儿童教育群组、育儿主题的 BBS 等，在家长社群中拥良好的口碑是非常重要的一步。

最后是将定期更新视为一项营销环节。游戏下载量通常会在更新后突然上升，在页面中描述游戏更新的内容，以此吸引用户。同时还要推敲关键字，为家长搜索游戏提供便利。精彩的截图、直接准确的描述都会成为用户选择游戏的重要依据。①

新的儿童游戏发布平台市场规模和覆盖率，终会超过传统主机游戏市场。但二者的成功法则截然不同，现在开发者更易于发布游戏，但也更难获得关注。Schafer 曾说制作儿童游戏最令人欣慰的事情就是“看到家长教孩子玩游戏，亲子同乐。这让我们觉得自己制作出了一些具有积极影响的内容”。

儿童就像自然界的“鲸鱼”，当他们喜欢上任何事物，便是发自内心地喜欢。不管是恐龙、小魔仙、黑猫警长还是怪兽，都有可能成为孩子们与家长交流的话题，他们小小的身体里装着整个世界。儿童也是愚蠢的。人类在小的时候只会蹒跚行走，而小马在一出生便能够站立，鲨鱼甚至在母鲨鱼的子宫里便会杀死并吃掉自己的兄弟姐妹。与之相比，人类的孩子算是“无用的”了。

设计免费游戏是为了吸引“鲸鱼”们，无论是像 Zynga 玩家那样有钱的“鲸鱼”，还是像《英雄联盟》玩家那样拥有时间的“鲸鱼”。免费游戏对于忠实粉丝们都有商业需求，需要吸引这样的“鲸鱼”们的注意，这需要遵守经济学规律，并遵循一定的技巧。游戏设计师总是创造出需求再满足这些需求，让玩家认可虚拟世界中的物品价值，并产生想要

---

① Nancy MacIntyre：*Making and Marketing Kids Apps*：*Definitely Not Child's Play*，http://www.gamasutra.com/blogs/NancyMacIntyre/20130626/194650/Making_and_Marketing_Kids_Apps_Definitely_Not_Childs_Play.php.

获得某些东西的欲望。平衡这种“欺骗”与游戏的可玩性,是免费游戏设计的关键。

儿童是免费游戏最理想的目标,他们是最容易被“操纵”的,也是最执着的玩家。虽然他们手上没有钱,但是他们的父母会乐于给好游戏付款。*Playmobil* 就是一款极其赚钱的游戏,它具有精致的画面与卓越的游戏性,但是玩家不能自己创造任何事物,只能用真实货币购买游戏中的道具,用于缩减等待时间、回复角色数值等。但即使是对成年玩家,这种做法也是值得商榷的。免费游戏必须受规则的制约,在游戏的发展中,自由必须伴随着责任,如果不能履行责任,我们终将失去自由。

## 第三节 游戏中的道德与文化

### 一、游戏与道德

“道德”在汉语中最早可追溯到老子的《道德经》。老子说:“道生之,德畜之,物形之,势成之。是以万物莫不尊道而贵德。道之尊,德之贵,夫莫之命而常自然。”其中“道”指自然运行与人世共通的真理,“德”是指人世的德性、品行。在现代词汇中,道德指的是一种社会意识形态,是人们共同生活及其行为的准则与规范。道德往往代表着社会的正面价值取向,起判断行为正当与否的作用。道德以善恶为标准,通过社会舆论、内心信念和传统习惯来评价人的行为,是调整人与人之间以及个人与社会之间相互关系的行动规范的总和。道德具有一定的共同性,同一社会的不同阶级、不同社会的不同阶级之间,由于类似或相同的文化背景和民族心理,会存在某种相似或相同的道德特性。

游戏虽然是跨时空、跨文化的文化载体,但也面临道德范畴的问题和困境。假设我们能够清晰地确定“坏”的概念,那么确实会存在“坏”游戏。在《道德形而上学基础》一书中,德国哲学家伊曼努尔·康德(Immanuel Kant)尝试以“绝对命令”,即一套能够衡量行为道德性的规则对道德的好与坏进行定义。但无论我们如何评估游戏的道德性,总有游戏会具备“坏”的特征。被批评为不道德游戏的主要特征是操纵、误导,或两者皆有。有批评认为很多游戏的本质就是利用玩家深层次的心理冲动来赚钱。通过呈现进度条,激发玩家更快完成的欲望,诱使用户付费升级。游戏中的可变比率和可变间隔奖励像赌博机那样吸引玩家,同时通过让玩家不断向好友展示或求助来进行病毒式扩散。

因此,行为主义在游戏设计中就成为了备受争议的话题。行为游戏设计被称为是“令人毛骨悚然的行为”“让人不安的做法”,甚至“可能造成上瘾”。但所有这些讨论的出发点都是关于游戏中事件的“偶发性”。偶发性是游戏的本质,它能够塑造玩家行为。这并不是在提出行为心理学或刻意将行为心理学运用在游戏中才出现的。设计师需要对他们创造的奖励系统和系统所引发的结果负责，道德游戏要求设计师必须预先考虑和正视他们所创造的偶发事件。同时需要注意的是，如果我们认同奖励系统对于游戏体验有重要影响，那么就更应该认识到偶发性越是强大，游戏设计师就越需要以负责任的态度设计好游戏。设计师在确保游戏能够提供基本的娱乐价值的基础上，植入符合道德的奖励以强化玩家游戏体验。如果设计师只是在游戏中随机设置成就系统，并以一种不负责任的态度给予玩家奖励，那么只会破坏原本优秀的游戏设计。总之，只有当设计师真正理解游戏中偶发事件的意义，才能创造出真正有趣的游戏。[①]

### （一）道德游戏

许多游戏剧情设计师将道德元素植入游戏中，让玩家体会身临其境的感觉，以及自身在游戏世界中的重要性，让他们觉得自己的行动举足轻重，游戏故事是为他们量身定做的。在 2013 年的游戏开发者大会上，微软资深游戏设计师理查德·罗斯三世（Richard Rouse III）为编写道德游戏提出了以下 7 条实用的建议。

第一，道德游戏不一定需要玩家驱动型选项。这与游戏为玩家提供选择的常识大相径庭，但 Rouse 表示，如果想在游戏中添加道德成分，我们其实不必依靠玩家驱动型选项。他以陈星汉的游戏 *Journey* 为例，它并没有提供明显的玩家驱动型选项，但仍体现出深刻的道德寓意。

**图 7-4　*Journey***

第二，设计同一阵营角色之间的矛盾冲突。玩家不仅要解决外部矛盾，还要应对内部冲突。矛盾冲突不应该只发生在"好人"和"坏人"之间，"自己人"也可能内讧。

第三，如果存在选择，那么其影响应该在游戏过程中即有体现，而非等到游戏结尾

---

① John Hopson：10 *Years of Behavioral Game Design with Bungie's Research Boss*，http://www.gamasutra.com/view/feature/172409/10_years_of_behavioral_game_design_.php.

才给出结果。虽然道德游戏可以不需要玩家驱动型选项,但引导玩家作出设计师所倡导的选择也是有意义的。游戏《耻辱》看似只提供潜行和刺杀这两个直接的选择,但是将选择交织在整个游戏中,增加了游戏的可玩度。因此,简单的选项对剧情、玩法和系统的影响应贯穿游戏始终。

第四,把握预算。做一款包含大量选择、不同结局和分支剧情的道德游戏,成本可能非常高,尤其是当你还执着于动画场面和背景故事时。而使用丰富的角色外形、对话和根据玩家选择改变旁白的办法可以有效节省预算。

第五,选项不要流于形成或令人陷入两难。Rouse 提出,在制造道德困境时,各个选项都应该有可支撑的理由。比如《行尸走肉》就是一款让玩家非常难抉择的游戏。《行尸走肉》制作精巧之处在于,它一直注重玩家选择的意义性以及角色之间互动的重要性,这让玩家觉得每个选择、每个对话、每个决定都有意义,始终与之前所采取的行动存在关联。

第六,创作者以少为好。在编写游戏剧情时,团体创作的效果并不好。多人参与游戏玩法的设计可能会得到好结果,但太多人写故事则不然,不同的文化背景和道德立场会干扰游戏想传达的道德寓意。

第七,确保故事与玩法的道德立场一致。有时候,游戏玩法会与道德寓意相悖。Rouse 认为《生化奇兵》和《孤岛惊魂 3》就是这样的例子,它们在结尾传达了明确的寓意,但也让按照设计意图玩游戏的玩家感到十分煎熬。Rouse 指出:“优秀的游戏设计师会考虑玩法和剧情的一致性,否则就要做好应对玩家质疑的准备。”①

### (二)道德困境

道德感无论在现实生活中还是在游戏中都是需要人们认真对待的问题。道德困境有三种情况:与道德产生关联的问题、引起道德拷问的问题、从道德上来说无法两全的问题。

如果我们希望让玩家扮演的角色面对许多复杂的问题,并且在不同决定的后果之间犹疑取舍,那么可以适当制造道德困境。道德困境很难得出明确结论,玩家不可能简单地询问游戏管理员或制作者来得到“正确”答案。这些困境需要角色思考、讨论并通过这些问题成长或与其他角色发生冲突,进而产生戏剧性事件,为角色增添更多细节。

但需要注意的是,在我们预设了唯一正确答案的情景中设置道德困境,然后惩罚与我们意见不一致的玩家是不公平的。对玩家而言,在游戏设置的道德困境中选择需要有理智的应对方式,所以设计师不能简单惩罚那些与自己想法不同的玩家。没有冲突就没有戏剧性,如果不想游戏中的角色只是单纯地屠杀,那么用道德困境的设计方

---

① Kris Graft:7 *Practical Tips for Making a Moral Game*, http://www.gamasutra.com/view/news/189251/7_practical_tips_for_making_a_moral_game.php.

法可以为剧情增加深度。

举个戏剧性的例子:你有机会暂时离开团队与陌生人见面,以找出杀害自己妻子的凶手,但是与此同时,团队的其他成员都在进行殊死搏斗,如果你缺席就很可能造成队友的死亡,甚至战斗的失败。如果团队中的其他角色也是由玩家控制或者玩家可以从第一人称视角查看角色的话,那么你放弃团队去为妻子报仇就会催生冲突。注重策略的其他玩家或许会在这种情形中感到愤怒,因为你的离开让团队损失惨重,但是从另一个角度来看,在面临拯救团队或为妻子报仇的两难选择中,做出"自私"的选择可以让玩家深入审视自己的角色,在团队中创造出更具真实感的冲突。如果玩家因为拯救团队而失去了为爱人复仇的机会,那么就可能让玩家感到沮丧或者对整个团队产生不满。这会为游戏增加戏剧性和深度。

在角色性格设定趋近完美的游戏中,不推荐使用道德困境的手段。在这种情况下,采用道德困境来加剧冲突是画蛇添足,将角色置于道德困境中会阻碍玩家认可角色,甚至使整个游戏的基调受损。

## 二、游戏与文化

### (一)游戏与文化软实力

1989 年,哈佛大学政治学教授约瑟夫·奈(Joseph Nye)创造出了"软实力"这个概念,指的是事物产生吸引力和说服力的一种影响力,而不是一种威胁力或强制力。2004 年 4 月,约瑟夫的著作《软实力:世界政治中的制胜之道》引起世界热议。此后,更有未来学者和文化经济专家发表观点:在 21 世纪,各国的胜负决定于文化产业。作为文化产业的一部分,游戏不可避免地要正视发行和推广的现实问题。谈到游戏产业和游戏大作,玩家总能滔滔不绝地列举美国、日本等国家的公司和制作人,我们已经习惯接受和认可发达国家文化孕育出的文化产品、思想甚至价值观和世界观。

在谈到美国时,我们首先想到的是其强大的经济和军事实力。但从 20 世纪发展至今,美国在世界上最具优势的其实是其无形却有力的文化和传媒力量。改革开放 30 多年来,中国经济飞速发展,逐渐成为制造业大国与国际贸易大国,加入 WTO 之后,与美国在汇率与贸易等方面的博弈更是被广泛关注,当我们为祖国在多个贸易领域对美国形成顺差而兴奋时,却忽视了美国对外最惊人的顺差——文化顺差。而这恰恰是美国话语霸权的根基所在。在文化产品输出方面,美国的顺差可谓惊人。以捷克为例,它对美没有任何电影出口,而进口的都是美国片。根据早在 1948 年就在美国本土被禁的搭配定额原则,捷克发行方如果要想取得每年更新一次的电影放映专营授权,就必须在一年之中接纳所有由好莱坞制片公司拍摄的电影,不管是经典大片还是不那么受欢迎的影片。而这种"待遇",也不只是捷克一个国家有,很多欧洲、中东和非洲国家都受到了这种反竞争协议的控制。① 为了发展经济,发展中国家不得不遵从美国的“游戏规则”,开放文化市场,使美国看似在传统贸易领域让步的同时,依靠好莱坞电影、漫威与DC的超级英雄漫画、迪斯尼的动画、暴雪与EA的游戏等文化产品赚取了惊人的财富,更重要的是,美国早已将自己的价值观与意识形态逐渐渗入全球,获得了空前的话语权与影响力。对于这一点,连美国媒体都看得十分清楚。早在1998年,《华盛顿邮报》就在题为《美国流行文化渗透到世界各地》的文章中指出,美国最大的出口产品不再是地里的农作物,也不再是工厂里的产品,而是批量生产的流行文化产品,包括电影、电视节目、音乐、书籍和电脑软件等。美国人并不隐讳这种文化渗透,社会学家托德·吉特林(Todd Gittlin)就将美国流行文化的传播说成“长久以来美国人为实现全球统一而作出的一连串努力中最近的一次行动,它接替了罗马帝国和基督教徒推行的拉丁语及马克思列宁主义”。②

回想我们自己的游戏经历,一款MMORPG的故事背景到底是中国道家的修仙还是西方吸血鬼的复仇,对于玩家来说并没有任何理解障碍,甚至国内的玩家对于吸血鬼文化、骑士文化等非本土文化的了解和认知还高于对《山海经》里的妖怪或魏晋风骨等本土文化的了解。反观西方社会普通民众,对中国文化的了解少得可怜,能知道“Monkey King”就算是了不起的了。在全球经济一体化和西方强势文化的冲击下,中国当代文化自身缺乏足够吸引力,模仿、照搬之风盛行,文化模式被歪曲、降格、肢解。

在这种现实情况下,对比美国的文化顺差,我们不禁思考:为何中国文化输出会存在逆差甚至赤字呢?这其中“文化折扣”与消费资本积累差异是不可忽视的两个重要问题。近代中国在“师夷长技以制夷”等思潮的引领下了解了西方世界,无论是哲学、政治、经济、艺术还是医疗、教育体制与学科构建都受到西方的极大影响,甚至是直接引用或照搬。中国社会的各个年龄层和社会阶层自幼便对西方文化有所了解,这一切都成为了西方文化产品顺利进入中国的有利条件;然而,西方世界对于中国的有限了解则成为了中国文化产品输出时遭受“文化折扣”的根本原因。与此同时,伴随着中国消费者对西方文化产品的认可,其相应的消费资本也有了积累,购买渠道也相对通畅;而西方消费者对于中国文化的不了解造成其没有形成购买中国文化产品的意识——这或许与我们主要靠非营利性质的文化交流活动来传播中国文化,而没有交由相应的行业来开拓市场有一定关系。对于游戏行业来说,如何使产品更好地实现本土化以便外国玩家消费,是一个十分重要的问题。

### (二)游戏本土化

本土化是指根据地区市场调整电子游戏,添加一些含有当地元素的内容,在图像和

① 〔法〕弗雷德里克·马特尔:《主流:谁将打赢全球文化战争》,刘成富等译,商务印书馆2012年版,第346、347页。

② 张国庆:《媒体话语权:美国媒体如何影响世界》,中国人民大学出版社2012年版,第175页。

声音甚至关卡内容上为不同地区玩家提供有针对性的修改。对于某些特定区域的玩家来说,本土化非常重要,因为通过整合当地文化并遵从当地政府的法律和法规,玩家便能够在避免暴力删改的条件下享受到最正宗的游戏体验。本土化的最终目标是确保游戏在调整后既能满足当地玩家的需求也能体现原版的感觉。许多人对本土化的了解仅限于语言翻译,但这只是最基础的一点,完成翻译工作只能算完成一半的工作。更核心的是我们需要有对文化差异的深入了解,才能顺利进行游戏本土化设计。以英语内容为例,英国人使用“colour”,美国人惯用“color”,这些不同并非源自语言差异,而主要取决于文化区别。①

因此,我们需要从更广的层面去定义本土化,面向当地市场调整游戏的各个元素,包含文本、图像、视频,甚至是故事设计和游戏玩法中的相关元素。基于这个框架,我们将游戏本土化分为三种不同的程度,每个程度所需要的时间和执行成本逐渐增加。这三种程度分别是简单本土化、局部文化设定以及完全文化设定。文化设定比简单本土化更高级,因为它将深入考虑游戏的基本设想和内容选择,并根据多元文化市场与特定区域市场衡量可行性。简单本土化只能帮助玩家理解游戏内容,而文化设定则能在更有意义的层面让玩家深入体验游戏。而开发者需要重视的一点是,游戏的文化设定程度越高,就意味着所需投入的时间和成本也就越高。

1.语言翻译

语言翻译作为本土策略中至关重要的一环,一直为游戏开发者所重视。但随之而来的问题是作为游戏开发者往往很难决定该选择哪种语言实行游戏本土化。有些不依赖文本的游戏将文本内容用非语言元素替代,以减少在本土化过程中出现的语言问题。但即使如此,这些游戏也面临在 App Store 或 Google Play 等平台上的文本翻译问题,诸如游戏介绍与关键词等都是不可忽视的重要内容。

根据 Common Sense Advisory 调查,52%的人表示他们在网上只会购买用自己母语撰写说明的应用或游戏。在法国和日本这一数据更是高达 60%。这一现象与不同文化对自身的价值认同有关。不管原因为何,玩家对于母语产品的青睐是客观存在的。为玩家提供与商店平台所用语言一致的游戏产品,会让玩家对游戏的专业性有一定认同,进而提升对游戏的评价。那么,面对全球数千种语言,我们应该选择哪些作为本土化语言翻译的重点呢?

市场数据行业领导者 App Annie 2013 年根据 App Store 和 Google Play 上的游戏下载和收益情况对不同语言进行了排序。大多数开发者的目标都很一致,要么追求高下载量,要么追求高收益。因此,可以在上述两个平台分别得到两个语言排名;一个是基于市

① Michael Carr-Robb-John: *Opinion: Localization Notes*, http://www.gamasutra.com/view/news/168848/Opinion_Localization_notes.php.

场占有率(即获得最高下载量)的排名,另一个则是所获财富(实现收益最大化)的排名。

App Store 最高下载量:英语、中文、日语、俄语、法语、德语、意大利语

App Store 最高收益:英语、日语、中文、德语、法语、俄语、韩语

Google Play 最高下载量:英语、韩语、俄语、德语、日语、巴西语、繁体中文、西班牙语

Google Play 最高收益:日语、韩语、英语、德语、法语、俄语、繁体中文

西班牙语只出现在 Google Play 的最高下载排名中,这主要是因为 App Annie 的统计是基于国家而非语言的。虽然西班牙只有 2500 万网民,但讲西班牙语的网络用户实际高达 1.87 亿,是继英语和中文后的第三大语言群体。考虑到美国在排名中的主导地位以及美国有 15%以上公民是西班牙籍,为西班牙语进行本土化翻译也是有必要的。①

2.非语言因素

除语言翻译外,文化设定还需要考虑符号、环境、服装、手势、动作等其他非语言因素的使用,这些也是本土化设计中的重要组成部分(图 7-5)。说到手势和动作,我们可能会联想到 *Lie to Me* 中神奇的动作心理学,如果我们照搬 Lightman 的理论来窥探身边亲友的时候总会发现推测与事实有差异。这不仅是因为电视剧情节夸张或我们

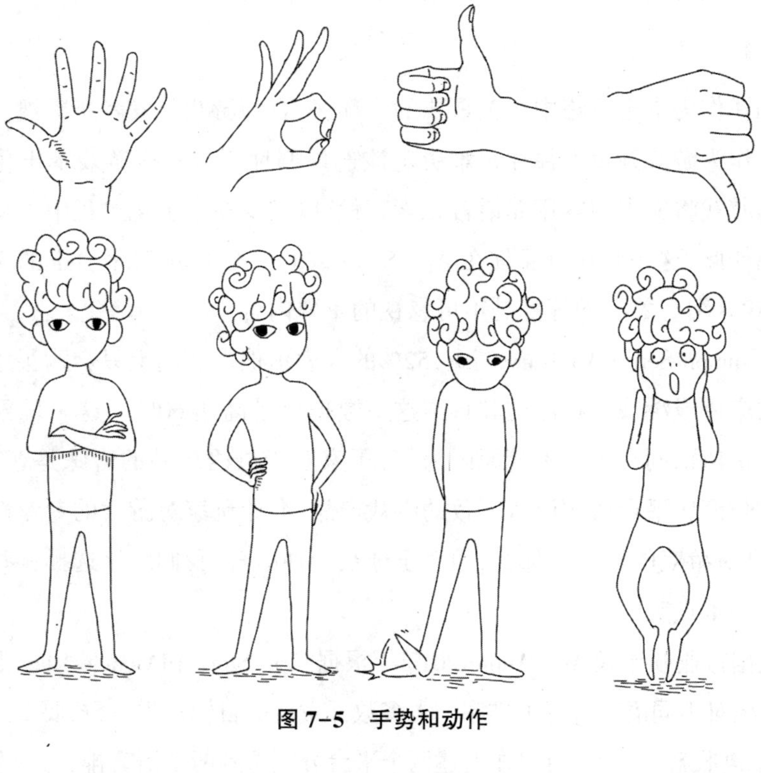

**图 7-5 手势和动作**

① Christoffer Nilsson: *Where Will Your App Go Today*? http://www.gamasutra.com/blogs/ChristofferNilsson/20130531/193408/Where_will_your_app_go_today_Language_choice_is_key_find_out_which_ones_work_best.php.

本身功力不够,更重要的是其中还包含了文化差异的因素。如果我们的游戏中含有特定的手势或动作,最好确保它在我们目标发行地区不存在歧义。我们也可以根据每个国家的需求制作不同的动画效果,但这样就会增加游戏后台需要保存的数据量,并且在特定国家更易引起游戏漏洞。为了不影响游戏性,最简单粗暴的方法就是去掉手势,例如表示"OK"的手势、竖起拇指的手势,以及伸手并让掌心向外的手势,这三种是很多设计师在游戏本土化设计中经常要移除的手势。

本书在前面章节中介绍了色彩心理学,颜色在人们的情感及生理状态中发挥着重要作用,尽管我们多数时候对此浑然不觉。不同色彩在不同国家会呈现特定含义。例如,中国常用白色布置灵堂,西方国家则常用黑色代表哀悼,南美国家使用的却又是紫色。因此,在游戏本土化设计中还需要特别注意色彩的表达和运用。

## 思考题

1.调查和总结时下儿童游戏的类型和玩法。

2.12 岁女孩喜欢何种类型的 iPad 游戏? 试做假设并调查验证。

3.8 岁男孩喜欢何种类型的 iPad 游戏? 试做假设并调查验证。

4.未来 10 年,儿童游戏会有怎样的发展?

5.在推广儿童游戏时,应该注意哪些问题?

6.游戏中是否需要考虑道德因素?

7.哪些道德因素会对游戏产生影响?

8.在游戏本土化设计中应该注意哪些问题?

# 第八章 游戏心理学研究方法

■ **本章要点**

1.游戏心理学的基本研究方法

2.游戏测试的方法

3.生理心理学对玩家精神状态的研究

■ **关键术语**

心理学研究方法、游戏测试、数据分析

在2006年游戏开发者大会的最后一天,佐治亚理工学院副教授伊恩·博格斯特(Ian Bogost)、俄亥俄州立大学副教授米亚·康萨瓦罗(Mia Consalvo),以及加州大学伯克利分校博士生简·麦戈尼格尔(Jane McGonigal)三位学者公布了2004年和2005年期间开展的10个调查项目,这10个对游戏开发者非常有价值的调查项目分别如下:

(1)游戏成败对玩家参与度的影响。(赫尔辛基商业学院的Niklas Ravaj等)①研究者认为失败的体验对玩家来说非常重要。在研究中他们用游戏《超级猴子球2》为素材,研究玩家在游戏中的成功与失败对参与度的影响。McGonigal将他们的发现称为"颠覆常识的理论",即参与者在主动失败时比获得成功时更为高兴和兴奋,而被动失败会影响玩家对游戏的参与度。所以,任何性质的失败都对玩家的游戏感受有显著的影响。

(2)开发者如何结合变化的语言和情感来生成面部表情?(加州大学洛杉矶Y. Cao,南加州大学W.Tien、P.Faloustos和F.Pighin)使用口型规律来生成面部动画的做法在游戏中已得到普遍应用,但是人们在不同情感状态下说同样的语言时表情会有所不同,因而如果面部表情还能够与情感相符,就会更加真实可信。这项技术研究希望帮助开发者尝试自定义情感状态或尝试使用内置向量模型和脚本来定义情感状态。

(3)眼动仪或其他控制器能否提供比鼠标更为有趣、更沉浸的游戏体验?(瑞典

① 括号中为共同参与的研究人员。

皇家理工学院 Erika Jonsson）研究者发现当玩家使用眼动仪来配合鼠标控制时，他们能从《半条命》中获得更多的乐趣，并且获得更高的分数。

（4）网游玩家采取何种交流策略？游戏能否为这些策略提供更好的支持？研究者（芬兰奥卢大学 T.Manninen、T.Kujanpaa）以《战地 1942》为素材进行研究，结果发现一些玩家希望以某些游戏还未支持的方式进行交流。比如，用肢体动作给其他玩家发信号，或者使用暴力冲突之外的方式与其他玩家互动。开发者需要开发这些功能来满足玩家的创意和需求。

（5）现有的玩家控制视角能够在游戏设计上有何创新？（佐治亚理工学院 Michael Nitsche）。尽管玩家控制镜头与电影镜头的调度十分相似，但是这种做法在游戏中已逐渐被潜行镜头所取代。在调查中，Bogost 分析了《黄金眼》《死魂曲》《毁灭战士》和《零红蝶》等游戏在镜头运用上的特点。

（6）游戏玩家是否会像开发者预想的那样在游戏中作弊？（斯坦福大学 D.Miller 等）尽管研究者的调查内容并不直接涉及游戏，但是得出的结果可以应用于游戏设计中。研究将被试置于学生正在参加考试的房间中。当被试被告知某个学生有很大可能性作弊时，被试就会声称他们见到那个学生作弊或者有作弊的嫌疑，而实际上研究者已在考试前告知这个学生不要有作弊行为。在游戏行业中，开发者可以通过此项研究认识到印象的重要性，对于多人游戏的公平性而言，印象通常比现实更为重要。

（7）其他玩家的存在能否提高网游的真实性？研究者（克利夫兰州立大学 C. Campanella Bracken 等）尝试了 Xbox Live 上的《光晕 2》《城市英雄》和《无尽的任务》，发现团队协作是情感黏性的强大推动力。调查结果显示，对那些每周至少玩 12 个小时游戏的玩家来说，单人游戏并不能让他们感觉到强烈的个体存在感。而玩家间的协作则能弥补这一点，当玩家与其他玩家合作时，他们会产生巨大的社群感。

（8）手势和体感控制器都很有趣，但它们确实有助于提升游戏的可玩性吗？研究者（佐治亚理工学院 S.Griffin）讨论的是模拟实物的周边设备或新型控制器在游戏交互时的优点和缺点。Bogost 解释称，传统游戏手柄通过玩家身体某部分的移动来控制屏幕上角色的移动，而新型控制器需要玩家动用整个身体，这使游戏中象征性的移动变得更加真实。然而，当屏幕上的动作复杂时，简单的按键反而更实用。游戏开发者应当利用此项研究来考虑两种控制方式的平衡。

（9）玩家对语音聊天及其在游戏中的作用有何感受？研究者（墨尔本大学 K. Hew、M.R.Gibbs 和 G.Wadley）发现，噪声、无意义信息和闲聊等声音会让玩家觉得困扰。换句话说，差劲的语音聊天设计会降低玩家的社交意愿，让语音聊天失去价值。虽然参与研究的被试会慢慢适应周围恼人的噪声，但是当声音变得无法忍受时，他们会马上摘下耳机。如果开发者想要使用语音聊天，最好能够为不同游戏量身打造不同的解决方案。

(10)音乐如何影响玩家的感受？研究者(格拉斯哥卡利多尼亚大学 G. Cassidy 等)发现容易影响情绪的音乐与玩家对游戏的感受并没有多大联系。但当玩家可以自选背景音乐时,他们在游戏中成功的可能性会增加,情感反应也更为强烈。开发者应当认真考虑如何,以及何时使用游戏音乐来支持或挑战玩家。

这些研究结果有的与我们的常识一致,也有的出人意料。但如果不通过调查研究和实验,我们就永远无法验证这些结论的正误。在任何领域,科学的研究方法都是至关重要的。科学心理学提供了一种思考的方式,理解这种方式对帮助我们解决游戏行业的问题具有巨大价值。游戏心理学的终极目标是让学习者学会以一个科学家的方式思考玩家的行为,以科学的态度和方法来解决游戏从设计到营销各个环节遇到的问题。

## 第一节 基本研究方法

### 一、科学解释的本质

实证观察和自我纠正是科学方法的两个特征。① 无论是偶尔的观察还是系统的观察都可能导致理论的产生,理论又反过来影响实证,形成一种循环和自我纠正。科学中使用的最基本的要素是数据(实证观察)和理论(对概念的整合,并对事实作出预测)。现代科学家强调数据的重要性,把科学看作是一个从数据到理论的过程,这是归纳法;相反,从理论到数据的过程,则是演绎法。

很多人认为归纳法是科学研究所应该采用的方法,但归纳法存在一个问题,即科学观察总是和具体情境联系在一起的,这也就意味着在某种具体情境中推导出来的结论必然有范围上的限制。后续观察或实验可能导致产生另一个理论,或者要修改已经存在的理论。因此,通过观察得来的理论都是暂时的,而非永久的。理论随着后续观察结果的产生而发生变化正好证明了科学自我纠正的性质。

演绎法强调理论的重要性,把高度整合并具备预测能力的理论提高到极其重要的位置,而偶然的观察、非正式的理论和数据都屈居次要。但演绎法的问题在于理论本身:大多数理论都包含了种种假设,这些假设在一定程度上很难进行验证,而可证伪性又是科学理论的必要条件之一,一个理论永远无法得到证实,那么它就只能被证伪。因此演绎法本身也并不完善。

归纳法和演绎法各有缺陷,因此我们需要整合归纳和演绎,并不断自我纠正。图

① 〔美〕大卫·艾尔姆斯、巴里·坎特威茨等:《心理学研究方法》,马剑虹等译,中国人民大学出版社 2011 年版,第 27 页。

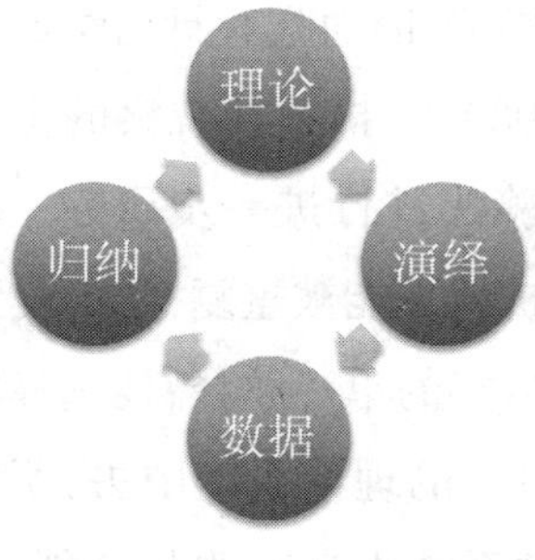

**图 8-1 理论整合和数据预测**

8-1表明了归纳和演绎是如何通过共同作用产生科学理解的。

我们将理论粗略地定义为一组相互关联的陈述,这组陈述对所发生的一系列事实予以解释。理论包含的陈述越少,能解释的事实就越多。比如万有引力理论既解释了苹果落地现象,又解释了太阳系中天体的位置。在对一个理论进行评价的过程中,非黑即白的方法是不可取的。一个理论在某种程度上可能是错误的,但仍然有其实用价值。在现代物理学中,根据理论取向不同,光要么是离散的量子,要么是连续的波。从逻辑上讲,这两种看法中只能有一种是正确的,但物理学家却容忍和接受这种模棱两可的理论。还有的理论虽然目前有大量的实证数据作为支持,但同时也保持开放性,即在未来该理论也可能被新的数据所证伪。因此,评价一个理论的标准不是其目前被证实还是证伪,而是其简洁性、精确性和可检验性。一个理论如果不可检验,也就不可评价,那么该理论对科学家毫无意义。这也是为何精神分析学派的很多理论不被大多数科学家认同的原因所在。

## 二、基本研究方法

基本研究方法可以回答关于什么(What)、何时(When),以及为什么(Why)的问题。观察法在确定发生了什么行为时非常有效;相关研究使我们能预测特定的行为会在何时发生;实验研究可以让我们确定特定行为发生的原因。

### (一)观察法

科学知识能够不断积累,主要原因之一就是科学家追求尽可能准确地观察世界。科学的自我修正要求科学家提出理论和假设,以便预测在特定情况下会发生什么。这些想法可以通过比较假设和实验数据来验证。如果观察数据和预测很不一致,科学家就会修改或放弃理论。

科学在很多时候与实际观察密切相关,但观察者也容易犯错。眼见不一定为实,我们的感觉常常欺骗我们,比如视觉错觉现象,直接知觉可能是不正确的,即使非常认真仔细的感知也可能是不正确的。但是运用各种研究技术可以帮助我们防止知觉误差,保证我们的观察尽可能正确地反映本质情况。

在心理学研究中最显而易见的观察方法是描述行为,列举会发生什么行为以及行为的数量和频率。收集心理学数据的描述性观察方法有三种:自然观察、个案研究、调查研究。描述性观察在研究的前期特别有用,它帮助我们获得一些新的想法(Miller,1977)。与控制性强的实验室实验相比,描述性观察具有独特的灵活性,成本低而又方便简单。同时,描述性观察试图理解有趣的、自然发生的事情,因而具有行为学或生态学的倾向(Timberlake & Silva,1994;Todd & Perlmutter,1980)。描述性观察的主要问题是它不能说明事件之间的关系,所以我们还需要用实验法进行进一步研究。同时,它可能会通过其他形式产生不充分的数据,比如个案分析就不能被重复,从而受到其他研究者的质疑。弗洛伊德的案例研究就是完全基于对事实的单一解释,他选择特定的案例研究和特定的答案,然后把这些事件编织到自己设计的理论系统中去,所以不管方法有多糟都可以支持他的理论。因此,尽管弗洛伊德系统中有着非凡的创造,但从证据的基础上来看,他的做法还是有争议的。另外,描述性研究中存在社会性反应,即日常的社会交互会对研究被试有所改变,我们需要尽量降低这种误差。

1.自然观察

进行自然观察面临的第一个问题就是观察什么行为。我们能够一边走路一边嚼口香糖,却不能同时记住很短时间内发生的 20 件事情。因此我们需要确定计划观察的行为。以心理学家最感兴趣的动物行为学为例,简单观察动物或者人的行为能使我们获得对特征和行为的总体印象。动物行为学家用更系统的方法,先定义研究中不同类型的行为,然后记录每种行为发生的次数。通过研究特定行为发生的次数,动物行为学家可以对行为的意义有更好的理解。行为详述是相对完整的关于一种动物的具体行为列表。一个完整的行为详述是理想化的,不太可能在实践中实现。如果没有一定的假设,那么对某一大类行为进行确定和分类就会很麻烦。汀布莱克(Timberlake)和席尔瓦(Silva)(1994)认为观察类别的设计可以帮助解决这个问题。明确设定观察类别后,观察者可以很容易对行为进行判断。一般来说,如果两个或多个观察者用同一系统对行为进行归类,对比他们的结果就可以查看行为的一致程度。两个观察者之间的一致性可以由相关系数来表示。相关系数最高值是 1,当相关系数超过 0.7 时就可以说明观察者内部的一致性较好(Martin & Bateson,1993)。

对人类行为运用类似的技术比较困难,因为科学家不一定能标识出人类的所有行为。著名人类行为学家艾布尔-亚贝费特(Eibl-Eibesfeldt)做了大量关于人类面部表情的研究。他和同事在世界各地收集不同情况下人类面部表情的照片,对面部表情进行仔细研究。他们发现在不同的文化下,人们大部分表情是相似的,但也有一些是不同的。比如,当表示欢迎时,大部分欧洲人会有快速的眉毛闪动(1/6 秒),而日本人则因为将闪眉视为好斗或不礼貌的行为而很少使用。在 Eibl-Eibefeldt 的研究中我们可以发现,先前的观察能够给后续的观察提供参考,通过界定观察行为的范围,能够得到人类普遍行为的真实信息。

另外,非参与性观察和非参与性测量可以有效避免被试的社会性反应破坏观察结果(Webb,Campbell,Schwartz & Sechrist,1981)。路遇友人时我们会用自己的方式打招呼,而如果友人身边有一台摄像机拍摄我们彼此打招呼时的行为,我们打招呼的方式可能就会发生很大改变。所以在这种情况下，隐蔽的摄像机更能捕捉到真实自然的行为反应。

2.个案研究

个案研究也是心理学研究中非常有价值的研究方法，弗洛伊德的精神分析理论就是通过对个案的研究得到的。一般来说，个案研究是对某些行为的深度调查，它的缺点是在个案研究中，我们不能推断出什么是原因什么是结果，能做的只是描述事件本身。不过个案研究常常能让研究者获得关于原因和结果的一些合理猜测。能够把推论困难降至最低的一种个案研究是偏差案例分析法，研究者比较两个多方面相似但是结果不同的案例，研究造成不同结果的因素。但只有一种因素不同的两个案例很少，同时用这种方法推出的结论不一定是科学的，因为研究者找到的因素不一定是最关键的。

3.调查研究

个案研究通常只涉及很少的参与者，而且通常这些参与者不能很好地代表所有人。现在有比较准确的取样方法，使我们可以用少量人的信息推测大部分人的情况，这就是调查研究。

调查研究的关键是取样，研究者抽取能够代表总体人群的样本进行研究。选择有代表性样本的一种常用方法是随机取样，使每个人都有相同的概率被选为被试。

调查、访谈和测验面临的一个问题是自愿和合作。自愿参加的被试和其他不愿意参加的被试有差别（Rosnow & Rosenthal，1970）。测验或调查乏味会让被试变得不合作，而让我们得到的数据存在误差。解决这些问题有三种方法：一是对被试总体进行随机抽样；二是给非自愿或不合作的人一些额外激励（更多实验信息或劳务报酬）；三是用另外的潜在被试样本来重复实验。

在游戏心理学和游戏产业的研究中，我们会经常使用不同形式的调查。具体内容在本章稍后具体讨论。

（二）相关研究

在相关研究中往往很难确定变量的因果关系，因此我们首先讨论相关系数，再分析如何解释相关分析的结果。

虽然相关系数有几种不同类型，但它们都有一个共同特征：范围都是从-1 到+1。相关系数绝对值的大小表明相关的程度，符号表明相关的方向（正相关或负相关）。肺癌和吸烟的关系就是正相关，当一个变量增加时，另一个变量也跟着增加。而吸烟与学习成绩之间存在负相关，即吸烟较多的人成绩相对较低（Huff，1954）。

需要注意的是，即使两个变量间存在高度相关，也不能由此推断这两个变量间存在因果关系。我们不能得出结论说一个因素引起或导致了另一个因素发生,因为还有其他因素影响着我们研究的那两个因素。我们试图通过使其他因素保持不变来避免这个问题,但这样做很困难,我们不知道是其中一个因素还是另一个因素或者是两个因素共同引起了一些效应,这种混淆是相关研究所固有的问题。但相关研究依然有其优点,使用相关研究,两个变量间相关的程度可以准确计算出来。而且如果知道了一个变量的值,可以借此对另一个变量的值或近似值进行预测。相关程度越高,预测效果越好。

而对于弱相关的解释则需要更加谨慎。在一定条件下,有时呈现弱相关的两个变量之间没有因果关系,但也有可能是其他因素导致了两个变量间的弱相关,并遮盖了它们之间的真实联系。对弱相关进行解释时需要注意的另一个问题是使用某个相关系数的假设条件必须得到满足,否则这个相关系数的使用可能是不适当的,并且会导致相关的明显低估。

同样,相关研究中也会存在反应性。参与测试者往往不是被动地对研究者的调查作出反应,实际上他们经常试图猜测测试的目的,并按照他们对该调查的直觉来作出反应,并尽量使自己的反应在研究者看来是最好的(Weber & Cook,1972)。

### (三)实验研究

实验是为作出因果解释而设计的检测(Cook,Campbell,1979)。19 世纪的哲学家约翰·斯图尔特·米尔(John Stuart Mill)确定了解释一个现象的必要条件,对实验进行了很好的定义。Mill 认为,如果结果 X 伴随一个事件 A 出现,并且 A 和 X 同时变动,同时如果可以看出事件 A 产生了结果 X,那么可以推出因果关系。要达到这些条件,必须使用被 Mill 称作同异联合法的方式。在联合法中,如果 A 发生,那么 X 也会发生,如果 A 不发生,X 也不发生。实验要控制一个变量的出现或不出现,并比较其不同点。通常从三个途径控制实验:(1)以比较为目的的控制条件;(2)生成不同条件自变量;(3)保持某些条件恒定。比较、生成和恒定对实验的操纵是至关重要的,它们使实验者能通过实验来解释被试发生行为的原因。

通常,我们把接受自变量的一组被试称为实验组,不接受自变量的一组被试叫作控制组或对照组。这一分类的意义在于通过测查实验组的行为,发现当自变量变化时他们行为的改变。观察在情境中引入一个变量而发生的变化,就是实验。

在实验开始前,我们需要仔细考虑三种变量:自变量、因变量、控制变量。

自变量是由实验者操纵的,它的具体形式与数量都是由实验者决定的。因此实验者也有可能没有对自变量进行有效的操纵,比如将食物作为自变量时,被试有可能因为已经吃得很饱而对奖励无动于衷,这就是为何动物实验中总会在实验前让动物饿上一段时间的原因。

因变量是实验者要观察和记录的变量，它依赖于被试的行为，进而依赖于自变量。优质的因变量的一个标准是信度，当一个实验用同样的被试、同样的自变量重复时，因变量的记录值应该和前次是相同的。如果测量因变量的方式存在缺陷，则会发生低信度的现象。无效结果经常是由于因变量的一些缺陷引起的，最常见的原因是因变量受到限制或处于有限范围内，这就是所谓的地板效应（不能更糟了）和天花板效应（不能更好了）。

控制变量是一个在实验过程中保持恒定的潜在自变量。它因为受到实验者的控制而没有发生变化。对任何一个实验而言，一般都会有比现实已经控制的变量更多的控制变量。在户外进行实验时，实验者保持控制变量恒定的能力也会大幅削弱。实验中出现无效结果也有可能是这些因素没有受到足够控制，导致它们出现系统性偏差。

在实际研究中，很少出现只使用一个自变量的实验。典型的实验是同时操纵 2—4 个变量，它的好处是在一个实验里操纵三个不同的自变量比做三个不同的实验更高效，同时一些控制变量更容易保持恒定，使实验控制得更好，几个自变量得出的共同结果更有价值，另外还能通过不同被试和组合来确定结果的外部效度。

被试的反应性问题在实验研究中仍然存在。如果我们对陌生人说："能帮我个忙，玩玩这个游戏吗？"或"我在做一个心理学实验，能请你帮我个忙，玩玩这个游戏吗？"比较两种方式，第一种方式下，极少人会顺从我们的要求，但第二种方式则更容易得到支持。人们会在科学和实验的名义下做一些事情，这些事情在普通情况下人们可能不会做。换句话说，实验可能不仅仅是检验行为，也可能造就行为。奥恩（Orne，1962）指出，被试进入实验时就会对产生的结果有大概的想法，并尝试理解实验的具体目的。在某种程度上，最普遍的问题是实验中被试的期望是如何影响甚至决定其行为的。

### （四）效度与信度

心理学观察通过描述行为将两种或多种行为之间进行联系，并通过实验解释引起某种行为的原因。如何知道我们的描述、联系和解释是正确的，依赖于反映观察真实性的效度，效度又分为外部效度与内部效度。

外部效度是指实验所得结果能够推广到其他情境及群体中，而无外部效度的实验结果会被限制在原始的研究情境和被试群体中。

内部效度是指用实验得出两个变量之间是因果关系的结论（Cook & Campbell，1979）。如果观察具有内部效度，那说明一个变量是另一个变量改变的原因。

信度是衡量实验的一个指标，它是指行为测量的一致性。多次测量同一事物得到的数字应该是相同的，然而在一组测量中，结果总是可能产生变化，变化的量显示了测量工具和程序的信度。变化小的测量预示着高信度，反之则表示低信度。心理学家通常使用精密仪器来提高观察和测量的信度，检测信度的方法有重测信度法、复本信度法和分半信度法。

使用重测信度法时,需要在首次测量一段时间后对被试再次进行测试,如果第一次和第二次测量所得数值高相关,那么就说明测量是高信度。

使用复本信度法时,需要在两次测试中使用备用版本或复本。如果第一次和第二次测量所得数值高相关,那么就说明测量是高信度。

使用分半信度法时只用一个测试。将测试项目分为任意两组,然后分析两组测量的数值。如果相关较高,测试就是高信度,并且两组测试的等同性关系也可以建立起来。

## 第二节　游戏测试

### 一、游戏测试概述

我们能够成为创建游戏机制和系统的专家,却无法在没有测试数据支持的情况下,妄言游戏的真实品质。因为游戏更关注的是人的感受而非系统,毕竟系统通常都很清晰且符合逻辑,而玩家的感受却个人化且难以洞悉。我们能够在自身能力所及的范围内完美设计游戏内容,但若未正确收集数据,就难免出现遗漏。作为游戏设计师,在测试中投入更多时间是值得的。测试游戏可能很好玩,也可能很枯燥,它是工作的一部分,要以认真严谨的态度面对,确保能够有效测试游戏。

游戏测试是针对游戏行为和结果的研究,需要在秉承心理学研究方法的同时,结合游戏本身的特点进行有针对性的测试。通过测试我们才能找到当前设计的弱点,并根据这些信息进行迭代和优化。因此,每次测试都是获得数据的宝贵机会。正如其他学科的科学实验一样,游戏测试要有明确的目标和假设。因为有限的测试无法覆盖所有内容,有了明确的目标之后我们才能准确设计测试内容并找准测试对象,更重要的是在获得测试数据之后对结果进行取舍和分析。游戏测试有时会得到一些我们从未预料到的结果,若没有明确测试目的,我们难免会被测试结果打乱计划。这些问题不仅在样本测试模式下值得警惕,在大数据分析方式中也不可轻视,在面对海量数据时,这些问题产生的副作用也会加倍。

在游戏测试开始之前,我们需要决定是在线测试还是离线测试。这两个模式各有利弊。在线测试如内测和公测有更大曝光度,能够覆盖更多玩家,且不会单独占用额外时间。但这种方式对游戏的完成度有较高要求,需要在近似完整游戏运营的环境下才能获得真实的玩家数据。另外,处理这些数据的任务量也很大。而离线测试是模拟实验室环境,通过较高检验标准让我们准确获悉特定玩家反馈,以解决特定问题。但这需要精心设计测试环境,并且由于时空限制,被试的数量也有限。

此外，我们还需要根据测试目的来确定测试对象。测试对象的年龄、性别、游戏技能、是否玩过类似游戏等因素都非常重要。性别、年龄等因素并不是选择测试对象的首要条件，但这些数据会为测评不同市场的玩家提供参考。玩家的不同游戏技能水平是多数时候需要考虑的筛选条件。如果测试的主要目的是验证核心机制的可玩性，那么熟练玩家是最优选择，因为他们能够快速掌握操作方式和游戏机制，然后反馈游戏是否有趣，甚至还能够发现游戏中的缺陷。相反，如果我们希望获悉游戏新手教学的实际效果，则从未玩过游戏的群体更适合参加测试。如果他们能在完成教学关卡后顺利融入游戏，那么其他大多数玩家也能够做到。业界实际测试新 UI 的易用度时总是邀请年长者参与就是这个原因。此外，我们还需要测试其他群体，以保证其他群体在别的层面不出现负面反馈，比如新手教学系统是否令熟练玩家感到厌烦等。

游戏测试中的数据分析工作极其重要，如何分析数据多半取决于测试目的。一般来说，游戏初期测试更依赖定性数据，这主要是因为项目初期少量、定量的数据很难作为下结论的根据，而后期的在线测试可以更多参照定量数据，用以调整和完善游戏设计。更多情况下，定性与定量分析是相辅相成的，只是不同阶段的侧重有所差别。表 8-1 和表 8-2 中分别列出了一些定性测评和定量测评以供参考。

**表 8-1　常用的定性测评**

| | |
|---|---|
| 有趣和枯燥内容 | 简单和困难内容 |
| 是否有玩家不理解的内容 | 难度曲线是否幅度过大 |
| 硬核玩家是否觉得过于简单 | 新手玩家是否觉得过于困难 |

**表 8-2　常用的定量评测**

| 测评内容 | 说明 |
|---|---|
| 各关卡死亡数量 | 用以调整关卡难度 |
| 玩家位置 | 用以判断是否存在 bug，或创建受欢迎的地图 |
| 道具使用数量 | 有助于发现制胜策略，或者查看武器是否有效 |
| 玩家何时晋级 | 监测难度和数值的平衡 |
| 完成关卡的时间 | 用以调整游戏关卡排列顺序 |
| 选项 | 用以调整选项使玩家选择多样化 |
| 何时退出 | 在线测试最有效，用以评判关卡难度和真实评价 |
| 评级 | 请玩家对关卡中的难度、有趣性和通俗性进行评级，能够快速获得数据，把定性问题转变成定量问题 |
| 等级 | 让玩家根据内容难度、趣味性和通俗性由低到高排列关卡/机制/游戏目标 |

为了让测试发挥更大价值，我们应该进行记录，详细地写下测试时发生的所有事情，或采取更好的方式——拍视频。录制测试过程后，回头再看视频，也能发现有价值

的信息：玩家做的第一件事是什么？玩家熟悉操作用了多长时间？玩家使用某个功能多少次？一边手动记录这些细节，一边观察玩家在做什么是非常困难的，而拍摄后再观看视频就简单多了。

同时，记录还可以作为下一次测试的比较和验证对象。例如，如果大多数玩家在第一次测试中很难读懂界面，在修改界面并再次测试时，通过比较两次测试数据，就可以直接检验我们修改的成效。

## 二、分阶段测试

游戏在开发过程中会经历多个测试阶段。早期的测试通常比较注重整体，为大型、结构性的调整提供依据，而随着项目的推进，测试目标将更集中在调整特定对象上。游戏测试在不同阶段会有不同目标，明确阶段性差异能使测试事半功倍。

早期测试阶段：早期测试的素材可以是一个粗糙的、明确的原型，目标也很纯粹：验证这款游戏是否值得投入时间和精力继续创作。测试的方式是多样的，我们可以把游戏展示给设计团队以外的人，包括身边的亲友或陌生的玩家，让他们体验原型传达的最直接的信息，并就游戏核心玩法作出反馈。如果测试者在探索游戏玩法的过程中充满乐趣，并且乐于提供关于改进核心机制的建议，那就说明游戏值得深入创作。早期测试的内容一般包括：构思测试（游戏构思是否可行？可玩性如何体现？）、模式测试（单人模式还是多人模式？合作还是竞争？）、关卡测试（关卡难度曲线设置是否合理？）。

搭建结构测试阶段：在经过早期测试验证的游戏核心概念确定之后，其他元素仍需在测试的帮助下陆续敲定，搭建游戏的基本结构。游戏推进是靠时间还是回合？玩家在游戏中可以进行哪些行动？游戏结束的标志是什么？用测试结束来回答这些问题，围绕游戏核心完成这些基础而又重要的设计。

易用性和规则测试阶段：玩家在初次玩游戏时感到易于理解和上手，那么他们很有可能再次回到游戏中继续享受游戏乐趣。如果玩家第一次就不明所以，那么他们也许永远不会再有兴趣深入探索这个游戏了。因此游戏的易用性不仅是对玩家友好态度的体现，更是游戏性基础中的基础。在整个测试过程中，需要邀请此前从未玩过这个游戏的玩家进行测试，确保他们可以快速上手。可以写下规则，让玩家在没有指导的情况下自己通过规则了解游戏。也可以适当解释规则，以便玩家快速了解游戏，但多数时间工作人员要避免干扰玩家，而只需观察和记录玩家是如何按照规则进行游戏的，因为这正是多数人将要面对的游戏体验。根据测试结果迭代优化可以确保游戏体验更加顺畅。

平衡测试阶段：如果能够找到一些测试游戏的核心玩家，测试他们多次试玩游戏的结果来确保游戏的平衡性，将对游戏品质的提升有很大帮助。此外，还可以针对游戏优化进行一些测试,以便进行关卡设计优化(此关卡是否有趣?难度台阶是否合理?)、机制调整(单项数值调整之后游戏效果是否更佳?)、发现漏洞(是否有致命的bug?是否在交互中潜藏缺陷?)、图像和音效测试(音效是否恰当?图像和音效能否有效地向玩家传递正确信息?)。

## 三、游戏测试问题设计

学习游戏心理学的理论知识让我们能更好地将理论运用于实际。但在真正实践时,我们仍然会遇到许多具体的问题,比如许多初学者设计调查问卷难免出现相同的肤浅问题:

"你觉得有趣吗?"

"你理解游戏规则吗?"

"你觉得游戏公平吗?"

"你认为游戏太难还是太容易?"

这些问题的弊端除了并不一定能得到诚实而客观的回答之外,还在于在这些是或否的反馈之外我们得不到任何有价值的信息。

"你觉得有趣吗?""没错,我觉得有趣!"好吧,那又怎么样呢?这就能说明游戏是完美的可以发布的?

"不,你的游戏太烂了!"好吧,那现在就该改善游戏了。但要怎么做?在这种情况下只能根据测试来做些假设,但这些假设又无从验证。

为避免这些问题,我们首先要明确的是向游戏测试人员提问的目的是为获得作为开发者通过自身角度无法得到的对于游戏的客观反馈。威斯利·洛克霍兹(Wesley Rockholz)设计了一系列问题来促使测试者对游戏过程和感受进行反思和回答,我们可以在Rockholz的基础上进一步设计和迭代出适合自己游戏的测试问题。

### (一)你觉得自己玩了多长时间?

这个问题可以取代"你觉得有趣吗?"如果我们真想知道自己的游戏核心机制是否富于游戏性,玩家对于这个问题的答案更具量化分析的价值。将玩家实际玩游戏的时长与玩家自己估计时长进行比较之后会发现,如果实际游戏时长与自估游戏时长比值大于1,则说明游戏让玩家乐在其中,如果比值小于1,则说明游戏并不怎么吸引玩家。正如爱因斯坦所言:"当你用一个小时追求一位美女时,时间就好像只过了一秒。而当你坐在烧得发红的炉渣上时,一秒钟也像一小时那样难熬。这都是相对的。"

### (二)你觉得自己同其他玩家是在交朋友还是在交战?

这个问题适用于多人游戏,问题的答案会让我们直观地认识到游戏所创造的社交氛围。如果游戏具有高度竞争性,多数玩家的回答就会体现出竞争感。而如果游戏需要协作,玩家却以为他们在相互竞争,那就说明游戏机制没有提供设计师所希望的社交氛围。如果游戏并没有刻意渲染社交氛围,而玩家却认为他们在享受交流的乐趣,也会成为一个意外的收获。

(三)你可以不看规则重玩游戏吗?

在面对极为复杂的桌面 RPG 时,规则是游戏进程不可或缺的一部分,不看规则几乎是不可能的。但只要玩家理解游戏的步骤和方法,如出牌、丢骰子、移动棋子等重复机制,那就说明规则设置合理。这个问题要根据游戏的情境调整,如果玩家每次轮到自己的回合时都需要再看一次规则,那么我们就需要考虑是否该简化规则或者选择更清晰好记的表达方法了。

(四)你的游戏策略是什么?

让玩家重现他们的玩法,分解他们的思维过程,可以让我们看出哪些设计在游戏中是障碍,哪些设计有助于促进玩家对游戏流程的理解。有些测试玩家会说他们没有什么游戏策略,那么有可能是他们刚接触游戏,并未总结出清晰的策略,或者游戏并不能促使他们思考和尝试自己的策略。如果玩家能够分解自己的思维过程,那么游戏实际上成为批判性思维的训练工具,也为游戏的进一步改进提供了依据。

(五)你可以提前多少步预测对手的行动?

与前一个问题相似,这个问题可以让我们了解玩家对游戏策略的理解和运用能力。但是这个问题与玩家策略的复杂度及玩家投入游戏测试的深度密切相关。如果完全无法预测,就意味着游戏对玩家来说太复杂了,或者游戏在规则和逻辑上难以驾驭,需要改进。如果对手的行动太容易预测了,就意味着游戏的变化有限,也需要改进。

(六)你回应对手行动的程度如何?

作为前一个问题的扩展问题,它让我们进一步了解游戏策略的交互效果。如果玩家可以预测对手行动,却觉得没有必要改变自己的策略回应对方,那么对手的存在就失去了价值。游戏应当创造一种让玩家与对手行动相互影响的情境,像"石头剪子布"一样,既简单又复杂。

(七)你能否解释胜利的原因?

这个问题相当于第 4—6 个问题的升级版本,它需要玩家对游戏有宏观、战略性思考和理解，与此同时，如果玩家可以成功回答这个问题，就等于肯定了游戏中的动态战略思维，也表明游戏向玩家呈现了足够的信息，以便他们理解规则与对手行动，从而进行合理的反击。

（八）你觉得自己控制游戏结果的把握有多大？

这取决于我们想让玩家获得多少控制感。平衡性良好的游戏能使玩家花精力制定策略，成功的策略带来胜利，错误的策略带来失败。如果玩家觉得游戏太靠运气，那么设计师就应该仔细研究玩家对游戏结果的影响力。游戏是否出现了正相关？游戏是否过于依赖骰子或随机性？

（九）是否有什么因素阻碍你实施自己的战略或计划？

对手的行动或反击是否阻碍了玩家按计划推进策略？玩家是否希望采取有创意的玩法，但由于受到资源限制而无法行动？玩家是否经常陷入"万事俱备，只欠东风"的境地？根据游戏情境的不同，这些问题的答案可能也会出现不同情况，但如果反复多次听到类似反馈，那么就要注意了，也许游戏的资源生成机制不合理或者太不均衡，设计师必须为游戏的随机性机制提供更多调整策略和选择。

（十）你能列举一些与你试玩的这款游戏相似的游戏吗？

如果玩家可以总结出测试游戏和其他游戏之间的相似之处，无疑为我们直观地了解目标市场和竞争对手提供了帮助。

## 四、通过心理生理学研究玩家精神状态

随着游戏研究和测试的发展，评估游戏和游戏性的不同方法论引起了越来越多的关注。① 其中之一就是运用心理生理学测量法，例如心率、皮电反应等，来评估玩家的参与度和情绪反应。

使用心理生理学研究方法帮助游戏测试人员测量玩家的数据无须经由像问卷调查这类主观渠道，在一定程度上更加公正客观地显示了玩家的反应。然而，因为生理信号需要基于生理心理学的解释，在游戏测试人员看来，这种方法的准确性仍需验证。但无论如何，心理生理学测量法的优势显而易见：它可以检测出连玩家自己都没有意识到的情绪和身体信号，更重要的是，能够在不停止或中断游戏的情况下，将这些情绪和身体信号连续自动记录下来。在对情绪状态捕捉的领域，心理生理学的测量已有比较成熟的方法。

① Ben Lewis-Evans：Game Testing and Research：The Body and the Mind，http://www.gamasutra.com/view/feature/6341/game_testing_and_research_the_.php? page=1.

（一）脑电描记法（EEG）

在研究中枢神经系统方面，EEG 是在游戏测试的应用层面上最简单有效的工具之一。被试无须接受像高分辨率的正电子扫描（PET）或者功能性磁共振成像（fMRI）那样一动不动地躺在庞大的机器上，EEG 通过在玩家头上安装一个电极来测定大脑产生的电脉冲。

被试头戴完全电极帽约一个小时便可有效测量大脑某区域的特定活动。而使用更简易的贴有电极点的头带也可以测量一般的脑电波数据。在游戏测量领域，EEG 在检测各种不同的大脑活动和脑电波频率等方面，确实是可行的情绪测量法。

**表 8-3 大脑活动频率的意义**

| 活动频率 | 反映的意义 |
|---|---|
| 阿尔发段（8—14 赫兹） | 平静、心神专注 |
| 贝塔段（14—30 赫兹） | 集中、忙碌紧张、兴奋 |
| 德耳塔段（1—4 赫兹） | 睡眠、放松和疲劳 |
| 西塔段（4—8 赫兹） | 睡意蒙眬、意愿受挫 |

但 EEG 也存在缺点。首先，除了完全电极帽比较昂贵之外，脑电图描计器的安装和使用也相当费时费力，而且对玩家来说很有干扰性。例如使用完全电极帽时，要保证每个电极都用导电凝胶准确无误地贴合被试头部，导电凝胶通常还要用针别上，以确保有效的粘贴面。尽管不会刺穿皮肤，但还是会使被试感到难受。其次，EEG 在一定程度上也会因为玩家动作太大或者讲话频繁（影响大脑的语言区）而受影响。由于人类心理、生理上存在相当大的个体差异，所以要不断调整基线测量值以确保测量数据的可用性。最后，解读 EEG 的测量结果难度较大。比如我们探测到德耳塔段活动增强了，可能是游戏太轻松，因此被试心情愉悦，也可能是游戏太无聊；贝塔段活动增强，可能是游戏十分吸引人，也有可能是玩家分心想着他们生活中遇到的麻烦事。

（二）肌电描记术（EMG）

EMG 是把电极安到相关肌肉（或者肌肉群）上来探测肌肉活动。与 EEG 一样，它是靠电流进行测量；与 EEG 不同的是，EMG 直接反映的是外周神经系统的活动，理论上可以对任何肌肉进行监测，比如上背部的肌肉群可以反映紧张和压力。在游戏研究和测试时，通常使用面肌描记术（Facial EMG）：把电极放在特定的面部肌肉群上，玩家消极或积极的情绪都可以通过这些肌肉群反映出来。

**表 8-4　肌肉的位置及对应情绪**

| 肌肉位置 | 对应情绪 |
|---|---|
| 眉(皱眉肌) | 消极情绪,不愉快 |
| 面颊(主要是颧肌) | 积极情绪,愉快 |
| 眼周(轮匝肌) | 快乐和“真正的愉悦” |

面肌描记术的好处是即使研究者错过了对肌肉的直接观察,还可以通过数据用面部分析软件来弥补。面肌描记术的缺点是:首先,个体差异造成需要重复确定基准线。其次,电极要贴在玩家脸上,再加上连接的线路,难免存在人为干扰因素。同时这种无法忽视的“被测试”的感觉会造成玩家自身产生不自然的反应,也许会过分强调脸部活动,甚至是无意识地这么做。最后由于数据中一直存在人为干扰的可能,无论是由电子干扰或者意外事件造成的,比如过度的身体动作,或者玩家讲话等,都会造成记录的偏差。

### (三)皮电活动法(EDA)

EDA 也称为皮肤电反应法或者皮肤电传导法。EDA 往往是通过在两根手指或者脚趾上安装电极对皮肤上的生物电进行记录,在测谎等领域被广泛使用。由于只需使用两根电极,EDA 相对省钱,也比其他心理测量法使用的设备更容易安装。但为保证监测数据的准确性,夹着电极的两根指头在记录数据时不能大幅移动,由此带来的问题就是被试在这种条件下操控游戏不是很方便,比如用 Leap Motion 操控的游戏就完全不能使用 EDA 进行监测了。

EDA 可以记录被试的情绪变化和心理工作负荷,可以很方便地监测玩家在游戏中的情绪,不过监测也存在真实反应的时间与所记录时间点可能不同步的问题。如图 8-2 所示,在游戏行为发生和 EDA 记录之间还存在一段延时,约 1—5 秒。EDA 在进

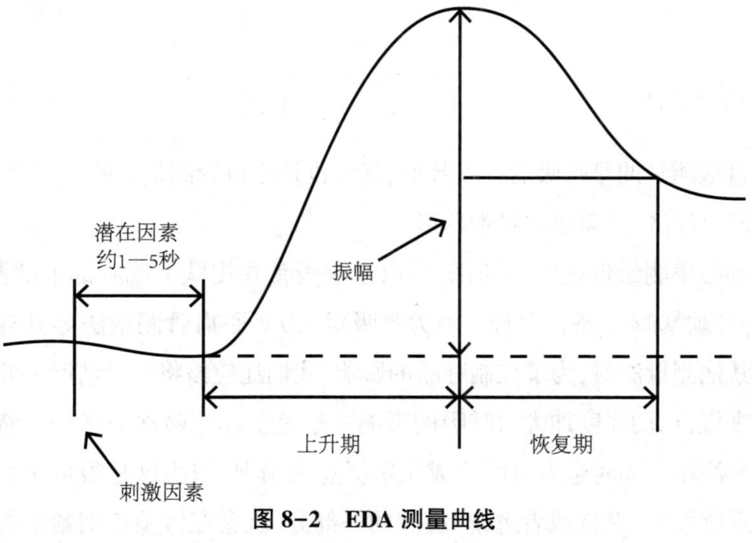


**图 8-2　EDA 测量曲线**

行下一步记录前还需要一些时间复位。当游戏中存在大量彼此相连而又短时快速出现的活动时,就可能会漏掉其中一部分,并且因为时间延迟,会难以辨别一个特定的EDA记录的是哪一个行为的反应。此外,EDA相当敏感,信号记录十分庞杂,这意味着在数据分析解读方面难度很大。

(四)心血管测量法

心血管测量法主要是对心脏节律和节律变化的测量。测量的量值是心率、搏动间隔、心率变化和血压。心率是某个时间段的心跳数(一般以一分钟为基准),它会随着身体工作量的增加和情绪激动而增加。搏动间隔是介于两次心跳之间的时间。心率变化是根据搏动时间间隔产生的测量值,由于是间接测量数据,因此更加依赖于基础数据,但也更具完整性,它能更灵敏地测量当工作量改变时的心率变化以及趋势,在通常情况下,它比搏动间隔的测量方法要更灵敏。血压通常所指动脉血压,需要用血压计测量。血压也会随着情绪的激动而增加,但在测量时需要限制血液流量,因此会有一定的干扰性,所以这种测量方法并未普遍应用于游戏测试。

心血管测量法的优点在于可以用肉眼看到测量值。比如,从休息状态到进入游戏状态,可以清楚地看到心率的增加。使用心血管测量法还要注意三个要点。第一,上文提到的变化规律均为情绪改变初期的反应。在经过大约20分钟的兴奋状态后,测量结果会由于身体的自然抵御机制试图返回正常状态而呈现反转的趋势。这意味着经过一段时间的情绪激动后,心率实际上开始减少,搏动间隔开始增加。如果没有意识到这种状况,测量数据的准确性就可能会受到影响。第二,特例和个体差异的问题不可忽视。一些人可能有特别高或者特别低的心率,或者心律不齐,需要比较对应的个体在休息状态下的测量值来逐一排除。第三,还有一些可能增加或者减少心血管测量值的情况,比如玩家情绪激动可能只是玩家深呼吸或者打呵欠,通过呼吸让氧气散布到全身而让心率增加。

(五)呼吸测量法

呼吸测量法测量的是呼吸的相关数值,其实也是心血管测量法的一部分。这种测量法操作起来简单经济,只需要呼吸带即可。

呼吸带和心率测量带很容易使用,但由于呼吸带在皮肤上或胸部上的测量效果最好,因此被试必须暴露一部分上身。因为呼吸对EDA、心血管测量法等具有重要影响,所以在使用其他测量法时,为了控制呼吸的影响,我们还应该将呼吸情况一并记录下来。

对游戏来说,运动强度加大对呼吸的影响一般是引起呼吸次数增加。然而,极其投入游戏或者专注于行动时也有可能造成玩家屏息的情况,因为这是很自然的准备动作,是交感神经系统发出“迎战或者逃跑”反应的一部分,玩家在体验特别紧张的游戏时,其呼吸间隔时间可能比平时更长。

呼吸测量法也容易受到人为干扰,不过因为其灵敏度相对较低,所以受到的干扰也相对较小。

(六)心理生理学测量法的问题和优势

第一个问题是如何准确解读测量值。大部分认知状态和生理反应之间存在多对一或者一对多的关系。例如,心率增加可能是由许多不同因素引起的,很可能与游戏体验完全无关。而作为研究者却必须由此推断出心理生理学的测量值所传达的信息。其实这个问题可以通过心理生理测量法之外的其他测量方法来解决,比如将主观的问卷调查结果和客观的游戏用户反馈参数相结合。当我们发现玩家心率增加,面部肌电图数值增加,并且问卷调查中的游戏评级指数也升高,那么测量结果就比只用一种测量法的结果更可信。然而,一定要避免边说边玩的主观测量手段,因为这可能对数据造成干扰。不同测量法有机结合将有助于发现人为干扰因素,比如玩家在问卷中表示某些游戏过程很有趣,但心理生理测量法对此可能没有反应或者仅有消极反应,这就说明目前的测量方法存在问题。

第二个问题是特异性和普遍性。这些因素与对数值的解读密切相关,因为心理生理学测量值极其敏感,而且会因个体、情境、任务和时间的变化而变化。因此需要不断将基准测量值与不同的被试作比较,以校正个体差异。而差异的存在还表明,我们在测试环境下得到的结果可能与玩家在家里玩游戏时的状态截然不同。由此可见,正确使用生理心理学测量方法并准确解读测量数据,对研究特定游戏元素与其引起的生理反应之间的关系至关重要。

第三个问题是这些对生理指标进行测量的方法大多长于检测玩家所承受的负荷及其情绪的唤起,但从数值上我们只能得知玩家处于亢奋状态,但不知道那是由正面还是负面情绪引起的。

第四个问题在于执行成本和人为干扰因素。虽然用于心理生理学测量的成本正在降低,但仍然需要依赖于专门的设备和软件。同时,它有严苛的时间限制,需要大量的时间用于安装设备和分析测量数据。而人为干扰因素会影响测量数据,并可能产生数据误差以致掩盖真实结果。在前文所提到的所有测量法中,用线路连接也是一种人为干扰因素。即使被试能很快适应在连接线路的状态下操作游戏,并且发自内心地配合,但为了保证测量准确而要求被试的手指保持不动,也与玩家自由的游戏状态有很大差异,也算是一种人为干扰。不过,随着时间推移,心理生理学测量的技术也在进步,干扰性在降低,下一代心率测量传感器将不必接触身体,只需要简单地置于椅子上,就能收集到坐在该椅子上的人体的各种数据。

虽然反复强调生理心理学测量法的不足,但它们确实提供了非常客观、可计量的数据,其优势也十分显著。首先,精密仪器和软件可以完全自动地、连续不断地记录大量数据,可直接与游戏行为关联,不需要停止和开始游戏,或等到游戏测试结束才收集数据,这一优势无疑是主观测量法无法相比的。其次,它们能监测玩家的情绪和反应,这些情绪和反应可能连玩家自身都无法察觉。当玩家不能准确地表达为什么他们喜欢或者不喜欢某个游戏时,这些测量数据就会大有帮助。

## 五、数据度量分析

### (一)游戏运营数据分析

对游戏进行测试是业内早已接受并推行的做法,但对游戏投放市场后的数据收集和分析的重视程度就因人而异了。由于缺乏行之有效的方法和专业人员,开发团队基本都在沿用前人的方法对数据进行度量分析。

近几年,美国游戏中虚拟道具销售额占游戏总销售额将近1/4,而十年前这一比例只有1%。换句话说,游戏业销售模式正逐渐由零售商出售商品转向由游戏公司直接接触最终用户进而出售服务。此前游戏业无须面对即时、毫不留情的客户反馈,而现在这种转化给游戏公司的创意和产品制作带来历史性的变革。如何妥善处理和有效利用这种与最终用户间的直接关系,对设计师来说既是挑战也是机遇。在Zynga和Playdom等社交游戏公司崛起之前,用数据指导游戏设计已有成功先例。比如,CCP Games的科幻题材游戏*EVE Online*曾招募经济学家成立分析团队,发布游戏经济的季度性报告。虚拟世界IMVU则雇佣一批数据科学家,围绕着价格弹性、周期变化等展开日常工作。也就是说,数据分析并非近年来才兴起的创新之举,而早已是游戏公司可持续发展的重要组成部分。

越来越多的游戏公司开始在整体商业模式中采用以数据为导向的决策方式,在下一代游戏开发中融入游戏设计师的经验性直觉和分析得来的数据度量结果。他们认为数据度量结果更加接近玩家行为的真实原因,是设计游戏全局的有效工具。

数据度量分析分为两种:一种是内部优化,尤其关注数学模型的构建,通过识别相关数据点来帮助设计师更好地开展工作;第二种是关键业绩指标。所有公司都会问:“我们该如何根据市场来做事?”在着手为某个社交网络开发农场类游戏前,我们可能需要调查了解农场类游戏市场的总体情况和发展空间。这种做法可能让我们发现:去年的点子可以在今年打入市场,现在的某些提案反而不适合马上付诸实现。①

在业务投入期的用户获取阶段,运营者应通过各种推广渠道,以各种方式获取目标用户。这个阶段数据分析最重要的就是通过组合各种维度(如时间、地域、渠道),对各种营销渠道的效果进行评估,从而更加优化投入策略。用户关键数据包括:点击用户数

---

① Joost Van Dreunen:*Of Mice and Metrics*,http://www.gamesbrief.com/2011/04/of-mice-and-metrics/.

(Click)、安装用户数(Install)、注册用户数(Sign-Up)、在线用户数(Login)、最高在线(PCU)、平均在线(ACU)、日活跃(DAU)、周活跃(WAU)、月活跃(MAU)、渠道转化率(点击→安装→注册→登录的转化率)、自然增长用户(Organic Users,非推广手段获得的用户),推广获得用户(Marketing Users,推广渠道获得的用户)、虚假用户数(One Session/Day User 一次性用户)、渠道增长率、渠道份额,以及消费者购买成本(CAC=投入成本/有效用户数)等。

### (二)AARRR 模型

AARRR 模型得名于获取用户(Acquisition)、提高活跃度(Activation)、提高留存率(Retention)、获取收入(Revenue)、自传播(Refer)等 5 个单词的缩写,对应移动应用生命周期中的 5 个重要环节。TalkingData 的售前总监戴民以 AARRR 模型为基础,结合移动游戏的行业特点,给出了移动游戏运营商在业务运营各阶段应当关注的关键数据指标。

戴民通过 AARRR 模型指出了移动游戏运营两个核心点:第一,以用户为中心,以完整的用户生命周期为线索;第二,把控产品整体的成本/收入关系,用户生命周期价值(LTV)远大于用户获取成本(CAC)就意味着产品运营的成功。[1] 在投入成本获取用户后需要关注和提升用户在整个生命周期中所创造的实际收入价值,从而确保获得最大投资回报率(ROI)。移动游戏的用户生命周期运营可以归纳为图 8-3 的转化过程:

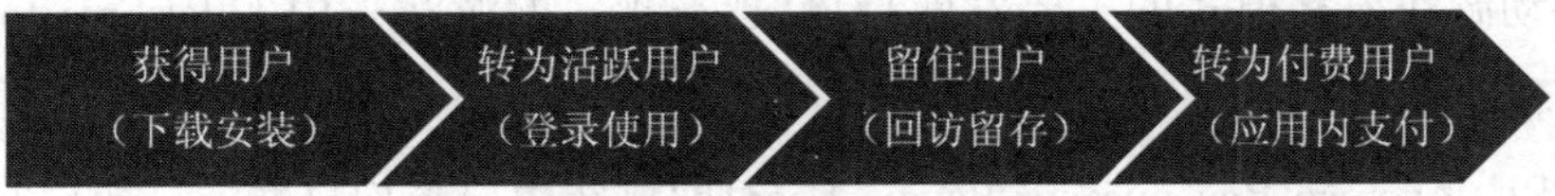


**图 8-3　移动游戏的用户生命周期运营**

活跃用户的绝对数量低,或相对总用户数量比例低,说明用户的质量不高,应结合渠道等维度深入分析目标用户群是否准确,或者深入分析产品使用是否存在问题。反之也不能绝对说明用户质量高,产品使用不存在问题,还应当结合其他指标深入分析判断。从定义上看,一次性用户也属于活跃用户,但绝大部分一次性用户都是无效的,不能创造任何价值,比如渠道的刷量作弊会带来大量一次性用户。因此,在观测活跃用户数量的同时,请注重观测此指标,以客观评价不同群体的用户质量。对于移动游戏来讲,健康的一次性用户比例应当不大于 15%。活跃度可以有效反映用户首次游戏体验情况。游戏的界面效果、启动加载时间、交互操作体验、用户引导等因素都对用户的活跃度有直接影响。

用户对移动游戏的一次使用记为一次启动。启动次数就是用户对游戏的启动总量。可以按不同时间区间进行统计。做数据追踪统计时,一般建议 30 秒内重复开启记录为

---

① 戴民:《移动游戏运营必备的数据分析指标》,http://www.leiphone.com/news/201406/talkingdata-analysis.html.

一次完整使用,不单独计量。启动次数反映了游戏用户的使用频率,不同类型的移动游戏会有不同级别的启动次数量级。该指标应当结合用户分布维度来看,主要用户应当分布在较高的启动次数上。

使用时长反映用户持续停留在游戏中的状况,是用户参与使用游戏的体现。不同类型的移动游戏会有不同级别的使用时长量级,指标应结合用户分布维度来看,主要用户应当分布在较高的使用时长上。如果存在大量使用时长很短的用户,在排除产品主要因素之外说明目标用户群体存在问题,可能存在如渠道作弊等异常情况。该指标可作为监控渠道用户获取质量的一个参考。

用户留存显示了用户对游戏的忠诚度,是用户最终向付费转化,创造实际收入价值过程中最关键的阶段。用户在某段时间内开始使用游戏,经过一段时间后,继续使用游戏的被认作是留存用户,这部分用户占当时新增用户的比例即是留存率。留存一直都是用来评定用户黏度的最好指标,是对游戏质量最直观的说明。留存率越高,说明游戏的质量越高,用户的忠诚度越好。关注某日/某周新增用户在之后的不同时期还有多少人仍在使用,从而了解游戏在使用多久后容易流失用户。找出最易流失用户的时间段,通过活动、激励等措施降低用户流失。在行业中,很多游戏都很重视首日留存率,这是对游戏质量的直接反映,这项指标还可以在一定程度上说明用户首次体验的满意度。目前移动游戏主要通过付费下载、内置广告、内付费三种模式创造收入。内付费(IAP)目前已经成为移动游戏盈利模式的主要发展趋势,越来越多的游戏采用 F2P(Free to Play)+IAP 的盈利模式。

ARPPU(Average Revenue per Paying User)即付费用户平均付费。一般以月为单位计算,月游戏总收入/月付费用户数。ARPPU 反映的是平均每个付费玩家的付费额度。对于 F2P 的游戏来讲,大多数玩家是不花钱的,ARPPU 计算的是花钱用户的情况。移动游戏受类型、地域等因素的影响,ARPPU 会有明显不同。对于付费用户来讲付费额度分布也不平均,一般少量大额付费用户(Whales,鲸鱼用户)带来的收入会占整体付费收入的绝大部分。因此,在做收入分析时应对这部分用户的收入变化做重点分析,并根据实际情况采取相应的行动策略。

ARPU(Average Revenue per User)即每个用户平均付费。一般以月为单位计算,月游戏总收入/月活跃用户数。ARPU 反映的是游戏总体收入在整体用户中均摊的情况,通常该值会远小于 ARPPU。ARPU 可以用来评估各个用户获取渠道的质量。

付费转化率(Conversion Rate)即付费用户占整体活跃用户的比例。一般以月为单位计算,月付费用户数/月活跃用户数。可以反映出游戏引导玩家付费的能力如何、玩家的付费倾向和意愿如何等问题。游戏收入、ARPPU、付费转化率之间存在如下关系:

游戏收入 = ARPPU× MAU ×付费转化率

付费转化率不能直接反映游戏收入的变化情况,付费转化率低并不一定意味着付费用户减少,有可能是某一时期有大量新用户进入游戏造成的,所以还应结合首次付费时间等其他指标因素综合考量。同样,付费转化率变高也不一定就意味着用户付费额的增加。不同类型游戏的付费转化率水平也有所不同。例如对于社交游戏来讲,付费转化率会因类型的不同在 1%—5%内变化;硬核游戏的付费转化率则依赖于传播途径以及地域等因素的不同在 10%—50%内变化。

用户的生命周期是指一个用户从第一次启动游戏,到最后一次启动游戏之间的时间。LTV(Lifetime Value)是某个用户在生命周期内为该游戏应用创造的总收入,可以看成是一个长期累计的 ARPU。

每个用户平均的 LTV = 每月 ARPU×用户按月计的平均生命周期。

LTV 帮助运营者了解平均每个玩家会在游戏里待多久,他们会花多少钱。结合之前提过的 CAC,二者的差值就是该游戏从每个用户身上获取的利润。所以最大化利润,就变成如何在降低 CAC 的同时,提高 LTV,使得这两者之间的差值最大化。结合分群(Segmentation)/断代(Cohort)等分析方法,可以针对特定群体或渠道计算 LTV 和 CAC,从而评估特定群体和渠道的利润。

在整个 AARRR 模型中,这些量化指标都很重要,而且很多指标的影响力跨多个层次。及时、准确地获取这些指标数据,对于游戏的成功运营必不可少。

## 思考题

请使用本章介绍的研究方法设计实验和调查,完成一项对游戏或玩家的系统研究。

# 第九章 游戏开发团队建设

■ **本章要点**

1.游戏开发团队的分工与合作

2.时间估算的意义和方法

3.团队协同与团队情绪对独立游戏团队的影响

■ **关键术语**

团队合作、团队管理、制作人、策划师

很多热爱游戏的朋友都有过将游戏开发作为职业的念头,然而事实上,并不是所有人都适合这个行业,并不是所有人都能适应游戏开发的工作要求。

游戏设计师 Vizards 27① 在游戏领域工作多年后列出了一些自己的真实感受,我们不妨看看这些来自一线的经验总结。

游戏开发的正面作用:

(1)可以在简单的游戏中轻而易举地战胜对手,而且能够比一般玩家更加快速地了解游戏。

(2)能够更加深入地探究游戏机制与设计理论。

(3)能为来自不了解游戏的玩家对游戏的负面评论进行有力辩解。

(4)更擅长游戏分类,而且能够更容易说服玩家体验游戏。

游戏开发的负面作用:

(1)再也无法单纯地享受游戏乐趣,总会不由自主地分析游戏进程,思考游戏机制,被一些拖沓的故事情节弄得昏昏欲睡,并对许多 AAA 级游戏感到厌烦(尤其是射击类游戏)。

(2)无法在许多游戏中获得沉浸感,不像原来那样容易沉浸于游戏体验。但有些

---

① Mike Rose:*Which Management Style is Right for Your Game Studio*? http://www.gamasutra.com/view/news/198714/Which_management_style_is_right_for_your_game_studio.php.

具备出色游戏机制的游戏仍旧极具吸引力。

(3)发现许多游戏都存在瑕疵,甚至曾经钟爱的游戏也不例外。

(4)常常觉得生活并不快乐。一些游戏中单调的界面、粗糙的机制老式的设计风格等,让人很想对这些游戏的设计师大骂一通。

(5)会以新方式接触用户,深入思考他们的感受。不能只讨论自己的感受,而需要明白对方的游戏体验和想法,而二者常常存在矛盾。

(6)会在特定条件下预测玩家的下一步行动。

(7)会以全新角度观察玩家。通过观察,设想他们的游戏体验。

(8)以游戏视角思考问题。比如有时会停下来思考:“我完全可以将目前做的事情设计到游戏中!”也有与此相反的情况,但比较罕见。

(9)体验过太多游戏,以至于玩游戏变成了工作。

(10)由于见识了太多游戏,以至于品味也发生了改变。比如从一个硬核 MMO 玩家、FPS 与 RPG 粉丝,转变为专门体验容易上手的独立游戏的人。再也没时间享受游戏,也对射击游戏失去了热情。

(11)几乎没人理解这项工作,很多人不知道制作一款有趣的游戏背后的艰辛。

(12)游戏领域还存在低工资、频繁加班,以及人事变动大这些弊端。

这些感受也许过于个人化,但从中我们还是可以看出作为游戏开发者最真切的体会。

游戏作为综合性极强的互动艺术,必然要求跨专业背景和团队合作,在开发团队中,每一位设计师都会与 Vizards 27 一样有自己的困扰。如何激发团队的潜能,将才华和精力放在创作而非内耗上,无论是仅有 3 个人的工作室,还是数百人的大项目组,都要面临的现实问题。

## 第一节　独立游戏团队

管理学家斯蒂芬·罗宾斯(Stephen Robbins)认为,团队是由两个或者两个以上相互作用、相互依赖的个体,为了特定目标而按照一定规则结合在一起的组织。我们在第五章介绍了群体的概念。在群体中,成员间存在互动并相互影响。基于此概念,一起长跑的同伴也可以成为群体。而在本章,我们使用团队这一概念,更加强调群体成员的紧密联系,成员彼此依赖、相互协作,是利益与目标的共同体。团队需要合理利用每一个成员的知识和技能协同工作、解决问题,以达到共同目标。团队的构成要素行业内称为“5P”,分别是目标(Purpose)、人(People)、定位(Position)、权力(Power)和计划(Plan)。

目标为团队成员导航,没有目标的团队就没有存在的价值。人是构成团队最核心的力量，不同的人通过分工来共同完成团队的目标。团队的定位包含两层意思：一是整个团队在更高层次平台中处于什么位置，由谁选择和决定团队的成员，团队最终应对谁负责，团队采取什么方式激励成员等；二是团队中个体的定位，是决策者还是实施者。团队当中领导者的权力大小跟团队的发展阶段相关，一般来说，团队越成熟，领导者所拥有的权力越小，在团队发展的初期阶段领导权相对比较集中。计划是一系列具体的行动方案，是目标的具体工作程序。

1 bit 工作室制作人斯坦·贾斯特(Stan Just)在 2013 年游戏开发者大会上探讨了开发团队的三种不同管理方式：指挥型、参与型和授权型，并指出综合这些管理方式的效果最佳。在"指挥型"管理方式下，管理层告诉下属应该怎么做，并紧跟执行情况，这可以让产品开发进程得到最好的控制，也最为直观，但可能会削弱员工的积极性，抑制其创造力；"参与型"管理方式提倡领导作为开发团队中的一员，与团队其他成员一起制定决策，这种方法有利于激发成员的创造力，也更易于推出高质量的产品，但不利于快速决策；"授权型"管理方式是领导将任务分配给团队，相信团队能够创造出目标内容，因此领导很少检查进度，这是一种最令人舒服的方法，能够给予团队更多自由，但极具风险，对于没有经验的开发者来说反而不利。只有将这些方法的各自优点结合起来，才能发挥最佳效果。例如，向更有经验的员工"授权"，"指挥"缺乏经验的团队成员。①

## 一、独立游戏团队架构

独立游戏工作室是一个包括编程、美工、设计、音效、项目管理和运营等各种职能的团队，找到可以共同奋斗数月甚至数年的合适人选并不是件容易的事情。② 游戏开发过程要涉及多种常规工作，小团队的每个成员通常都要身兼数职，而有些角色则常由多人担任。

项目管理：项目经理或制作人负责统领大局，他们需要对整个团队的工作进度了如指掌，时刻关注成员的工作情况是否滞后，监督大家有效履职。让所有成员了解项目当前目标和最后完成期限等情况。

策划：策划是一项可由多人共同承担的工作，但策划师才是拥有否决权并最终敲定设计方案的人。策划师要具有包容性，并拥有开放的思想，愿意采纳他人意见以提升游戏质量。

编程：对独立开发团队来说远，除了游戏本身的开发工作之外，程序员往往还需要

---

① Mike Rose: *Which Management Style Is Right for Your Game Studio*? http://www.gamasutra.com/view/news/198714/Which_management_style_is_right_for_your_game_studio.php.

② Alistair Doulin: *Building a Strong Indie Game Development Team*, http://www.doolwind.com/blog/building-a-strong-indie-game-development-team/.

创建开发工具和建设网站,以及负责开发安装程序。

美工:与负责编程工作的成员类似,美工不但要完成游戏中需要的美术内容,还要协助制作市场营销宣传材料和网页设计。美工要与程序员紧密配合,以保证美术资源符合技术和工具需求,同时他们还要与策划师合作,以保证游戏视觉效果和艺术风格符合策划意图。

音效:音效是游戏开发过程中最容易被忽略的一个环节。草草敷衍的声音表现会导致音效与游戏脱节,严重降低游戏品质。因此需要在开发初期就将声音作为设计内容的一部分在测试中加以完善。

品控(Quality Assurance,QA):如果没有QA,团队做出的游戏也许完全不能玩。QA也是可由多人共同担任的工作,所有成员都应该经常玩游戏,并及时修复其中的问题。最好是让非程序员多做QA的工作,因为程序员对自己代码中的错误常常难以觉察。成员可以把游戏分享给朋友,在测试期相互分担QA的工作。

运营:如果没有人专门负责游戏项目的运营,那么大家很可能就只是为了好玩才开发游戏。因此,团队需要有专人负责游戏运营。所有团队成员都应该知道,大家制作游戏是为了获得相应价值,而不只是为了好玩。运营工作包括市场推广、销售、编写项目计划和寻求融资。团队的运营计划一般包括市场营销策略、现金流管理、经济评估等内容。下面主要介绍一下制作人和策划师。

## 二、制作人与策划师

### (一)制作人

制作人的职责是保证整个团队高效工作和顺畅运行。在不同时期和场合中,制作人的工作内容是多变的,不仅是团队内工作的协调,还要保证市场营销、广告和公关团队的工作与游戏项目进展保持同步,向他们传达游戏功能、运行效果,以及其他希望呈现在用户面前的内容。在了解游戏玩法、功能以及故事情节后,才能进行广告制作、媒体推广、报刊评论等工作。而这些非核心团队成员也可通过持续与公众打交道,为开发者提供更多渠道的反馈结果,让他们快速了解当下游戏市场。制作人应及时为每个开发者提供支持:确保美工按时为程序员提供美术、动画和临时资源等内容,直至最终定稿;确保程序员为美工提供当前游戏版本,以便美工能看到自己的工作在游戏中的实际呈现;同时还要确保程序员向销售、公关及营销团队提供当前游戏版本,以及有关游戏最新版本的报告,这些报告需要描述游戏玩法、特殊功能、硬件需求、硬件与配件支持,并包含可用于广告宣传、促销单、报刊评论的最佳游戏截图。制作人还需要确保程序员与QA测试人员协作;确保音频工程师及时提供语音、背景及氛围声音和音乐;确保策划查看当前游戏版本以确认其符合需求,以及最终的设计目标;确保QA测试人员及时向制作人汇报品质情况，归纳出主要问题（如程序崩溃、功能或动作无法运行等），次要问题（如文本拼写错误、角色移动过快或过慢、响应时间出错等），小故障（声音、图像不清晰等），有违行业标准的问题，以及多平台兼容性等问题。

性别差异一直是游戏行业的热门话题，Mindwalk Studios 的汉娜·伍德（Hannah Wood）因此对男性与女性制作人在游戏公司中的角色进行了调查，提出了男性制作人与女性制作人各自的优势，以及我们可以从中受到的启发。①

感性或冷漠。调查显示，女性在工作相关问题上的压力与付出远高于男性，而男性的“冷漠”（对待工作与同伴时情感联系的缺失）高于女性。简而言之，女性对工作、对同事投入的情感多于男性。2012 游戏开发者大会曾提出一些“黄金建议”：建议制作人要友善对待团队中的每一位成员，但不要期待同等的回报。制作人应从个性化和独立的角度理解一起共事的开发者，并同时秉持公正态度，维持自己的客观立场。建议男性制作人让自己变得更加感性，尝试同时从普通人士与专业人士的角度全方位考虑开发者的需求；建议女性制作人有时要客观一些，不要因与开发者的私交而给个人或事业带来过分压力。而对男女制作人的通用建议则是要充分了解团队成员，像对待好友一样对待他们，但要避免让个人情感影响工作。

默许或自我。现代心理学指出，女性分泌的荷尔蒙会使人倾向于顺从，雌性激素会促进被动行为的产生。而男性的特点是过度自信。作为游戏制作人，过分以自我为中心的自信或许不如默许更容易受到青睐。游戏开发者大会曾提到有关制作人的残酷事实：“当项目进展顺利时，那是整个团队的功劳。当项目失败时，那就是制作人的责任。”当制作人发现信息传达或沟通渠道存在问题时，沉默的观望是毫无帮助的。相反，制作人的职责是减小并解决所有出现的问题——最好将它们扼杀在萌芽阶段。因此建议男制作人放下自我心理，在合理的情况下，赞赏开发团队的成绩。建议女制作人相信自己的权威与专业能力，在必要时大胆说出自己的想法。而对男女制作人的通用建议则是不要推卸责任，尽量自信地评估问题，快速地制定决策，然后坚持自己的立场，同时理解这并非为了自己，而是为了团队共同的目标。

兼顾或深入。大量研究证实，女性更加具备同时处理多重任务的能力，男性更擅长深入掌握某项技能。这也是为何通常女性更加擅长照顾孩子与处理家庭琐事，而男性更擅长开车之类的技能。但制作人应同时具备这两种能力，因为无论任何时候，制作人都要面对无数个待办事件，同时还要解决当前问题。不断转换思想去关注即将发生的事情会分散制作人的注意力，中断手头的事务。集中关注并深入处理某个事项是个优点，但建议男制作人不要将自己局限在单一任务中，否则会忽视或者遗忘其他任务。能够处理多个事项是个优势，但建议女制作人不要因此分心，否则会忽视当前任

---

① Hannah Wood：*Men Versus. Women in Game Production Roles*，http://www.gamasutra.com/blogs/HannahWood/20121105/180921/Men_vs_Women_in_Game_Production_Roles.php.

务。而对男女制作人的通用建议则是为自己准备一个效率手册，记录每天、每周需要推进的任务。在休息时刻，思考哪些事情还未完成，在执行每个任务时尽量专注，以避免自己的心流状态被打断。

“照料与友好”对“战斗或逃跑”。众所周知，“战斗或逃跑”是所有动物面临恐惧或压力时作出的反应。但鲜为人知的是，女性在面对压力时，可能会选择“照料与友好”这种反应机制。该机制来自养育需求。通常，女性会倾向于保护身边的人，然后依靠这种保护性的社群对抗恐惧或压力。而在关键时刻或充满压力时，男性可能会更具侵略性（战斗），或者完全逃避问题（逃跑）。而这两种反应方式均不利于团队士气与工作。女性“照料与友好”的本能反应在团队压力大时会有积极意义，因为此时团队成员可能比平时更需要获得他人支持。因此建议男制作人冷静下来，尝试采取温和的态度与柔和的语气，解决团队的问题。建议女制作人也要冷静下来顺从自己的本性支持开发者，但也要保持自己的权威性。而对男女制作人的通用建议则是记住制作人必须是团队的中流砥柱，尤其在团队充满压力与恐慌的时刻。即使感受到压力，制作人仍要继续支持团队前行，打破蔓延的紧张情绪，缓和压力，解决问题。

间接挑衅或言语攻击。在社会规范的长期熏陶之下，男性与女性会采用不同的方式表达愤怒、压力以及仇恨。男性倾向于使用直接的言语攻击，比如在工作中提高说话音量，采用责备的语气。女性则倾向于采用间接方式，即被动的挑衅，比如散布谣言等。因此建议男制作人反省自己的说话语气，提高音量只会制造问题，而非解决问题；建议女制作人分清事非，以此获取团队成员的信任。而对男女制作人的通用建议则是考虑自己的言辞及音调会给交谈对象带来怎样的影响，而这首先要求制作人放下自己的负面情绪，以积极、热情的态度投入工作。

制作人的才能还体现在社交能力上。无论是女性还是男性，都并非天生具有管理或领导能力，但他们可以向对方学习。一个优秀的制作人应善于培养他人但不失严格，友好但不感情用事，自信但不独断，全心全意帮助团队制作出杰出的作品。

### （二）策划师

策划师是梦想家，好比是故事作者，负责勾勒产品框架，并描述产品内容。策划师需要与团队成员共同修改策划。策划的任务通常是制作详细的项目说明书，说明书包含玩法、角色、场景、关卡描述、可供探索区域的地图、每个角色的定位等内容。此外，策划师还要负责管理游戏设计文件，以便统一团队工作进度。

游戏策划不是可以随时搁置又轻松拾起的工作，它需要策划师长期的投入与付出。在这项工作中，坚持不懈往往比创意更为重要。

在游戏行业中，许多游戏策划师有多年设计游戏的经验，就像大部分艺术家从小开始绘画一样。然而，也有人虽然入门较晚，但依然能够成为优秀的策划师。不少桌游和卡片游戏的策划师都有其他全职工作。比如,科幻小说家 Glen Cook 一直在通用汽车公司装配线工作,他常利用上下班途中的时间进行游戏策划。但总体来说,兼职在游戏行业中并不常见,多数策划师还是全职在某个游戏开发工作室工作。①

游戏业奉行能力主义,策划师价值体现在能有所作为。如果要用几个词语来描述游戏策划师的工作,那么可以将其概括为思考、交流、创新和控制。

思考。游戏策划师需要保持大脑的活跃,需要在玩游戏时,思考哪些游戏元素发挥了作用,哪些是多余的。在享受游戏乐趣的同时,也要思考如何改善游戏。任何游戏都是可以改进的,只是有些改进的效果不值得我们花费那么多精力而已。更为重要的是,游戏策划师必须具有批判性思维。过于追随潮流,不假思索地褒奖某款游戏、某个题材或某个公司的作品是十分不可取的。自我反思与批判尤为重要,如果无法认识到自己喜欢的机制并不适合这个游戏甚至是多余的,就无法设计出优秀的游戏。

交流。与传统行业相比,交流对游戏策划师来说尤为重要。电子游戏设计需要团队合作,策划师需要书面和口头交流游戏设计中的所有事物,以便美工和程序员可以根据策划师的意图作出修改。实体游戏策划师可以自行制作游戏原型和编写规则,但仍然要与测试者进行良好的交流以改进游戏。而且,实体游戏由于规则并非由计算机来执行和判定,所以将规则写得清晰易懂就更为重要。

创新。尽管游戏设计是“10%的灵感+90%的汗水”,但这 10%非常重要。山寨一个游戏并不难,难的是能够找到亮点运用于自己的设计,让游戏更上一层楼。许多策划师将游戏设计成他们想要玩的样子,结果出来的产品与他们所喜欢的已发售的游戏几乎完全相同。因此,从自己的思维定势里跳出来也是策划师要面临的重要问题。

控制。游戏策划师无须成为控制狂,但确实需要精心设计游戏中的所有对象。购买游戏的人希望策划师尽其所能来制作好玩的游戏。他们不想看到游戏中的东西都是随机的,除非策划师认为随机性能带来最好的游戏体验。有的同学制作“夺旗”形式的桌游时,只是随意在桌面上放置旗帜,这是不对的。合格的策划师应该为这些旗帜设计绝妙和有趣的位置,而不是随意放置。策划师用心设计对象,会制作出更好的游戏。

## 第二节　独立游戏团队运作

我们都希望成为优秀团队中的成员:这种团队工作推进顺畅,每天都让人恋恋不舍地下班,并在第二天带着许多想法迫不及待地重返办公室。这种体验不但可以让成员感到愉快,而且能够创造出更好的游戏。优秀团队通常处于一个创意流之中,能够

---

① Lewis Pulsipher:*Characteristics of Successful Game Designers*, http://www.gamecareerguide.com/features/674/characteristics_of_successful_game_.php.

抓住机会而不惧失败，每一位成员对自己的工作负责，确保有始有终地完成工作。

具备超过 15 年的游戏开发经验，前 High Moon Studio 高管，现专门替游戏圈训练敏捷开发团队的独立顾问克林顿·基思（Clinton Keith）总结了一些培养优秀团队的方法。①

第一，保持团队小型化。很多调查结果表明，过于庞大的团队很容易产生沟通问题，这样的团队只能算是缺乏凝聚力的团体。

第二，根据团队成熟水平来因材施教。有些团队需要大量的指导，而有些团队只需要一些点拨即可。

第三，在必要时进行调整。有时候尽管成员得到了指导，但还是难以建立团队感。这时就需要在对团队出现不可逆转的伤害之前，尽量融合团队成员关系。有时候团队中所谓的“害群之马”也有可能变成另一个团队中极有价值的成员。

第四，给予团队更多自主权。随着团队的成熟发展，他们也会开始自我训练，这时需要给予团队更多自主权。

## 一、敏捷开发

敏捷开发，尤其是 Scrum，是支持优秀团队的框架。

从通常意义上看，Scrum 是一种迭代式增量软件开发过程，是一个必须严格遵循的一系列规则。要令 Scrum 方法生效，团队必须深入透彻地理解集体承诺和自我管理的概念。Scrum 的理念、实践方法、规则虽然很容易掌握，但只有团队中每个成员都共同投入时，才能在规定时间内产生良好效果。

Scrum 可以用于评估优秀团队。没有执行力，理论再精彩也不过是浮云，而没有理论指导的实践也难以达到预期。优秀团队会将是否更有利于完成任务作为判断依据。也就是说，执行决策要有一些潜在价值来驱动。价值是人类行为一个重要的基础。例如，尊重的价值对我们所有人来说都很重要，我们希望他人尊重我们的劳动成果，也假设他人想得到同样的对待。这种价值如何引导我们的日常行为？其中之一就是我们如何应对某人的犯错。如果某人犯错了，我们可能有两种猜测：第一种是认为犯错之人很懒、很笨或者无能，第二种是认为此人可能并不了解正确做事的必要信息。而基于尊重的考虑，我们会选择第二种猜测谅解别人。这种对犯错的尊重，可以避免大家害怕犯错，而害怕犯错正是扼杀实验与学习机会的天敌。

Scrum 拥有 5 项价值，它揭示了所有规则制定的原因，同时也对建设优秀团队具有指导意义。

尊重：团队要分享成功、分担失败，以此增加团队成员彼此的尊重感，而不是责备

---

① Clinton Keith：*Win-win：Great Teams Make Better Games and Enjoy Making Them*！http://www.gamasutra.com/blogs/ClintonKeith/20140515/217804/Winwin_Great_teams_make_better_games_and_enjoy_making_them.php.

和害怕的氛围。尊重可以创造信任。

勇气:团队要勇于自我挑战,要找到更好的工作方法,并创造更好的工作环境。

专注:团队要一次专注于完成少量的事情。

投入:团队致力于开发高质量的游戏,成员对自己的工作及结果负责。

开放:团队应运作透明,分享好消息和坏消息,以便尽快地制定更好的决策。

道理我们都懂,但实际操作时却难以执行。就像学习游泳时,把孩子扔进水里指望他在求生欲望下学会游泳,不一定比跟随教练从憋气开始更有效。Keith 坦承在首个 Scrum 团队中并没有成功运用教练方法,而是用了“扔进水里”的老方法:给团队成员们一些手册,告诉他们“遵从里面的规则”,团队虽然没有因此而“淹死”,但他们很害怕这些“敏捷事物”。他们严格遵守规则,只相当于只学习了“踩水”的方法,而没有真正掌握“游泳”的方法。Keith 最终纠正了自己的错误,对第二个团队采用了 Scrum 方法:管理层做好基础,担任初级开发者的团队领袖,帮助他们进行项目评估。团队刚开始不要追求数量,而是尽力完成力所能及的工作。Keith 评估了那些达到完成标准的功能,并用它们作为下一个项目进程的评价基础,仔细聆听团队关于可行与不可行做法的反馈,并达成了共识。此后,Keith 逐渐从中脱身,让团队自己承担更多责任。这个团队最后所取得的成果与前者截然不同。第二个团队获得了一种主人翁的使命感,并且能积极应对变化。这个团队经常性地改变他们的环境和做法。他们甚至会向管理层提出需求,例如让 QA 加入团队。

皮克斯联合创始人艾德·卡姆尔(Ed Catmull)曾说:“变化总会发生,不以人们的意志为转移。有些人将变化视为令人害怕的莫测之事,但我不是这样的人。在我看来,变化不但不可避免,它还代表了生命之美。承认和接纳变化,可以让我们更好地利用它。惧怕变化会让人追求确定性与稳定性,但这两者都无法提供真正的安全感。而我不害怕变化,我相信我们可以发现它的本质,并令其为我们所用。不可预测性正是孕育创意的沃土。”由此可见,游戏开发总是具有不确定性,我们应该给优秀团队松绑,让团队在变化中创造优秀的游戏。

## 二、时间估算

很少有人能未经训练就有效估算一个任务需要花费的时间,也许估计只需要 1 个多小时,但事实上花了 3—4 个小时才完成,或者预留了 30 分钟,但是 10 分钟内便完成了。所以该如何进行准确估算呢？以下是一些估算时间的技巧。[①]

① Steve Pavlina: *How to Make Accurate Time Estimates*, http://www.gamedev.net/page/resources/_/business/production-and-management/how-to-make-accurate-time-estimates-r3288.

### (一)计算蒙混概率

为任务创造一个清单,记录下预估时间,当任务完成时,记录下花费的确切时间,除以估算的时间,得出的便是蒙混概率。

举例来说,如果估算一个任务清单需要花费 12 个小时才能完成,但实际上花费 15 个小时,那么蒙混概率便是 15/12=1. 25。这意味着我们比预期多花 25%的时间才完成任务。

测量了各种任务的蒙混概率后,我们会发现对于不同的任务,蒙混概率存在很大差异,范围在 0. 1—10. 0 之间。当清楚了自己的蒙混概率后,便可以用估算值乘以蒙混概率,得出的便是相对精确的估算值。同样,用相对准确的估算值除以蒙混概率,也能推测可以安排多少任务量。如蒙混概率是 1. 5,那么想要在一天内花 8 个小时完成工作,就只能安排 5 个小时 20 分钟的任务来完成。尽管每天计算这种修正结果看起来很愚蠢,但实际上这是非常有效的,远比列出 8 个小时的任务然后强迫自己一天工作 12 个小时或因为只能在 8 小时工作时间内完成 2/3 的任务而沮丧好多了。

合理的任务清单能够帮助我们按时完成任务而不是因为错误的估算不断自责。即使每日任务清单看起来很短,但是能够在一天结束时完成所有任务,这种成就感也是很强烈的。不过,因为变化常在,这种计算结果也不是绝对准确,但这是一个经实践检验证明有效可行的方法,能够鼓励我们建立持续发展的工作节奏,而不会超负荷工作或延误进度。

时间管理专家史蒂夫 · 帕弗利纳(Steve Pavlina)建议将蒙混概率用于至少 10—20 个小时的任务中。如果估算的只是几个小时的任务,蒙混概率便不容易准准。而如果是长时间的任务,最好能够每隔一段时间重新计算蒙混概率。在工作内容改变时,也要重新估算蒙混概率,比如开始一个新项目、跳槽或换职业。

在游戏创作团队的管理中,可以为团队中的每个成员估算蒙混概率。询问每个成员完成一组任务的估算时间,记录实际所需时间,从而为他们估算蒙混概率。将他们的估算除以个人蒙混概率,可以为团队任务制定更精准的时间表。

### (二)合理划分模块

为了更准确地进行估算,我们需要将任务划分成一些合理的模块。如果任务模块太大,我们容易忽视某些细节;而如果模块过小,我们又容易深陷一些无用的细节中,并且估算任务的时间过长,可能造成资源浪费。举例来说,“彻底检修网站”是个复杂的多任务项目,作为一个模块就太大,我们还需要列出完成该项目所涉及的具体任务。而类似于“在信封上写邮寄地址”就太过于细节了,虽然能够按照估算的时间完成这一任务,但太过细节化只会浪费时间而不能提高效率。因此,划分合适的任务模块,是准确估算的基础。Pavlina 基于自己的经验给出了一些方法：

“一坐”规则。将那些坐一段时间便能够完成的任务作为一个模块，这种任务模块一般只需 2—4 小时便能完成，这种划分比较适合工作节奏。

经验校正。如果曾经多次完成同类任务，那么估算便会因为有经验校正而更加准确，从而蒙混概率便会接近甚至等于 1。比如对于已经写了 700 多篇的文章的 Pavlina 来说，估算撰写每篇文章所需的时间是很容易的。如果人们做一些从未做过的事，那么蒙混概率便有可能是 2 甚至更高。完成一个任务的经验越少，蒙混概率偏差越大。

### （三）明确任务

明确任务很重要，模糊的任务很难估算时间。

我们可以为不太明确的任务列出一些关键字，无须凭空为每个部分估算时间，只要设想自己将要做些什么，关键字可以帮助我们进行更合理的估算。

快速明确每个任务最初和最后的步骤非常重要。举例来说，当看到“编写新的博客文章”的任务时，第一步便是选择一个主题，而最后一步是点击“发布”按钮。如果不能在列表上为任务的第一步和最后一步命名，那么任务就不够明确。这意味着需要花时间去定义这些步骤，或者说要更清楚地定义任务。准确的估算通常都需要明确的开始和结束。

仔细考虑 100%完成任务的指标是什么。作为游戏专业的学生，在完成游戏创作课作业之后，还需要将游戏发布出来，检验它是否能在不同机器上运行，需要将发给老师的文件整理压缩，用自己的名字和学号命名，用邮件发送……不要忘记考虑整理与储存资料所要花费的时间。

### （四）在周期性任务中重新使用估算数值

当完成了一个周期性任务时，我们需要记录该任务所花费的时间，当任务再次出现在任务列表上时，我们便可以查阅之前的记录，从而得到一个较为准确的估算值。Pavlina 建议可以为一些较常出现的周期性任务创造一个估算列表。

方法一（简单版本）：简单的估算列表就是为每个任务记录一个数字，即执行这一任务花了多少时间（表 9-1）。

**表 9-1　简单估算列表**

| 完成项目 | 所用时间 |
| --- | --- |
| 场景设计 | 75 分钟 |
| 角色设计 | 60 分钟 |
| 故事大纲 | 90 分钟 |
| 单一关卡设计 | 30 分钟 |
| 素材收集 | 90 分钟 |

当为周期性任务设计好任务估算列表后，我们便可以随时查询它们。得益于其准确性，我们可以为自己设计一个合理的工作计划。

方法二（细节版本）：对于更复杂的工作计划，我们可以为每个任务记下 4 个数值：A.从开始记录算起，完成任务的次数；B.完成任务的最短时间；C.完成任务的最长时间；D.完成任务的平均时间。我们可以使用这些数值在后续任务中进行合理估算，当再次完成这些任务时，再花些时间更新数值。这并不需要花费太多时间，却能够帮助我们获得一份相当准细的估算列表。

为了快速更新平均任务时间，我们可以将 A 乘以 D，再加上最新一次完成任务所用的时间，然后将结果除以 A+1。举例来说，如果之前已经完成某一任务 10 次，每次完成时间平均为 30 分钟，而第 11 次花费 35 分钟，那么新的平均数便是$(10\times30+35)/(10+1)=30.45$分钟。

因为记下了完成某一任务的最短时间，我们就有可能不断挑战该数值，希望打破纪录的心态能够成为促使我们更高效执行任务的动力。

大多数情况下，使用方法一就已经能够达到时间管理的目的，而方法二用得较少，除非真的非常需要优化时间的使用，并且这些工作是重复性的，就可以通过方法二的不断练习来提高效率。

## 三、协同与个性

团队的协同工作非常重要，如果有可能，最好是整个团队成员在同一地点工作，以便大家快速沟通各自想法，激发彼此的积极性，共同测试游戏效果，研究和改进游戏玩法。但租用一个固定办公地点的成本较高，而控制成本对独立开发团队来说至关重要。变通的方法是大家定期带上笔记本找一家咖啡厅，或者在教室和实验室一起工作。

应该事先讨论好各成员的工作量，使大家的贡献程度尽量接近，不同成员间工作时长如果差异较大，容易引起成员之间的负面比较和敌意。其他容易引起成员分歧的不平衡因素还包括：更大的股份/利润所有权以及更多对项目创意的控制权。

对独立团队来说，开发者的个性往往比能力更重要。与多数高智商专业人士一样，游戏开发者通常具有鲜明的个性。对大型游戏公司来说，过于强烈的个性可能只是个麻烦，而对小型独立开发团队来说则可能是致命的，因此必须保持团队成员个性的融洽。

任何团队都免不了冲突，但共同目标能最小化冲突的影响。最佳选择就是找到一个争端调停人，这名调停人必须受到所有人信任和推崇，能兼顾各方工作安排。其他解决团队冲突的方法还包括：用开放性、持续性的交流解决问题，在必要时适当妥协。同时，让每个人都有发言权，团队可以事先定好规矩，在充分讨论也不能解决问题时，以少数服从多数的投票机制解决冲突。所有人都应该铭记：游戏项目及团队利益是第一位的。

## 四、团队情绪

当我们着眼于团队构成时会发现,每个团队都有能够推动游戏创作的中流砥柱,也不可避免地有某些可能损害游戏的害群之马。任何一个项目开发总需要集合一些个体,促使他们为了达到共同目标而一起工作。这些不同个体的不同个性有可能会成就一款成功的游戏,也有可能会彻底葬送一款本来有前途的游戏。

在现实工作中,消极情绪总是能够以燎原之火般的速度在团队中迅速蔓延,而积极情绪却如糖浆一般难以扩散。工作中的个体容易产生消极情绪,这与人本性中的趋乐避苦不无关系。消极面对一切,说团队的坏话甚至是破坏团队合作的行为总比创造价值或对自己的工作负责要简单得多。负面情绪在独立游戏开发者中很常见,毕竟独自开发完整的创意项目是个巨大的挑战。独立游戏开发团队由于人手所限,每个人往往需要长时间独自工作,不断直面挑战、瓶颈,怀疑自己是否能够完成这个项目,担心是否有人欣赏自己的作品等等。当负面情绪产生时,团队很容易陷入一种恶性循环:缺乏创造力使人沮丧,而沮丧又会进一步削弱创造力,让人看不到项目的希望或令人兴奋之处。

迈克尔·托德(Michael Todd)在2011年游戏开发者大会上介绍了自己同负面情绪抗争的方法,所有遇到创造力下降情况的团队都可以从中受益。[①]

(1)专注于高回报的项目。具体来说,就是专注于那些制作起来很有趣的项目或者让团队感到兴奋的项目。越喜欢项目的创意,就越能够将其坚持到底。Michael之所以选择成为独立游戏开发者,是因为他想要找到一份能让自己快乐的工作。如果从事的是按部就班的传统工作,你不可能对同事和上级说:“不好意思,下个月我会情绪低落,所以我只能做我喜欢的工作,其他工作只能先暂停。”但需要注意的是,优秀的想法并不总是高回报的,因为高回报的项目应该能够给予即时的积极反馈。Michael建议团队将“完整”和“扩展”项目区分开来。在“完整”项目中,我们需要制作游戏中的所有基础部件,将它们拼接起来之后才能够判断作品是否合格。在“扩展”项目中,我们从某些直接可玩的东西入手,通过不断迭代将整个项目逐步完善。当我们感到沮丧时,应当选择这些“扩展”项目,避开“完整”项目。直接考虑游戏玩法,不要过多地纠缠于无聊的细节。立即对游戏进行测试,最理想的情况是邀请真正的玩家进行测试。获得反馈的时间越短,项目的回报性就越强。但要注意的是,有些持续时间较长的“完整”项目也可以视为“扩展”项目,对于此类项目,只需要制作那些有趣的部分就可以保持对整个项目的信心与热情。

(2)无须过于追求完美,要展望项目的前途。当沮丧之时,我们很容易失去信心。

---

① Dan Fabulich:*Dan Fabulich*,https://www.choiceofgames.com/2011/03/five-tactics-for-designing-games-while-depressed/.

虽然设计游戏是创造乐趣的事情，但当沮丧耗尽了工作中的乐趣时，很容易让人开始对自己的创意产生怀疑。所以，我们应当展望未来，找些玩家来试玩我们的游戏，他们的反馈可以让我们进一步确认游戏中的哪些部分是有趣的，并将这些部分进一步完善。我们也可以向其他设计师求助，多数设计师都乐于向别人提供自己的建议。避免陷入完美主义的另一种方法是玩几款不那么优秀的游戏。在 Steam、XBLIG 或 Newgrounds 上体验测试游戏。如果这些平台上的游戏都足以让玩家体验到乐趣，那么我们的游戏其实也没有那么糟糕。

(3)制作开发周期较短的项目。开始新项目总是遵循这样的规律：在项目的前10%工作中，我们的想法是"这是个很棒的创意！"在项目接下来的 50%工作中，我们依然积极活跃，但是热情已有所下降。在接下来的 20%工作中，我们开始对创意感到倦怠："这个想法真的很有趣吗？我是不是在自欺欺人？"在项目最后的 20%中，我们开始憎恨这个创意："我非常讨厌这个游戏。"因此，选择开发时间较短的项目可以让我们将更多的时间投入对项目依然充满激情的阶段。理想情况下，我们可以在对游戏概念感到厌倦之前，完成对游戏原型的测试。当然，这并不意味着我们要刻意依据开发周期来选择开发项目。毕竟如果无法对项目产生激情，即便我们能够在 1—2 天之内就完成项目，它对我们来说也不具回报价值。

(4)检测工作时间。Michael 使用 ProcrastiTracker 来自动监测在各种软件中所耗费的时间，比如在 Firefox 上花了 4 小时，在 Visual Studio 上花了 8 小时，等等。了解工作时间除了能有效提高工作效率之外，也能够让我们知道自己在放松休闲上花了多少时间。让我们了解项目的运行情况是否良好，以及自己是过于紧张地工作，还是过于放松？

(5)设计与能力相符的游戏。列出我们喜欢的工作和讨厌的工作。比如 Michael 讨厌与材质有关的设计，因而他设计了大量只有形状、轮廓的游戏。每个人都有与众不同的能力，即便没有非凡的技能，也有自己的兴趣或长处，要善于扬长避短。

(6)重视情感的力量。我们制作的每款游戏都是自己的写照。如果单个开发者在短时间内制作出一款游戏，那么所有的情感都凝结于此。开发团队制作的游戏也是从上千个设计中精心挑选出来的。优秀的艺术来源于强大的情感，即使这些情感并非总是积极的。这些情感力量便是独立游戏的优势，它的价值远胜过那些由大型团队制作的预算数百万美元的游戏。

文森特·杜蒙(Vincent Dumont)也分享了保持工作激情的诀窍：①

(1)与优秀的伙伴共事。在项目开工之前，确保自己已拥有合适的队友。朋友未必是最佳工作伙伴，我们必须足够了解对方，确保彼此在项目不同阶段都能投入相当

---

① Vincent Dumont：5 *Tips to Stay Motivated During a Part-time Project*，http://www.gamasutra.com/blogs/VincentDumont/20121112/181347/5_tips_to_stay_motivated_during_a_parttime_project.php.

的努力。团队成员必须拥有良好的沟通能力,并善于理解他人想法。沟通对团队来说尤为重要,优秀的团队能够合理讨论问题并迅速找到解决方法。

(2)保持良好的节奏。安排好工作日程,制订计划,安排好团队每周在项目上投入的时间。最重要的是在项目完工之前必须持之以恒地付出努力。

(3)合理推进项目进程。在团队中,负责监控进度的成员必不可少,但这并不是一个全职工作,只要使用 Jira 或 Trac 等软件,每个团队成员就都可以简便地记录任务进度。这样负责监控进度的成员也更容易掌握项目进度。当每个任务都清晰明确,项目计划也安排合理时,团队就可以保持工作热情。

(4)每周都要设定目标。最好每周都制定一些可以完成的短期目标。实现短期目标让我们更容易看到自己的成就,也更容易让我们保持工作热情。但要注意的是,最好是量力而行。

(5)时常会面以保持团队士气。远程工作有利于团队成员根据自己的情况来安排时间,但团队成员之间也有必要时常保持联络。安排一些定期会面既有利于推动项目的进展,又有助于巩固团队成员的关系。因此,轻松而有效率的会面,有利于培养强大的团队精神。

## 思考题

1.在游戏开发团队中,团队成员有哪些分工?分别有哪些职责?

2.在游戏开发过程中,可以用哪些方法优化团队建设?

3.敏捷开发对团队有何要求?

4.请估算你完成本课程结课作业所需要的时间。

5.怎样对抗团队的负面情绪?

# 参考书附录及扩展阅读


1.〔美〕丹尼斯·库恩:《心理学导论》,郑钢等译,中国轻工业出版社 2014 年版。

2.〔英〕弗朗西斯·克里克:《惊人的假说》,汪云九译,湖南科学技术出版社 2004 年版。

3.〔美〕罗杰·霍克:《改变心理学的 40 项研究》,白学军译,人民邮电出版社 2010 年版。

4.胡文耕:《信息、脑与意识》,中国社会科学出版社 1992 年版。

5.黄希庭、郑涌:《心理学十五讲》,北京大学出版社 2005 年版。

6.〔美〕理查德·保罗等:《批判性思维工具》,侯玉波、姜佟琳译,机械工业出版社 2013 年版。

7.〔美〕理查德·格里格等:《心理学与生活》,王垒、王甦译,人民邮电出版社 2003 年版。

8.〔美〕卡萝尔·韦德、卡萝尔·塔佛瑞斯:《心理学的邀请》,白学军等译,北京大学出版社 2006 年版。

9.〔加〕威廉姆·格里斯曼等:《走进心理学》,孙时进、蒋强、张钘铭译,复旦大学出版社 2012 年版。

10.〔美〕劳拉·金:《劳拉·金普通心理学》,王飞雪等译,中国人民大学出版社 2013 年版。

11.〔美〕杰里·博格:《人格心理学》,陈会昌等译,中国轻工业出版社 2014 年版。

12.〔美〕谢弗等:《发展心理学》,邹泓等译,中国轻工业出版社 2009 年版。

13.〔美〕大卫·艾尔姆斯等:《心理学研究方法》,马剑虹等译,中国人民大学出版社 2011 年版。

14.〔美〕大卫·迈尔斯:《社会心理学》,侯玉波、乐国安、第智勇译,人民邮电出版社 2014 年版。

15.〔美〕简·麦戈尼格尔:《游戏改变世界》,闾佳译,浙江人民出版社 2012 年版。

16.Marvin Shaw:*Group Dynamics*:*The Psychology of Small Group Behavior*,New York:McGraw Hill,1981.

17.游戏邦,http://gamerboom.com。

18.游资网,http://www.gameres.com。

19.GAMASUTRA,http://gamasutra.com.

20.36 氪,http://www.36kr.com。

21.TechCrunch,http://techcrunch.com.

22.178 游戏论坛,http://bbs.178.com。

# 后 记

终于完成正文的校对时，再当盛夏。

从准备到完成的三个夏天，每一个都充满温暖的回忆和洒泪的离别。送每一届毕业生踏上人生新旅途的时候，总是不舍伴着满足。正值毕业季送出书稿，这种感觉陡然翻倍，让人一时难以自拔。

但人总要继续往前走，而曾经的一切都是我们难以替代的宝贵回忆和财富。感谢身边师长亲朋的陪伴和支持，感谢同学们给我的爱和信任，每当想起你们，我都会忍不住满面微笑。

感谢学校和出版社给我们机会来推进这样一本前沿教材的编写，感谢对笔者提供无私帮助和指导的廖祥忠教授、黄心渊教授、石民勇教授、王雷副教授，感谢中国疾控中心的高欣老师对本书编写的指导和建议，感谢插图作者何晓抒超一流的绘画与设计，感谢出版社赵欣老师与张笛老师不辞辛苦地审稿与校对，感谢心理学与游戏学研究的前辈付出心血所推进的研究与批判，更感谢作为读者的您给我们提出修改的意见和建议，与我们共同构建和完善《游戏心理学》，让这门交叉学科的研究能够为更多游戏人提供帮助。

陈京炜

2015 年夏

**图书在版编目(CIP)数据**

游戏心理学/陈京炜著. --北京:中国传媒大学出版社,2015.12（2024.5 重印）

ISBN 978-7-5657-1515-0

Ⅰ.①游… Ⅱ.①陈… Ⅲ.①智力游戏—应用心理学—教材
Ⅳ.①G898.2-05

中国版本图书馆 CIP 数据核字（2015）第 258991 号

**游戏心理学**

YOUXI XINLIXUE

| | |
|---|---|
| **著　　　者** | 陈京炜 |
| **插　　　图** | 何晓抒 |
| **责任编辑** | 张　笛 |
| **装帧设计指导** | 吴学夫　杨　蕾　郭开鹤　吴　颖 |
| **设计总监** | 杨　蕾 |
| **装帧设计** | 徐　源　宋学敏 |
| **责任印制** | 李志鹏 |

| | | | |
|---|---|---|---|
| **出版发行** | 中国传媒大学出版社 | | |
| **社　址** | 北京市朝阳区定福庄东街 1 号 | **邮　编** | 100024 |
| **电　话** | 86-10-65450528　65450532 | **传　真** | 65779405 |
| **网　址** | http://cucp.cuc.edu.cn | | |
| **经　销** | 全国新华书店 | | |

| | |
|---|---|
| **印　刷** | 唐山玺诚印务有限公司 |
| **开　本** | 787mm×1092mm　1/16 |
| **印　张** | 15 |
| **字　数** | 330 千字 |
| **版　次** | 2015 年 12 月第 1 版 |
| **印　次** | 2024 年 5 月第 5 次印刷 |

| | | | |
|---|---|---|---|
| **书　号** | ISBN 978-7-5657-1515-0/G · 1515 | **定　价** | 45.00 元 |

**本社法律顾问：北京嘉润律师事务所　郭建平**

致力专业核心教材建设　提升学科与学校影响力

# 中国传媒大学出版社陆续推出

## 我校15个专业“十二五”规划教材约160种

播音与主持艺术专业（10种）
广播电视编导专业（电视编辑方向）（11种）
广播电视编导专业（文艺编导方向）（10种）
广播电视新闻专业（11种）
广播电视工程专业（9种）
广告学专业（12种）
摄影专业（11种）
录音艺术专业（12种）
动画专业（10种）
数字媒体艺术专业（12种）
游戏设计专业（10种）
网络与新媒体专业（12种）
网络工程专业（11种）
信息安全专业（10种）
文化产业管理专业（10种）

本书更多相关资源可从中国传媒大学出版社网站下载
网址：http://cucp.cuc.edu.cn
责任编辑：张笛　　　　意见反馈及投稿邮箱：2086280010@qq.com
联系电话：010-65783654